環境ガバナンス論

松下和夫 編著

京都大学学術出版会

はしがき

松下　和夫

　本書は，環境ガバナンスの理論的課題と実際の取り組みについての最新の研究の到達点を明らかにすることによって，科学的・空間的広がりを持ち，そして関連する主体の面でも多様化・重層化した環境問題を制御し持続可能な社会を構築する戦略の観点から，環境ガバナンスを論じたものである。

　特に，環境問題の解決に際しての非政府アクターの役割，流域管理での利害調整と合意形成，持続可能な都市形成のためのガバナンスの要件などを具体的なケーススタディに基づき論じている。

　内容としては，第Ⅰ部で，なぜ今環境ガバナンスに注目するのか，その今日的意義，環境ガバナンスの分析視角，技術のガバナンスの構築などに関して，現在の研究の到達点とその課題を明らかにした。第Ⅱ部では，非政府アクターとそれによってもたらされた環境ガバナンスの構造変化につき，NGOの役割をフロン対策などの事例により解明し，近年の企業におけるCSR（企業の社会的責任）の背景とその意義を明らかにした。また，環境リスクコミュニケーションにおける共通知識の諸課題を論じた。第Ⅲ部では，流域管理を取り上げ，流域連携の理論的可能性を論じたうえで，社会関係資本への投資の役割，関係主体間の利害調整をケーススタディに基づき分析した。第Ⅳ部では持続可能な都市形成のためのガバナンスを，政策統合，市民参加，指標づくりの観点から検証し，さらにタイの都市における環境援助の事例から制度的能力構築の課題を明らかにした。第Ⅴ部では以上の分析を踏まえ，環境ガバナンス論と実際の到達点についての評価と残された戦略的な課題を明らかにし，最後に，環境問題の空間的スケー

ルの重層性や，政策形成とその実施主体の多様化・重層化に対応した新たな時代の課題に挑戦する「重層的環境ガバナンス」の可能性を論じた。

なお，本書は，平成15年度〜18年度の日本学術振興会科学研究費補助金（基盤研究（A）(2)）による研究プロジェクト（「環境ガバナンスにおける合意形成と利害調整プロセス」課題番号15201005，代表：松下和夫）の成果に基づき，研究分担者が，持続可能な社会の構築にむけた戦略的環境ガバナンスの提示を目指し，新たに書き下ろしたものである。この研究プロジェクトは，京都大学を中心とした環境政策，環境経済，環境法，環境工学等を専門とする研究者により構成され，環境ガバナンス論の理論的な到達点，環境ガバナンスの実際，今後の展望について4年間をかけて研究者相互の討論と，現地調査等を踏まえて実施したものである。

研究会メンバーの積極的な貢献のおかげで，学際的・複合的なアプローチを進めることができた。本書が喫緊の政策課題の解明にいささかなりとも新たな分析視角を提供し，個別分野を超えた複合的な学問領域の端緒を切り開くことに寄与できれば望外の喜びである。

目　次

はしがき　　　　　　　　　　　　　　　　　［松下　和夫］　i

第Ⅰ部
なぜ今環境ガバナンスか

第1章　環境ガバナンス論の新展開　［松下　和夫・大野　智彦］　3
　1　なぜ今環境ガバナンスか　3
　2　ガバナンスの意味　4
　3　これまでの主要なガバナンス概念　5
　4　コモンズ論，社会関係資本論と環境ガバナンス論　9
　　4-1　コモンズ論の潮流　(10)
　　4-2　コモンズ論とガバナンス論　(11)
　　4-3　社会関係資本論の潮流　(12)
　　4-4　環境ガバナンス論と社会関係資本論　(14)
　5　持続可能な都市と環境ガバナンス　15
　　5-1　都市の環境ガバナンスの重要性　(15)
　　5-2　都市の環境ガバナンス論の課題　(17)
　6　地球環境ガバナンスの構築と強化　17
　7　環境ガバナンス論の課題　21

第2章　環境ガバナンスの分析視角　　　　　　［武部　隆］　33
　1　はじめに：環境ガバナンスの四つの分析視角　33
　2　契約論的な視点に立った環境ガバナンス　34
　　2-1　完備契約・不完備契約とインセンティブ　(34)
　　2-2　煤煙防止投資と生産量の決定　(35)
　3　社会関係資本の視点に立った環境ガバナンス　38
　　3-1　社会関係資本の充実　(38)
　　3-2　事例：公益法人制度改革　(40)

        3-3 非営利法人論からみた考察　(41)
   4 リスク分析の視点に立った環境ガバナンス　43
        4-1 リスクに関する知識別・受容性別にみた各種環境問題　(43)
        4-2 事例：牛海綿状脳症（BSE）の場合　(45)
   5 環境効率性の視点に立った環境ガバナンス　49
        5-1 環境効率性の向上　(49)
        5-2 インセンティブからみた排出削減技術の採用　(50)
   6 むすび：環境ガバナンス論の構築に向けて　51

第3章　真のエコテクノロジーを生む技術ガバナンス
　　　　　　　　　　　　　　　　　　　［内藤　正明］　55
   1 いま技術のガバナンスがなぜ問題か？　55
   2 技術がもたらした功罪　56
        2-1 現代の科学・技術の経緯　(56)
        2-2 科学・技術のもたらした副作用とは　(57)
   3 技術の副作用がなぜ生じたか　59
   4 技術の新たなガバナンスの試み　61
        4-1 新たなガバナンスを模索する試み　(61)
        4-2 新たなガバナンスを目指す試みの頓挫　(63)
        4-3 真のエコテクノロジー開発のための
            ガバナンスの萌芽　(64)
   5 これからの技術ガバナンス主体としての市民　65
        5-1 市民技術の提案　(65)
        5-2 事例：中国の自立型バイオエネルギー生産と
            環境保全技術　(66)
   6 市民技術による持続可能な地域社会の形成　69
        6-1 持続可能社会の定義　(69)
        6-2 持続可能社会の具体的な目標　(70)
        6-3 持続可能社会の二つの選択肢　(71)
        6-4 〈もう一つの技術〉で支えられる持続可能社会　(72)
   7 我が国の持続可能社会像を目指す事例　74

7-1　丹後・持続可能な地域づくり：
　　　　　「手づくりエコトピアへの挑戦」　（74）
　　　7-2　滋賀県の持続可能社会像づくり　（78）
　　8　技術ガバナンスのこれから　81

第II部
非政府アクターと環境ガバナンスの構造変革

　第4章　地球環境ガバナンスの変容とNGOが果たす役割：
　　　　　戦略的架橋　　　　　　　　　　　　　［松本　泰子］　85
　　1　はじめに：地球環境ガバナンスの変容とNGO　85
　　2　分析視角：戦略的架橋とは　87
　　3　事例：国際環境NGOのノンフロン冷蔵庫キャンペーンと
　　　　企業の意思決定　88
　　　3-1　議論の前提　（88）
　　　3-2　問題の背景と経過：HFCと環境問題　（91）
　　　3-3　各アクターはどう振る舞ったか　（94）
　　　3-4　日本とドイツの比較　（106）
　　4　むすび　109

　第5章　企業と持続可能社会：CSRの役割　　　［小畑　史子］　113
　　1　はじめに　113
　　2　CSRの現状　114
　　　2-1　過去の議論と現在の議論　（114）
　　　2-2　国際的な動きとわが国の動き　（115）
　　3　環境のグローバル及びローカルな側面とCSR　118
　　　3-1　「環境」の重視　（118）
　　　3-2　受益者以外のステークホルダーへの説明責任　（120）
　　4　国家法とCSR　122
　　　4-1　コンプライアンスとCSR　（122）
　　　4-2　環境法政策とCSR　（123）
　　　4-3　ステークホルダーのアクションとしての公益通報　（126）

5　むすび　127

　第6章　環境リスクコミュニケーションにおける
　　　　　共有知識の役割　　　　　　　　　　　［吉野　章］　129
　　1　はじめに　129
　　2　環境リスクとリスクコミュニケーション　131
　　　2-1　開発をめぐる力のゲーム　（131）
　　　2-2　環境リスク情報の不完全性とリスク認知の多様性　（133）
　　3　開発をめぐる対立と不信　135
　　　3-1　開発者にとっての開発計画開示の意味　（135）
　　　3-2　住民にとっての開発計画開示の意味　（137）
　　　3-3　不信の醸成と固定化　（138）
　　4　合意形成におけるリスクコミュニケーションの可能性　140
　　　4-1　共有知識の理論　（140）
　　　4-2　開発をめぐる対立と不信の共有知識による理解　（144）
　　　4-3　共有知識の形成　（146）
　　5　むすび　148

第 III 部
ガバナンスから流域管理を考える

　第7章　流域連携とコースの自発的交渉　　　　　［浅野　耕太］　153
　　1　はじめに　153
　　2　流域の外部経済モデル　154
　　3　コースの自発的交渉　159
　　4　流域連携を妨げるもの　163

　第8章　流域ガバナンスを支える社会関係資本への投資
　　　　　　　　　　　　　　　　　　　　　　　［大野　智彦］　167
　　1　はじめに　167
　　2　社会関係資本形成と公共政策　170
　　　2-1　社会関係資本形成と公共政策に関する既存の議論　（170）

2-2　社会関係資本の類型　（172）
　3　なぜ流域連携が必要か　174
　　3-1　流域のガバナンスの転換　（174）
　　3-2　協働型ガバナンスを支える社会関係資本　（175）
　　3-3　実際の河川政策における社会関係資本への着目　（176）
　4　流域連携支援の実際　178
　　4-1　施設の概要　（178）
　　4-2　これまでの支援内容　（179）
　5　「支援」の効果：聞き取り調査から　181
　　5-1　団体の概要　（182）
　　5-2　形成された団体間ネットワーク　（182）
　　5-3　利用の契機　（185）
　　5-4　期待される支援のあり方　（187）
　　5-5　利用の契機，施設への要望と
　　　　新たに形成されたネットワーク　（188）
　6　考　察　189

第9章　流域水管理における主体間の利害調整：
　　　　矢作川の水質管理を素材として　　　［太田　隆之］　197
　1　はじめに　197
　2　矢作川の水質汚濁と矢水協　198
　　2-1　矢作川の水質汚濁問題　（198）
　　2-2　矢水協　（200）
　3　矢水協を検証するための理論的フレームワーク　202
　4　矢水協の結成と活動による費用負担問題　206
　　4-1　組織形成とインセンティブ　（206）
　　4-2　費用負担問題とその克服　（213）
　5　むすび　221

第 IV 部
都市のガバナンスを改善する

第10章　サスティナブル・シティづくりのためのガバナンス
　　　　　　　　　　　　　　　　　　　　　　　［吉積　巳貴］　227
　1　はじめに　227
　2　サスティナブル・シティづくりの潮流　229
　　2-1　サスティナブル・シティの概念　（229）
　　2-2　サスティナブル・シティづくりの取り組み：
　　　　欧州の取り組みを事例に　（232）
　3　サスティナブル・シティづくりのための政策統合　235
　　3-1　政策統合の意義　（235）
　　3-2　欧州の環境政策統合　（236）
　　3-3　多治見市の環境政策統合の取り組み　（240）
　4　サスティナブル・シティのための市民参加　241
　　4-1　サスティナブル・シティづくりにおける
　　　　市民参加の意義　（241）
　　4-2　市民参加の形態　（242）
　　4-3　ヨーロッパにおける市民参加の取り組み　（244）
　　4-4　西宮市の市民参加の取り組み　（246）
　　4-5　サスティナブル・シティづくりに必要な市民参加の
　　　　あり方　（250）
　5　おわりに　250

第11章　途上国の都市の環境ガバナンスと環境援助：
　　　　　タイのLA21プロジェクトを素材として
　　　　　　　　　　　　　　　　　　　［礪波　亜希・森　晶寿］　253
　1　なぜLA21プロジェクトに注目するのか　253
　2　なぜ持続可能性が求められるようになったのか　254
　3　LA21作成支援プロジェクトの背景：
　　地方分権化と補完性原則　256
　4　LA21作成支援プロジェクトとその成果　258

4-1　概要　(258)
        4-2　LA21における住民参加　(262)
        4-3　LA21の具現化　(264)
    5　LA21を通じた都市の環境ガバナンス改善と
        対外援助への示唆　270

第Ⅴ部
環境ガバナンスの戦略的課題

第12章　環境ガバナンス論の到達点と課題　　［松下　和夫］　275
    1　はじめに　275
    2　なぜ今環境ガバナンスか　276
    3　非政府アクターと環境ガバナンスの構造変革　279
    4　ガバナンスから流域管理を考える　282
    5　都市のガバナンスを改善する　284
    6　環境ガバナンス論の到達点と課題　286

第13章　環境政策の欠陥と環境ガバナンスの構造変化
　　　　　　　　　　　　　　　　　　　　　　　　　［植田　和弘］　291
    1　はじめに　291
    2　現代環境問題の特質　292
    3　環境政策の欠陥と環境ガバナンスの課題　295
        3-1　環境政策の欠陥　(295)
        3-2　政府の失敗と環境ガバナンスの課題　(297)
    4　持続可能な発展の重層的環境ガバナンス　302
        4-1　持続可能な発展　(302)
        4-2　持続可能な地域社会から重層的環境ガバナンスへ　(304)
    5　おわりに　306

あとがき　309
索引　311

第Ⅰ部
なぜ今環境ガバナンスか

宇宙から見た地球
© AFLO

第1章
環境ガバナンス論の新展開

松下　和夫・大野　智彦

1　なぜ今環境ガバナンスか

　1980年代末の東西冷戦体制の崩壊以来，国際秩序の流動化と経済のボーダレス化が進み，それが地球上のすべての地域を飲み込むかのようなグローバリゼーションの巨大な波となって経済の地球規模での一体化が進んだ。一方で，人口増加と経済活動の拡大を背景とし，地球温暖化などの地球環境問題の深刻化が進行し，生態学的・経済的相互依存関係がますます深まっている。個々のローカルなレベル，国レベル，国境を越えたリージョナルなレベル，そしてグローバルなレベルのそれぞれで，経済活動がそれを支える生態系の維持能力を越え，自然や人々の生活や健康にさまざまな被害をおこす事例が顕在化している。

　グローバル化と生態学的・経済的相互依存関係がますます進行する現代社会で，現在と将来の世代にとっての生存の基盤である良好な地球環境などの「地球公共益」をいかにして確保し，持続可能な社会を形成していくべきであろうか。このような問いに現在の国際社会は直面している。

　このような状況をいち早く洞察し，端的に表現したのが，1987年に発表されたブルントラント委員会（環境と開発に関する世界委員会）報告（「地球の未来を守るために」）（環境と開発に関する世界委員会1987）であった。ブルントラント報告書が指摘した地球環境の悪化と世界的な富の不平等という現実，

そして個別に分断された主権国家という既存システムの相克についての問題提起は，残念ながら現在でも依然として重要な課題である。

現代の環境問題の課題は，地球温暖化問題，有害化学物質汚染，資源リサイクル問題などに代表されるように，その科学的メカニズム・関連分野・空間スケール・関連主体とも複雑化・多様化しており，その解決には多様な主体と関連施策の連携が必要である。また，環境問題に関する政策形成やその実施主体も多様化・重層化している。このような重層化した環境問題に対処するためには，戦略的な観点から新たなガバナンスの必要性がますます高まっているのである。

本書では，「ガバナンス」を，「人間の作る社会的集団における進路の決定，秩序の維持，異なる意見や利害対立の調整の仕組みおよびプロセス」としてとらえ（宮川・山本 2002, p.15），「環境ガバナンス」を，上（政府）からの統治と下（市民社会）からの自治を統合し，持続可能な社会の構築に向け，関係する主体がその多様性と多元性を生かしながら積極的に関与し，問題解決を図るプロセスとしてとらえる[1]。こうした環境ガバナンス論をよりどころとし，本章では，環境ガバナンスの今日的意義を，地域資源管理の観点からコモンズ論，社会関係資本論との関連で論じ，さらに，都市レベルから地球レベルにおいて持続可能な社会を形成するための環境ガバナンスの現状と課題を明らかにする。

2 ガバナンスの意味

今日，「ガバナンス」という言葉は，多くの局面で使われている。企業レベルでは，コーポレート・ガバナンス論，開発援助の領域では，グッド・ガバナンス論，国際関係では，グローバル・ガバナンス論などがその代表的なものである[2]（大芝・山田 1996, p.3）。

---

[1] この定義は，グローバル・ガバナンス委員会［1995］日本語版に対する緒方貞子氏の序文を参考としている。
[2] それぞれの内容については，次節で概観する。

「ガバナンス」(governance) について英和辞典を参照すると，支配，政治，統治，統轄，管理，統治法（組織），管理法（組織）などの訳語がある[3]。伝統的なガバナンスでは，国家が，社会を構成する市民や企業などのメンバーを上から統治・管理するとのニュアンスが強かったのでこのような訳語が当てられてきたと思われる。

したがって環境ガバナンスを直訳すれば「環境管理（法，組織）」，「環境統治」などということになる。第1節で述べたように，本書では，今日のガバナンスを，人間の作る社会的集団における進路の決定，秩序の維持，異なる意見や利害対立の調整の仕組みおよびプロセスとして理解したい（宮川・山本 2002, p.15）。しかし上記のような訳語では，国家と社会を構成する個々の市民や市民団体，企業組織，非政府組織などの多様な主体がある目的を達成するためにともにつくりあげていくよりよいマネジメント（管理）を意味する現代的な「ガバナンス」の含意を十分表現できない。

伝統的なガバナンスにおいては，政府による統治が中心であり，法に基づき構成員に対し，指令や統制ができる合法化された権力がよりどころである。これに対し，現代的なガバナンスでは，人間の社会的集団を構成する行為主体（アクター）間の相互関係の構造と，アクター間の相互作用のプロセスとその発現形態，統治システムのプロセスと発現パターンを重視するところに特色がある。個々の行為主体は法に基づく権力によらず，それぞれが重視する公共的利益の観点から，主体的かつ自主的に意思決定や合意形成に関与している。そのようなプロセスを経て問題解決を図るのが「ガバナンス型問題解決」である（佐和 2000, pp.301-302）。

3 これまでの主要なガバナンス概念

これまでの主要な「ガバナンス」概念には，前述のように，企業のコーポレート・ガバナンス（企業統治）論，開発援助に関係するグッド・ガバナ

---

[3]『リーダーズ英和辞典』研究社．

ンス(よい統治)論,国際関係論や国際政治学の分析概念としてのグローバル・ガバナンス論がある(加藤 2002,大芝・山田 1996)。これらの概念は,いずれも 1980 年代後半から 1990 年代初頭にかけて登場した。その時代背景には,冷戦構造が終結しグローバリゼーションが進展し,地球環境問題が国際政治上の課題として浮上していたことが挙げられる。これらの概念に共通しているのは,多様な主体の参加と協働,情報の公開とアカウンタビリティの確保,透明性のある意思決定プロセスなどを重視する視点である。

国際政治学におけるガバナンス論としては,J.N. ロズノーが提唱した,「中央集権的権威のない状態で機能する国際システム」と国際社会をとらえるリアリズムの立場がある(Rosenau and Czempiel 1992)。これは世界政府のような中央集権的な権威が存在しなくても国際社会には一定の秩序が存在するとし,これをガバナンスと呼ぶ。そしてロズノーはガバナンスを「一般に認められた規則や行動規約などの社会制度,特定の問題領域での多国間の協調関係を規定するレジームなどを含む,ある課題についての中央集権的権威のない状態で機能する政治システム」(*ibid.*) と定義する。ロズノーは特に「秩序」そのものに加え,秩序を形成し維持しようとする複数のアクターの「意思」に注目し,秩序形成・維持のために複数のアクターが意識的に模索する過程を重視した。

リベラリズムの立場の O.R. ヤングは,ガバナンスは社会的な制度の設立やその活動を伴うものであり,「ルールの体系や意思決定の手続き,そして社会的実践を規定し,そういった実践に参加する主体間の相互作用を導くような計画的な活動」と定義している(Young 1997, p.4)。ヤングは,「制度」,「ガバナンス・システム」,「レジーム」,「組織」を次のように定義し,レジーム論からガバナンス論を展開した(Young 1994, p.26,大芝・山田 1996, p.7)。すなわち,「制度」は「(公式・非公式の)ルールあるいは約束事の集合」で,この制度のひとつに「ガバナンス・システム」があり,それは「ある社会集団のメンバーに共通の関心事について,集団的選択を行なうための特別な制度」である。またガバナンス・システムのひとつに「レジーム」

があり，それはガバナンス・システムよりも「限定された問題領域群，あるいは単一の問題領域を扱う」。そして更に狭い意味で，正式の事務局や予算をもつ実態的な「組織」(そのひとつが政府) があるものと定義される。

　リベラリズムの流れにたつ地球規模のガバナンスを考える上で注目されるのは，国連のもとに世界の有識者が集まり検討を行なってきたグローバル・ガバナンス委員会の報告書「地球リーダーシップ」(グローバル・ガバナンス委員会 1995) である。ここでは，従来政府間関係とみなされてきたグローバル・ガバナンスを非政府組織 (NGO)，市民社会，多国籍企業，学界，マスメディアなど社会の多様な主体の相互関係を含むものとして捉えている。そしてガバナンスを「個人と機関，私と個とが，共通の問題に取り組む多くの方法の集まりであり，相反する，あるいは多様な利害関係を調整し，協力的な行動をとる継続的なプロセス」として定義している (同上，p.28)。すなわちガバナンスとは，先述のように問題解決のためのアプローチのことであり，多様な行為主体がかかわるプロセスととらえていることがわかる。

　また，この報告書の日本語版への序文で，緒方貞子委員は次のように述べている。

> 「ガバナンス」は「統治」ではありません。しかし，「統治」とは無関係ではありません。私なりの理解では，「統治」と「自治」の統合の上に成り立つ概念が「ガバナンス」です。

　この報告書におけるグローバル・ガバナンスの特徴としては，主権国家のみでなく，地球規模での市民社会の構成員が自発的にグローバル・ガバナンスに関与すべきことを強調した「市民性」，そして国連システムや国際法の強化を主張する「実践性」，さらにガバナンスのあり方についてその前提として民主主義や公正の原理を前提とする「規範性」が挙げられる (大芝・山田 1996, p.8)。さらに，広義の地球安全保障，経済的相互依存関係，環境，国連改革など多様な課題への対応を考慮していること，多国間主義，人間と地球の安全保障を取り上げていることも注目される。

　報告書において，環境問題については，人間活動が環境に悪影響をあた

え，時には取り返しのつかない結果をもたらしているとし，貧困，人口，消費および環境が相互に関連した問題であることが強調されている。そして，持続可能な開発 (sustainable development)[4] の促進と，各国が行なってきた開発パターンを根底から変えることを主張し，さらには大気，海洋，南極などの地球共有財産の保護と管理のための国際的な環境ガバナンス・システム構築への提案を行なっている。

ガバナンスのもうひとつの概念は，主として開発途上国を対象とした「グッド・ガバナンス（よい統治）論」である。これは世界銀行などの開発援助機関が，開発途上国で開発援助資金がその目的にそって効率的な使用が確保されるような統治のあり方という観点から提起したものである。開発援助資金の運用は，被援助国内での統治体制と密接な関連がある。そこで開発援助資金の供与と各国でのグッド・ガバナンスが関連づけられ，資金供与の条件としてグッド・ガバナンスが求められると，この点をめぐり資金供与国（先進国）と開発途上国の対立が顕在化することとなる。

たとえば世界銀行ではグッド・ガバナンスとして以下のような政治的・社会的要素を被援助国に対し求めている。

第1に政策決定過程が予測可能で，公開され，十分な情報に基づき行なわれていること。第2に，政府の官僚組織が公益向上を目指す専門的な職業的倫理に裏打ちされていることと法の支配が一般化していること。さらに，政府の意思決定において透明なプロセスが維持されていること，公的課題への市民社会の幅広い参加が保障されていることなどである。反対に悪いガバナンスとは，恣意的な政策形成，説明責任のない官僚組織，遵守されない不充分な法制度，行政権の濫用，市民社会の公的活動への参加の制限，汚職の広がりなどである (World Bank 1989)。

日本の外務省の「ODA白書」も，同様の考え方にたっている。すなわちガバナンスについて，「国の政治，経済，社会運営のあり方に関する概念で，

---

[4] "sustainable development" には，「持続可能な開発」，「持続可能な発展」，「維持可能な発展」，「永続的発展」などの訳があてられることがある。筆者は，「持続可能な発展」のニュアンスが比較的好ましいと考えるが，公式文書では「持続可能な開発」もよく用いられていることもあり，本書では「持続可能な開発」と「持続可能な発展」を特に区別せずに使用することとする。

政府が開発の促進と国民の福祉向上を目指して努力し，効果的・効率的に機能しているかどうか，また，そのための適切な権力の行使が行なわれているか，更に，政府の正統性や人権の保障など国家のあり方を問題とする。よい統治の中心的要素として……政治体制としての議会制民主主義，経済的・社会的資源配分における権力行使のあり方，政策決定と実施のための政府の能力」を挙げている (外務省経済協力局編 1999)。

　2002年8月から9月にかけて南アフリカのヨハネスブルクで地球サミット10年を記念して開催された「持続可能な開発に関する世界首脳会議 (WSSD)」で採択された実施計画の第11章では，「持続可能な開発のための制度的枠組み」を扱っている。その中でグッド・ガバナンスについては次のように述べ，その要素を規定している。「グッド・ガバナンスは持続可能な開発に不可欠である。適正な経済政策，市民のニーズに対応しうる堅実な民主的制度及び改善されたインフラは持続可能な経済成長，貧困撲滅及び雇用創出の基礎である。自由，平和及び治安，地方の安定，発展の権利を含む人権の尊重，及び法の支配，男女の平等，市場志向型の政策，及び正義に基づく民主的な社会への全体的なコミットメントもまた不可欠であり，これらは相互補完的な関係にある」[5]。

　なお，コーポレート・ガバナンス (企業統治) 論は経営者支配の進んだ現代の大企業において，効率的かつ健全な企業経営を可能にするシステムの構築が主要テーマであり，環境問題との関連では CSR (企業の社会的責任論) が注目されている (本書第5章，小畑論文参照)。

4　コモンズ論，社会関係資本論と環境ガバナンス論

　これまで総論として環境ガバナンス論の潮流とその背景を論じてきたが，以下の節ではより具体的な環境を対象にして，環境ガバナンス論の果たす役割を展望したい。まずこの節では，森林や河川といった環境・資源

---

[5] ヨハネスブルク・サミット実施計画第138パラグラフ，実施計画の引用は環境省地球環境局 [2003] p.78 から。

の管理を取り上げる。環境・資源の管理のあり方を考える上では，環境・資源そのものについての自然科学的な知見のみならず，それを様々な形で維持，管理してきた社会組織や制度のあり方が重要な検討課題である。そういった社会組織，制度のあり方という点で，環境ガバナンス論の果たしうる貢献は大きい。しかし，環境・資源管理と社会組織，制度の問題については，すでに多くの研究蓄積があるところでもある[6]。そこで以下では，コモンズ論，社会関係資本論などの研究蓄積を紹介し，それを踏まえた上で環境・資源管理への環境ガバナンス論の貢献の可能性を論じたい。

4-1　コモンズ論の潮流

　環境・資源管理のあり方についてこれまで広範な学問分野の研究者が議論に加わってきたのは，コモンズ論である。コモンズとは，もともと中世イングランドにおける「コモン」という言葉と密接に関連している。「コモン」はもともと他人の所有，保有する土地で自然に生み出されるものの一部を採取，利用する権利の意味で用いられる事が多かったが，後にそのような権利の行使が認められる土地を指すようになり，その総称として複数形のコモンズという言葉が用いられるようになったと推測されている（室田・三俣 2004）。

　環境・資源管理をめぐってコモンズが盛んに論じられるようになったきっかけは，1968 年に生物学者ハーディンが人口問題に警鐘を鳴らす事を目的とした論文，"The Tragedy of the Commons（コモンズの悲劇）"を著したことである。この論文においてハーディンは，所有権が明確に設定されていない牧草地においては，そこに多くの牛を放牧するという個人の利益最大化行動が，全体として見れば過剰放牧による牧草地の荒廃という社会的損失を発生させるという比喩を用いて，人口問題を解決するためには個々人の道徳感に基づいた自省的行動が重要であることを指摘した。そし

---

[6] 河野 [2006] が指摘するとおり，ガバナンス論の提起する課題は全く新しい現代的なものではなく，多くはこれまで長く社会科学が検討してきたものである。したがって，環境ガバナンス論を構想するにあたっても，ここで取り上げるようにコモンズ論や社会関係資本論の研究成果を十分に踏まえる必要がある。

> 1. 明確に定められた境界
> 2. 利用や規制のルールと地域の条件との適合
> 3. 集合的選択についての調整が存在すること
> 4. モニタリングが行なわれること
> 5. 段階的制裁が行なわれること
> 6. 紛争解決メカニズムが存在すること
> 7. 組織する権利への最小限の認識
> 8. （より大きな資源の一部である場合）ルールが入れ子状の構造であること

図1-1 共同利用資源（CPR）の長期存立条件
(出典) Ostrom [1990] をもとに筆者

て，各個人の自省的行動がとられなければ，対象とする資源を私有化か，国有化をするぐらいしか悲劇を避ける事ができないだろうと述べた。この私有化か国有化という結論部分に影響されて，発展途上国の資源管理政策においては実際に国有化が進んだ (McKean 1992)。しかし，資源が国有化されたとしても適切な管理行政が行なわれるとは限らず，むしろ，その資源を慣習的に利用することを通じて維持・管理してきた住民が排除されることによって資源が荒廃してしまうことがある (佐藤 1994)。

このようにコモンズの国有化か私有化かを迫る認識に対して，人類学者などから現地調査にもとづいた批判が提出されるようになる[7] (McCay and Acheson 1987; Berkes 1989)。これらのハーディンに対する批判を体系的にまとめ上げたのが，1990年にオストロムが著した *Governing the Commons*（コモンズを管理する）である。彼女はこの中で，これまでの様々な現地調査による研究成果にもとづいて，コモンズの長期存立条件として，上記の8つを打ち出した（図1-1）。

4-2 コモンズ論とガバナンス論

しかし，この長期存立条件はオストロム自身が述べているように，比較的規模が小さく，利用者が多くとも1,500人程度の資源を念頭に置いたも

---

[7] 日本においても，エントロピー学派の研究者が地域の物質循環を重視する立場から，独自のコモンズ論を展開している（多辺田 1990；室田・多辺田・槌田 1995）。

のであった。また，1つめの長期存立条件で述べられているように閉じた資源が念頭に置かれているが，実際のところそのような閉鎖性の高い資源というのはあまり存在しない。例えば，ある特定の地域の森林であっても国際レベルでの気候変動交渉の影響や木材貿易の影響を受けるであろうし，ある地域の水管理を想定すれば，上流での人間活動や，流域全体での水循環系の変動の影響を免れる事ができないだろう。つまり，コモンズの外部をどのように論の中で扱うのかという点が，今後のコモンズ論の重要な課題である (Dolšak and Ostrom 2001)。そしてこれは，まさに環境ガバナンス論が論じようとしている点でもある。実際にコモンズ研究においても，コモンズのあり方に影響を与える政府などの外部の権力や制度についての議論が，ガバナンスの名の下に行なわれている (Grafton 2000)。

　コモンズ論とガバナンス論を独自の視点で架橋しようとするのは，井上真の議論である。インドネシアの森林をフィールドにコモンズ論を展開してきた井上真は，森林の協働型ガバナンス (Collaborative Governance) の重要性を述べ，その原則として「かかわり主義」を提唱している。これは，「なるべく多様な関係者を地域森林協治の主体とした上で，関わりの深さに応じた発言権，決定権を認めようという理念」(井上 2004) である。このようなフィールドの実態を反映したコモンズ論からの環境ガバナンス論へのアプローチは，環境ガバナンス論の主張を具体化していくにあたって有益であろう。

4-3　社会関係資本論の潮流

　同様の観点から環境・資源管理に近年有益な知見を提供しつつあるのは，社会関係資本論である。コモンズ論の中でも特にオストロムら新制度学派の研究者は，どのようにして環境・資源管理制度が自発的に成立するのかという制度供給問題を扱ってきた。それに対して，社会関係資本論は自発的な制度構築を可能にするような，社会関係の蓄積について論じている。こういった社会関係に着目した視点は，より具体的に環境・資源管理のための組織や制度を検討していく上で重要である。

社会関係資本論はコモンズ論とは異なり，もともと環境・資源管理を意図した概念ではない。現在までで知られているところ，最も早い段階で社会関係資本という概念を用いたのは，1920年代のバージニアの農学校教師ハニファンである。彼は，学校の運営に当たって地域の参加が重要である事を説く中で，善意，連帯感，相互共感，社会的交際の蓄積を社会関係資本 (Social Capital) として，それを蓄積していく事の重要性を説いた (Hanifan 1920)。その後ジェイコブスやコールマンが社会関係資本に言及するが，現在のように盛んに議論が行なわれるようになったきっかけは，イタリアの地方政府のパフォーマンスの違いを社会関係資本の違いによって説明したパットナムの研究である (Putnam 1993)。その後，政治学，経済学はもとより，経営学，疫学，NPO論など多岐にわたる分野で盛んに社会関係資本についての研究が行なわれている。

　この社会関係資本論に資源管理の側面から注目したのは，先に挙げたオストロムである。彼女は，社会関係資本論の中心的論者であるパットナムの著作 (Putnam 1993) よりもやや早く，集合行為ジレンマを解決する制度的調整を可能にするものとして社会関係資本について言及している (Ostrom 1990)。そして，オストロムが本格的に社会関係資本についての議論を展開したのは，1994年に発表した論文，"Constituting Collective Action (集合行為を構成する)" である。この論文で彼女は灌漑施設の管理についてゲーム理論を用いて考察を進めるなかで，社会関係資本の重要性を指摘し，その主張の妥当性をフィリピンの灌漑施設管理についての統計データを用いて確認している (Ostrom 1994)。社会関係資本と環境・資源管理については，ある環境・資源の管理の状態を，社会関係資本の多寡によって説明するという研究が盛んに行なわれてきている (Krishna and Uphoff 2001; Lubell 2004; Gibson, Williams and Ostrom 2005)。今後は，これらの成果を生かして，社会関係資本が環境・資源管理の状態に影響を与えるメカニズムについて，より詳細に明らかにしていく必要がある。

4-4 環境ガバナンス論と社会関係資本論

　また，環境ガバナンス論と社会関係資本論を独自の視点で架橋しようとするのは諸富徹の論考（諸富 2003）である。諸富は，資本概念を社会資本，社会的共通資本から社会関係資本へとさらに拡張し，社会関係資本の蓄積が持続可能な発展に必要であると述べる。注目すべきは，社会関係資本概念を導入する1つの意義として，社会関係資本の「水準を一定に保つようなガバナンスのあり方を考える事ができる」としている点である。

　社会的なネットワークの蓄積や，そこから生み出される信頼としての社会関係資本は，環境ガバナンス論の主張する協働型のガバナンスの重要な構成要素となるものである。例えば，多様な主体が関わって環境管理を行なう場合，たとえそれを可能にする法制度が整備されたとしても，全く社会関係資本の蓄積がない地域では，多様な主体が参加するという事は，非常に困難であるだろう。つまり，協働型環境ガバナンスが実現する1つの条件として，十分な社会関係資本の蓄積が必要であると考えられる。このように，社会関係資本概念を導入することによってより具体的に環境ガバナンスのあり方を検討していく事が可能になるだろう。

　コモンズ論，社会関係資本論はこれまで紹介してきたとおり，地域レベルでの具体的環境・資源のあり方について，これまで有益な議論を展開してきた。したがって，特に地域レベルでの具体的環境・資源を念頭に置いた環境ガバナンスのあり方を考えるうえでは，これらの先行研究の成果を十分に踏まえた上で議論すべきである。

　コモンズ論,社会関係資本論,環境ガバナンス論はともに，人と自然環境，人と人の関係性を重視している点で共通している（三俣・嶋田・大野 2006）。特にコモンズ論は環境・資源管理を行なう共同体内部におけるその関係性を詳細に解明してきており，その蓄積を踏まえた上で外部の政治，経済制度のあり方も含めた環境ガバナンスのあり方を具体的に検討していく必要がある。

5 持続可能な都市と環境ガバナンス

5-1 都市の環境ガバナンスの重要性

　環境ガバナンスのあり方は、都市においても問われている。都市とは何かという定義を下すことは大変困難であるが、とりあえず「一定地域の政治・経済・文化の中核をなす人口の集中地域」（広辞苑　第5版）とでも定義しておこう[8]。都市はこれまでたびたび、環境問題の舞台となってきた。例えば産業革命をきっかけとする人口増加の結果、19世紀のロンドンでは深刻な衛生問題が発生していた。世界最初の公衆衛生法の制定に携わり、「近代公衆衛生の父」と賞せられているエドウィン・チャドウィックは、『大英帝国における労働人口集団の衛生状態に関する報告書』にてイギリスの諸都市の劣悪な衛生状態と伝染病の蔓延を詳細に報告し、下水道の設置をはじめとする衛生対策の必要性を説いている[9]（Chadwick 1842）。

　日本国内に目を向ければ、1964年の公害告発の書『恐るべき公害』において、大都市の公害として東京都内の大気汚染や河川の汚染、騒音の問題が詳述されている。都市型公害は、足尾鉱毒事件や四大公害に代表される産業型公害のように突発的なものではなく、むしろ慢性的に被害を与え、「今日の大都市はあらゆる公害のふきだまりとなり、'この世の終り' ともおもえるような大事故が毎月のようにおこっている」（庄司・宮本 1964）と評されている。

　都市は、その場自体が環境問題の舞台となるばかりでなく、都市以外の地域の環境問題の間接的な引き金ともなってきた。その1つの例は、高度経済成長期における水資源開発による水源地域の環境破壊である。戦後の都市化の進展に伴う都市用水（工業用水・水道）の需要が急増したことによって、新たな水資源開発が各地で行なわれた（森滝 2003）。その結果建設された過剰ともいえるダムは、生態系にたいしてのみならず、地域社会に

---

[8] 「都市とは何か」という問いについて、末石[1990]は「人間が集まって住む一つのスタイル」と簡単な説明を行なっている。また、外形的な基準を主にした辞書的な定義を超えた議論は間宮[2005]にて展開されている。
[9] チャドウィックの都市政策は、宮本[1999]にて概説されている。

対しても様々な損失を与えたのである。環境社会学者の飯島伸子が比喩的に述べているように，「都市は，農村から栄養(人口と資源)を吸い尽くし，それでいて邪魔な物(原子力発電所)や汚れ物(廃棄物)は引き取ってもらい，甘い親である農村を，さんざん利用して疲弊させ，病気にしながら，自分はぬくぬくと生き延びて，親をはるかに抜く成長を示してきた」(飯島2000)のである。

　さて，こういった都市の環境問題は規制的な政策手段や，環境負荷低減の技術的対策によってある程度の改善をみた。しかし，産業公害とことなり都市型公害は，原因者と被害者が重なり合っている点に特徴がある(松下 2002)。したがって，発生源対策のみでは十分ではなく，個々人のライフスタイルやそれを規定する社会システムのあり方を変革することが必要である(松下 2000)。

　個別的な環境汚染対策では不十分であり，都市の社会システム全般について包括的視点(花木 2004)に立った変革が必要であるという考え方を深めていけば，果たして都市のあり方はエコロジカルな基準によってのみ規定されるものなのだろうかという疑問に突き当たる。もちろん都市の存立にとってエコロジカルな健全性は，その基盤ともなる重要な必要条件である。しかし，それは十分条件ではない。社会生活の場としての都市は経済活動の停滞による失業，人々の移動のための交通手段のあり方，あるいは差別や貧困から生じる社会的排除といった問題にも直面しているが，それらの問題への対処策はエコロジカルな基準のみから直接的に導かれるものではない。

　そのような課題に対する一つの答えとして，近年議論が盛んであるのは「持続可能な都市」という概念である。持続可能な都市とは，1987年のブルントラント委員会報告書における「持続可能性」の考え方を都市において実現を図ることを意図した考え方で，単なる概念にとどまらず様々な実践も行なわれている。この概念の潮流については，第10章の吉積論文で詳しく述べられているが，EUでは1993年以降様々な実践が行なわれている。1994年の第1回欧州サスティナブル・シティ会議において，

オールボー憲章が380の自治体と5つのNPOによって採択されたことは，EUにおける持続可能な都市の実現に向けた取り組みを促進することとなった (植田 2005)。その具体的取り組みについては，岡部［2003］などにまとめられている。

5-2 都市の環境ガバナンス論の課題

持続可能な都市論が基本とするのは，環境的持続可能性，社会的持続可能性，経済的持続可能性という3つの持続可能性を総合的に考慮しようとする点である。この概念の包括的性質が持続可能な都市論の魅力であると同時に，実践的には大きな課題を提起している。

すなわち，環境，社会，経済の持続可能性を総合的に担保するためのまちづくりの公準は，扱う対象が広範で複雑な関連を持つ上に，取り組みとその結果の間には相当の不確実性が存在するゆえに，外生的に，一義的に決定できるものではない。それは内生的なプロセスを経て決定され，実際の取り組みの結果を受けて継続的な改善がなされていくという動的なプロセスを通じて実行されていくものだろう。

そのためには，ガバナンスのあり方を少数の計画者中心のものから，多様で多元的な利害関係者の参加による協働型のガバナンスへと転換していく必要がある。その理由は，先に述べた原因者と被害者が重なり合うという，都市型の環境問題の特質にも求めることができる。都市生活を営む人々が，持続可能な都市の実現において重要な役割を担っているのであれば，彼らの参加を前提とした協働型ガバナンスのあり方を構想していくべきである。そのような参加の経験を繰り返すことによって，人々の間での社会的学習や社会関係資本の蓄積が促され，結果として持続可能な都市づくりが進展していくことが期待される。

6 地球環境ガバナンスの構築と強化

ブルントラント委員会報告 (1987年) 以来，地球環境問題に対処するた

めの国際社会の努力は，それまでと比べると目覚しいものがあった。地球サミット(1992年)，持続可能な開発に関する世界首脳会議(2002年)の開催は，それらの取り組みを最も高い政治レベルで集約する機会であった。多数の多国間環境条約や議定書の締結も進んだ。しかしながら進行する環境破壊の趨勢と比べるとこれらの取り組みは不十分であり，また，持続可能な開発の実現を妨げる根本的な構造の変革には程遠い。それではどのようにして現在の地球環境ガバナンスを改善し強化すべきだろうか。ここでは現在出されている提案，特に多国間環境条約のクラスタリングと世界環境機関(WEO)の設立を中心に紹介し考察したい。

まず多国間環境条約のクラスタリング(関連する条約のグループ化)提案である。

地球サミット以来の取り組みを，地球環境ガバナンスの進展という観点から見ると，注目すべきは，地球サミット後多くの多国間環境条約や議定書が採択されてきたことである。砂漠化対処条約(1994年採択, 1996年発効)，特定有害化学物質と殺虫剤の国際取引における事前通知・承認の手続きに関するロッテルダム条約(1998年採択)，残留性有機汚染物質(POPs)に関するストックホルム条約(2000年採択)，気候変動枠組条約のもとでの京都議定書(1997年採択)，生物多様性条約のもとでのバイオセーフティ議定書(2000年採択)など実に多数にのぼる。これらの条約や議定書がきわめて限られた時間内に採択され，また発効したこと自体，従来の国際交渉のペースからすると大きな進展である。だが，個々に見るとそれぞれ大きな課題と制約に直面している。特に条約の履行確保，途上国への資金・技術の移転メカニズム，途上国の能力開発などに多くの課題が残されている。

これらに加え，浮上した新たな課題は，多数の国際環境条約の重複を避け，効率的な実施をどう確保するか，現実に各国各地域で条約の実施協力体制をどう強化するかということである。また，それぞれの条約の資金基盤が細分化され脆弱で改善を要することも指摘されている。改革方向としては，多国間環境条約を分野ごとに関連する条約をまとめ，条約事務局の連携，条約執行に関する各国の情報を条約事務局間で共有化すること，締

約国会議・付属機関会合の連携開催，開発途上加盟国に対する支援措置や条約実施のレビューを条約間で整合的に実施することなどが提案されている。このような提案は，多国間環境条約のクラスタリングと呼ばれている (Von Moltke 2005)。クラスタリングの例としては大気環境クラスター，有害物質クラスター，海洋環境クラスター，採掘資源クラスター，地域クラスターなどがある (ibid.)。

　一方，「持続可能な開発」を実現するために，現行国際機関をどう改革し，その実効性をいかにして高めていくべきかというより大きな課題も議論されてきた。その代表的なものが世界環境機関 (WEO) の提案である。

　今日，地球規模での環境と開発の問題は国際社会においてその重要性が格段に増している。迅速で高度な政治的決断をくだし，それを着実に実施していくことが求められるが，そうした任務に応えるには，現在の UNEP (国連環境計画) や CSD (国連持続可能開発委員会) はあまりに組織も貧弱で資金も乏しく，各国からの政治的支援も著しく不足している。ヨハネスブルク・サミットに向けた議論の中で，このような問題意識に基づく国連組織の改革案もいくつか提案されてきた。

　現実にヨハネスブルク・サミットの準備プロセスでは，地球環境ガバナンス強化のために世界環境機関を含め，様々な提案がされ議論が積み重ねられてきた。しかしながらヨハネスブルクの政府間の会合では，ガバナンスを強化するための具体的提案は俎上にあがらず，採択された「実施計画」の中には現在の国際的な制度的枠組みを具体的に変革するような合意はほとんどみられなかった。フランスのシラク大統領がそのスピーチの中で，「世界環境機関」設立を提唱したのが唯一注目された程度であった。

　ヨハネスブルク・サミットで採択された実施計画の第 11 章では「持続可能な開発のための制度的枠組み」を扱っている。ここでは，「あらゆるレベルでの持続可能な開発のための実効的な制度的枠組みは，アジェンダ 21 の完全実施，WSSD の成果のフォローアップ，および新たに表面化し

つつある持続可能な開発の諸課題に対応する上での鍵になる」[10]としてガバナンスの強化をごく一般的な形で位置づけている。そして，国際レベルでは，国連システム，国際金融機関，GEF, WTOといった各機関間の協調体制が強化されるべきこと，国内政策面では，持続可能な開発のための国家戦略の実施を2005年までに開始すること，また，全てのレベルにおいて，政府及び非政府関係者間のパートナーシップが強化されることが合意された。しかしながら，具体的な制度改革の合意はほとんど見られなかった。したがってWSSDでの議論とその結果は，地球環境ガバナンスの強化という観点からはきわめて不十分なものに終わったと評価せざるを得ない。

世界環境機関のアイデアが注目を集め始めたのは，地球サミット（1992年）の準備過程からであったが，その後実質的な進展は見られなかった。その間に，世界の貿易システムはより合理化され，世界貿易機関（WTO）の発足により，格段に強化された。WTOや世界保健機関（WHO）に匹敵する環境機関が必要との議論が一部では主張されたものの[11]，ヨハネスブルク・サミット以降も，WEOに向けた特段の現実的な進展は見られていない。しかしその間に地球環境ガバナンス強化に関する議論は続けられ，深化してきた。

現実的なステップとしては，国連環境計画（UNEP）を国連の専門機関とする提案がある（Biermann 2005）。専門機関にすることにより，UNEPの規模，独立性，財源を拡充強化し，重要性を高め，より効果的かつ効率的なガバナンスと指導力の発揮を期待するものである。次のステップは，さまざまな環境条約を新しいWEOの傘の下にまとめることである。より野心的で本格的な提案は，国際的な環境基準や規則を設定し，それを各国で実施させる権能を持った世界環境庁の設立である。

WEOが果たすべき役割は，国連の高度なレベルで「持続可能な開発」

---

[10] ヨハネスブルク・サミット実施計画第137パラグラフ，実施計画の引用は環境省地球環境局［2003］p.78から。
[11] たとえばWTO事務局長であったスパチャイ・パニチャパックは，「WTOに匹敵するWEOが存在しないことが問題である」と述べている（Supachai 2001, p.443）。

や地球環境とグローバル・コモンズ(大気や海洋などの地球公共財)についてその世界的趨勢を包括的かつ戦略的,長期的な観点から協議し,的確に政策指針を提示していくことである。その現実的な第一歩としての UNEP を包含する新たな環境国連専門機関は,次のような機能を果たすことが期待される (Speth and Haas 2006, p.135)。

- WHO が各国の厚生省に対して果たしているように,各国の環境省の国際的媒体となること。
- 新たな条約を含め,国際環境法を推進すること。そして既存の多様な条約レジームに共通の事務局と紛争処理機能を提供すること。
- 地球規模での環境監視役,オンブズマン,そして触媒役を務めること。
- 地球規模での環境の状況と趨勢のモニタリング,および予測と早期警報を提供すること。
- 非公式な国際目標への合意の形成と,それらに関連する資金調達とキャンペーンを展開すること。
- 各国および国際的な成果と進展状況を評価し報告すること。
- 重要な科学的研究を調整し後援すること。

なおダニエル・エスティは,新たに大きな国際官僚組織を作ることには必ずしも重きを置かず,その機能に着目し,既存組織を活用し,情報化時代の技術とネットワークを生かしたバーチャルな機能的組織(彼はこれを地球環境メカニズム (GEM) と呼んでいる)を提案している (Esty and Ivanova 2002)。これは伝統的な国際官僚機関とは全く異なる内容で,国連組織の肥大化と空洞化を避け,実質的に必要な機能を段階的に強化していくことを目指した提案である。

7 環境ガバナンス論の課題

これまでローカルな地域資源,都市環境,地球レベルでの環境を対象としたガバナンス論の潮流を概観してきた。持続可能な社会を構築する上で,環境ガバナンス論はそれぞれのレベルにおいて有益な視座を提供する。た

だし，持続可能な社会に向けた戦略的なアプローチを考えると，以下の課題について今後解明していくことが求められる。

その第1は，持続可能性 (sustainability) の公準をどのように環境ガバナンスのプロセスと制度に組み込むことができるか，という課題である。

本章では，環境ガバナンスを，「上(政府)からの統治と下(市民社会)からの自治を統合し，持続可能な社会の構築に向け，関係する主体がその多様性と多元性を生かしながら積極的に関与し，問題解決を図るプロセスとしてとらえる」こととした。したがって，持続可能な社会に向けての各主体の積極的な関与と，民主主義的なプロセス，そして政策的・制度的対応の内容が問われることになる。

この場合，まず第1に持続可能性をどのようにとらえるか，すなわち操作可能な指標として特定できるかが問われる。持続可能性についてはたとえばデビッド・ピアスら (Turner, Pearce and Bateman 1994, pp.55-56) は自然資本と人工資本の代替可能性の程度に関する仮定に基づき，持続可能性を，以下の2つに分類している。

①弱い持続可能性：自然資本と人工資本間の完全代替性という非常に強い仮定の下で，持続可能な発展に必要なことは，現在存在する以上の総資本ストックを将来世代に移転することである(弱い持続可能性下のコンスタントな総資本ルール)。道路や機械，あるいは他の人工資本ストックを増加することによって環境(自然資本)の喪失を相殺する限り，次世代に遺す環境(自然資本)は少なくてよいとする。

②強い持続可能性：自然資本と人工資本の完全代替性を妥当な仮定としない。したがって自然ストックのいくつかは人工資本によって代替されることは認められない。生態系の機能とサービスのいくつかは，人間の生存に本質的なものであり，生命維持サービスを提供しているので，置き換えることはできない。これは本質的自然資本であり，容易に代替することはできないので，強い持続可能な発展は，この資本の保全を要求するとする。

以上のように，ピアスらは人工資本によっては置き換えることのでき

ない人間の生存に本質的なものを提供する資本を本質的自然資本とし，この概念を提示することによって，弱い持続可能性と強い持続可能性を区別している。その上で，非常に弱い持続可能性から非常に強い持続可能性に進む以下のような天然資源利用のルール (Turner, Pearce and Bateman 1994, pp.59–61) を提示し，持続可能性の実践に向けた，より具体的な提案を行なっている。

①資源の適正な価格付けを行ない，所有権に関する市場と介入の失敗を是正する。
②再生可能な自然資本の再生能力を維持し，廃棄物を浄化する能力と生命維持システムを脅かすような過度の汚染を避ける。
③非再生可能自然資本から再生可能自然資本への転換を促進する技術変化を起こす。
④再生可能自然資本はその代替物が作り出されるのと等しい率で利用されるべき。
⑤経済活動規模は残存自然資本の環境容量を超えないように制限されるべき。

ピアスが提唱した天然資源利用ルールは，持続可能な発展に向けた様々なレベルにおける意思決定の一般的な指針としては有用である。しかしながら，具体的な個々の事例においては，改めて検討すべきことが多く残されている。たとえば何をもって「資源の適正な価格付け」とするか，自然資本の再生力とは何であり，それをどのように評価するか，廃棄物の浄化能力をどのように測定するか，等々である。また，経済規模と自然資本の環境容量の関係をどのように規定するかについては，たとえばどの範囲 (地方，地域，一国，多国，地球規模) の経済と自然資本を考慮するのか，時間軸をどのようにとるか，どのような環境影響を対象とするかなど根本的に考慮しなければならない。

言い換えると，環境と開発の課題は，地域ごと，社会ごとに発現の仕方も優先順位も異なる。地域やそれぞれの社会の固有性への洞察と理解がないと，持続可能性の普遍化は不可能であろう。したがってそれぞれのス

ケールと地域に固有な持続可能性の指標を見出すことが重要となる。また，持続可能性を維持するための適切な管理主体とルールの設計も重要な課題である。

　第2の課題は関係する主体がその多様性と多元性を生かしながら積極的に関与し，問題解決を図るための民主主義的なプロセスとはいかなるものであるか明らかにすることが必要である。ここではその民主主義的なプロセスを保障する要素（仮説）として以下の4点をあげる。

　その第1の要素は，オーフス条約[12]に規定された環境に関する情報へのアクセス権，意思決定における市民参加，環境問題に関する司法へのアクセス権（裁判などの司法手続きを利用できる権利）に代表される環境民主主義的手続きの徹底である。1992年にブラジルのリオ・デ・ジャネイロで開かれた国連環境開発会議（地球サミット）で採択された「開発と環境に関するリオ宣言」の第10原則では，「環境問題は，それぞれのレベルで，関心のあるすべての市民が参加することによって，最も適切に扱われる」と，市民参加の重要性を明記している。政策形成過程への市民参加を実効性あるものにするためには，市民が行政などと対等に議論できる前提として関連情報を入手できることが必要であり，情報公開制度が欠かせない。さらに，環境への悪影響が起こる，あるいは市民の権利が侵害される，または侵害されそうな状態に至った場合には，裁判などの司法手続きを利用できる権利が保障されていなくてはならない。

　第2の要素として，環境問題への対処はあくまで地域からの取り組みが基本であることから，市民により身近なレベルでの意思決定を重視し，基礎的な行政単位で処理できることはその行政単位に任せるべきという考え方（補完性原則）にもとづく地方分権化の推進が重要である。

---

[12]「環境に関する，情報へのアクセス，意思決定における市民参加，司法へのアクセスに関する条約」。地球サミットで採択されたリオ宣言第10原則（市民参加条項）を受け，国連欧州経済委員会（UNECE）で作成された環境条約。1998年6月に開催されたUNECE第4回環境閣僚会議（デンマークのオーフス市）で採択されたことから，オーフス条約と呼ばれている。情報へのアクセス，政策決定過程への参加，司法へのアクセスを3つの柱とし，それらを各国内で制度化し，保障することで，環境分野における市民参加の促進を促すことを目的とした条約。2001年10月に発効。2005年5月現在，締約国はUNECE加盟国を中心に36カ国。

補完性原則とはもともとはカトリックの社会教説としての系譜を持ち，欧州連合のマーストリヒト条約[13]や欧州地方自治憲章[14]に規定されている。この原則は，市民により身近なレベルでの意思決定を重視することに特色があり，「基礎的な行政単位で処理できることはその行政単位に任せ，広域的な行政単位の関与は規模や効果からみて処理するのが適切な場合のみにすべき」という考え方である。

　ただし，今日の環境問題が，その空間的スケール，原因や影響の範囲，対策主体が重層化し拡大していることから，環境問題の態様に応じて，環境政策に関する権限を再配分することが必要である。EUではサスティナブル・シティの形成促進などの面で基礎自治体の権限を強化する一方，地球温暖化対策や化学物質規制に関する規範形成権限を従来の主権国家から欧州委員会に委譲する傾向が顕著である。地球環境問題に効果的に対処するためには，地球規模での環境問題の重層性の認識に基づき，主権国家を超えた環境政策権限の再配分が必要となろう。

　第3の要素として，今日の環境政策においては，政策立案の段階から企業や市民と協働して問題解決に取り組むという協働原則[15]にのっとることが強調されるようになった。「協働」(collaboration, cooperation)とは「協力して働くこと」(広辞苑)であり，パートナーシップ(partnership)と同義語として使われている。

　政策立案段階から行政と企業・市民が協働することにより，どのような

---

[13] マーストリヒト条約(1992年調印)第3b条　第1項：共同体は，本条約によって付与された権限とそこで課された目的の範囲内で行動する。第2項：その排他的権限に属さない領域では，補完性原則に従い，提案された行動が加盟国によっては十分に果たせない，したがって，当該行動の規模または効果からみて，共同体による方がよりよく達成されうる場合にのみ，その限りにおいて共同体は行動する。第3項：共同体によるいかなる行動も，本条約の目的を達成するために必要な範囲を超えてはならない。

[14] 欧州地方自治憲章(1988年発効)第4条第4項：公的部門が担うべき責務は，原則として最も市民に身近な公共団体が優先的にこれを執行するものとする。国など他の公共団体にその責務を委ねる場合は，当該責務の範囲及び性質並びに効率性及び経済上の必要性を勘案した上でこれを行なわなければならない。

[15] 協働原則(起源はドイツ「環境報告書」(1976年))：公共主体が政策を行なう場合は，政策の企画，立案，実行の各段階において，政策に関連する民間の各主体の参加を得て行なわなければならないという原則。

効果が期待されるであろうか。まず，協働活動を通じお互いの立場を理解するとともに，問題意識を共有することができ，相互学習の効果があがる。また，企業や市民のノウハウを活かすことによってより効率的な政策実施が可能になる。さらには公共主体による判断の限界（政府の限界）を補うことにつながる。これはたとえば行政側が十分な情報を持っていない場合，行政の時間的視野が短い場合，行政の空間的視野が制約されている場合，縦割り行政の弊害がある場合などにあてはまる。

　協働原則を適用した事例は，わが国の地方自治体でも広がっている。たとえば，全国の自治体の間で，環境基本計画やローカルアジェンダ21などを市民参加で策定した後で，これらの計画を関係する主体の協働で推進する「環境パートナーシップ組織」を立ち上げ，この組織を軸に環境パートナーシップ活動を展開する動きが進んでいる。市町村段階における環境パートナーシップ組織の第1号は1996年に設立された豊中市の「とよなか市民環境会議」であり，現在では全国で70以上の市区町村がこれらの組織を設立済みないし設立準備中である。

　一方，国際社会でもパートナーシップによる取り組みが注目されている。その顕著な事例が，2002年にヨハネスブルクで開催された持続可能な開発に関する世界首脳会議（WSSD）で採択されたタイプⅡイニシアティブである。タイプⅡイニシアティブとは，各国や，関係主体（自治体，NGO，企業，各種団体など）が自主的に，また特にパートナーシップを形成し実行する取り組みを宣言し文書として表明し，世界に向けて約束するというものである。国連の会議文書は一般に全参加国の合意が必要なのでどうしても内容が抽象的で具体性に欠けることになる。ところがこのイニシアティブは，自主的に取り組む主体がパートナーシップを組んで，それぞれが自ら実施することを具体的に世界に公約するものである（2003年6月3日現在232件のプロジェクトが登録されていた）（環境省地球環境局2003）。しかしこのイニシアティブについては，その効果が明らかではない，政府間で明確な数値目標を設定する努力を回避することにつながっている，との批判もなされている。

第4の要素は，環境的持続可能性を保障するため，持続可能性を軸とした政策統合を推進し，政策の実効性と効率性を高めるための多様な政策手段の活用とポリシーミックスを推進することである (Speth and Haas 2006, p.78)。

　なお，以上のように，各主体の積極的な関与と，民主主義的なプロセスが保障されても，その結果として生み出される政策的・制度的対応が持続可能性を保障するものとは限らないことに留意しなければならない。このことは，オルソンの古典的著作 (Olson 1965) で明らかにされているように，「合理的で利己的な個人は，共通のまたは集合的な利益を実現するようには行動しない」からである。特定の主体の行動選択は，特定の行動によってその主体にもたらされる費用と便益によって決められる。たとえば数カ国で協働して酸性雨の原因物質を削減しようとしたとき，一国 (A国) だけが削減努力を怠っても，他国の努力の結果，酸性雨被害が改善されうることがある。この場合A国は自ら費用をかけずに，環境改善の便益を享受できることになる (ただし国際世論による非難，場合によっては貿易制裁などの報復措置が起こりうる)。これはただ乗り (フリーライダー) と呼ばれるが，環境ガバナンスの構築においては，このようなフリーライダーを防ぐ仕組みの設計も課題となる。

　第3の課題として，環境問題のもつ空間的重層性に対処するガバナンス論を構想していく必要がある。環境問題は空間的階層性 (植田 1996) をもち，そのことが問題への対処を困難にしているという側面がある。例えば，特定地域での森林の管理はその地域固有の事情のみならず，国の林業政策の影響を強く受けるものであるし，グローバルなレベルでの木材貿易の影響も免れないだろう[16]。つまり，多くの環境問題は複数の空間的階層にまたがって存在しているという意味で，重層的なのである。

　さらに，それぞれの空間的階層に存在するアクター間では，環境に対するものの見方や考え方が異なる (谷内 2005) という側面もある。例えば，琵

---

[16] このような視点からタイの森林管理を対象とした研究として，佐藤 [2002] がある。

琵琶湖流域の水田地帯から代掻き時に富栄養化物質を含んだ濁った水が排出されるという農業濁水問題は，流域全体のマクロな視座から見れば琵琶湖の富栄養化につながる問題として，何らかの制御を試みることになるだろう。実際に滋賀県はこれまで度々，濁水防止に向けた啓発活動を行なってきた。ところが，1つの集落といったミクロな視座から問題を見るならば，農業従事者が行なう水田の水管理が粗放的になることで濁水を流してしまう様々な社会，経済的背景の存在が明らかになってくる。そして，ミクロな立場からは水管理が粗放的にならざるを得ないような，地域の農業経営の厳しい現状が重要な問題として認識されているのである（脇田 2005）。このようなそれぞれの空間的階層に属する人々の問題認識の違いを考えると，個々の階層に応じた管理組織が必要であると同時に，複数の階層間をつなぐような重層的な組織や制度が求められる（Berkes 2002）。

　これらの課題に対処するためには，空間スケールごとに個別に論じられているガバナンス論を，環境という視点から縦につなげていく事が必要である。本章の4節〜6節では環境ガバナンス論の各論を取り上げたが，論じている空間スケールがそれぞれコミュニティ，都市，グローバルと異なっているし，それらが関連付けて論じられていることは非常に少ない。しかし，環境を対象とする環境ガバナンス論においてはとりわけ，異なる空間スケールとの有機的なつながりを持った管理体系を考えていく必要がある。これまでの環境ガバナンス論において，多様な主体が関わった管理のあり方については一定程度議論がなされてきた。今後は同時に，多元的な主体がかかわることを考慮に入れた，すなわち，空間スケールの重層性を考慮した環境ガバナンスの理論的，実証的研究が求められる。

　最後に，以上のような環境ガバナンス論の課題に向き合い，議論を深めるために更なる分析枠組みの発展が必要であることを述べておきたい。環境ガバナンス論の主張する基本的な考え方は明確であるが，具体的事例を対象とした場合，その主張に即した分析枠組みが用意されていないのであれば，論としての魅力は半減する。この点については，既に指摘があり，複数の論者がその分析枠組みについて提案を行なっているところである。

例えば，曽我 [2004] は，多くの論者がガバナンスを発見的 (heuristic) な概念として捉えており，「ガバナンスを分析する方法についてはほとんど議論がない」として，ゲーム理論を用いたガバナンスの分析を提唱している。このようにガバナンスを分析する具体的な手法のストックを増やし理論と実際とのインターフェイスを充実していくことによって，環境ガバナンスの理論と実際が相互補完的に深化していくことが望まれる。

文献

飯島伸子 [2000]「持続可能な都市への課題：農村との資源・環境共存」『市政研究』vol.126, pp. 42-52。
井上真 [2004]『コモンズの思想を求めて』岩波書店。
植田和弘 [1996]『環境経済学』岩波書店。
植田和弘 [2005]「日本型サステイナブル・シティの課題」『RP レビュー』vol.16 (1), pp.10-14。
大芝亮・山田敦 [1996]「グローバル・ガバナンスの理論的展開」『国際問題』No.438, pp. 3-14。
岡部明子 [2003]『サステイナブル・シティ：EU の地域・環境戦略』学芸出版社。
外務省経済協力局編 [1999]「わが国の政府開発援助　ODA 白書」財団法人国際協力推進協会 (APIC)。
加藤久和 [2002]「環境とグローバル・ガバナンス」『環境情報科学』vol.31 (2), pp.2-7。
環境と開発に関する世界委員会 (大来佐武郎監訳) [1987]「地球の未来を守るために」環境と開発に関する世界委員会報告 (『地球の未来を守るために』(原題：*Our Common Future*)) ベネッセ・コーポレーション。
環境省地球環境局 [2003]『ヨハネスブルク・サミットからの発信』エネルギージャーナル社。
グローバル・ガバナンス委員会, 京都フォーラム監訳 [1995]『地球リーダーシップ』NHK 出版。
河野勝 [2006]「ガヴァナンス概念再考」河野勝編『制度からガヴァナンスへ：社会科学における知の交差』東京大学出版会, pp.1-19。
佐藤仁 [1994]「'開発' と '環境' の二者択一パラダイムを超えて：タイにおける森林管理の事例から」『国際協力研究』vol.10 (2), pp.35-46。
——— [2002]『希少資源のポリティクス：タイ農村にみる開発と環境のはざま』東京大学出版会。
佐和隆光編著 [2000]『21 世紀の問題群』新曜社。
多辺田政弘 [1990]『コモンズの経済学』学陽書房。
庄司光・宮本憲一 [1964]『恐るべき公害』岩波書店。
末石冨太郎 [1990]『都市にいつまで住めるか　地球環境時代の都市づくり』読売新聞社。
曽我謙吾 [2004]「ゲーム理論から見た制度とガバナンス」日本行政学会編『年報行政研究 39　ガバナンス論と行政学』ぎょうせい, pp.87-109。
花木啓祐 [2004]『都市環境論』岩波書店。
松下和夫 [2000]『環境政治入門』平凡社。
——— [2002]『環境ガバナンス』岩波書店。
間宮陽介 [2005]「都市の思想：'非' 都市からみた都市」植田和弘・神野直彦・西村幸夫・間宮陽介編『岩波講座　都市の再生を考える　都市とは何か』岩波書店, pp.7-35。
三俣学・嶋田大作・大野智彦 [2006]「資源管理問題へのコモンズ論, ガバナンス論, 社会関

第Ⅰ部
なぜ今環境ガバナンスか

係資本論からの接近」『商大論集』vol.57（3），pp.19-62。
宮川公男・山本清編著［2002］『パブリック・ガバナンス』日本経済評論社。
宮本憲一［1999］『都市政策の思想と現実』有斐閣。
室田武・三俣学［2004］『入会林野とコモンズ』日本経済評論社。
室田武・多辺田政弘・槌田敦［1995］『循環の経済学』学陽書房。
森滝健一郎［2003］『河川水利秩序と水資源開発：'近い水'対'遠い水'』大明堂。
谷内茂雄［2005］「流域管理モデルにおける新しい視点：総合化に向けて」『日本生態学会誌』vol.55 (1), pp.177-181。
脇田健一［2005］「琵琶湖・農業濁水問題と流域管理：'階層化された流域管理'と公共圏としての流域の創出」『社会学年報』vol.34, pp.77-97。
Berkes, F. [1989] *Common Property Resources: Ecology and Community-based Sustainable Development.* Belhaven Press.
―― [2002] "Cross-Scale Institutional Linkages: Perspectives from the Bottom Up," Ostrom, E., et al. (eds.) *The Drama of the Commons*, Washington D. C.: National Academy Press, pp.293-322.
Biermann, F. [2005] "The Rationale for a World Environmental Organization," Biermann, F. and Bauer, S. (eds.) *A World Environmental Organization: Solution or Threat for Effective Environmental Governance?* Ashgate, pp.117-144.
Chadwick, E. [1842] *The Sanitary Condition of the Labouring Population of Gt. Britain,* ed. M. W. Flinn in 1965, Edinburg University Press. (＝橋本正己訳［1990］『大英帝国における労働人口集団の衛生状態に関する報告書』日本公衆衛生協会。)
Dolšak, N. and Ostrom, E. [2003] "The Challenges of the Commons," Dolšak, N. and Ostrom, E. (eds.) *The Commons in the New Millennium*, Cambridge: MIT Press, pp. 3-34.
Esty, D.C. and Ivanova, M. [2002] "Revitalizing Global Environmental Governance: A Function-Driven Approach," in Esty, D.C. and Ivanova, M. (eds.) *Global Environmental Governance: Options and Opportunities.* New Haven, CT: Yale School of Forestry and Environmental Studies, pp.181-204.
Gibson, C. C., Williams, J. T. and Ostrom, E. [2005]"Local Enforcement and Better Forests," *World Development*, vol.33 (2), pp.273-284.
Grafton, R. Q. [2000] "Governance of the Commons: A Role for the State?," *Land Economics,* vol.76 (4), pp. 504-517.
Hanifan, L. J. [1920] "Social Capital: Its Development and Use," *The Community Center*, pp.78-90.
Hardin, G. [1968] "The Tragedy of the Commons," *Science*, vol.162, pp.1243-1248.
Krishna and Uphoff, N. [2002] "Mapping and Measuring Social Capital through Assessment of Collective Action to Conserve and Develop Watersheds in Rajasthan, India," Grootaert and van Bastelaar (eds.) *The Role of Social Capital in Development: An Empirical Assessment*, Cambridge: Cambridge University Press.
Lubell, M. [2004] "Collaborative Watershed Management: A view from the Grassroots," *The Policy Studies Journal*, vol.32 (3), pp.341-361.
McCay, B. J. and Acheson, J. M. [1987] *The Question of the Commons: the Culture and Ecology of Communal Resources*, Tucson: University of Arizona Press.
McKean, M. [1992] "Success on the Commons: A Comparative Examination of Institutions for Common Property Resource Management," *Journal of Theoretical Politics*, vol.4 (3), pp.247-281.
Von Moltke, K. [2005] "Clustering International Environmental Agreements as an Alternative to a World Environment Organization," Biermann, F., and Bauer, S. (eds.) *A World Environmental Organization: Solution or Threat for Effective Environmental Governance?* Ashgate, pp.175-

204.
Olson, M. [1965] *The Logic of Collective Action: Public Goods and the Theory of Groups*, Cambridge, Mass.: Harvard University Press.
Ostrom, E. [1990] *Governing the Commons*, Cambridge: Cambridge University Press.
—— [1992] *Crafting Institutions for Self-Governing Irrigation System*, ICS Press.
—— [1994] "Constituting Social Capital and Collective Action," *Journal of Theoretical Politics*, vol.6 (4), pp. 527-562.
—— [1999] "Social Capital: A Fad or a Fundamental Concept?," Dasgupta, P. and Serageldin, I. (eds.) *Social Capital: A Multifaceted Perspective*, The World Bank, pp.172-214.
Putnam, R. D. [1993] *Making Democracy Work: Civic Traditions in Modern Italy*, Princeton University Press. (=河田潤一訳[2001]『哲学する民主主義:伝統と改革の市民的構造』NTT出版.)
Rosenau, James N, and Czempiel, Erst-Otto (eds.) [1992] *Governance without Government: Order and Change in World Politics*, Cambridge: Cambridge University Press.
Speth, J.G, and Haas, P.M. [2006] *Global Environmental Governance*, Island Press.
Supachai, P. [2001] "The Evolving Multilateral Trading System in the New Millennium," *George Washington International Law Review*, vol.33, pp.419-449.
Turner, K., Pearce, D. and Bateman, I. [1994] *Environmental Economics: An Elementary Introduction*, Harvester Wheatsheaf. (=大沼あゆみ訳[2001]『環境経済学入門』東洋経済新報社.)
Young, O.R. [1994] *International Governance: Protecting the Environment in a Stateless Society*, Ithaca: Cornell University Press.
Young, O.R. (ed.) [1997] *Global Environmental Governance*, Cambridge: MIT Press.
World Bank [1989] *From Crisis to Sustainable Growth*.

第2章
環境ガバナンスの分析視角

武部　隆

1 はじめに：環境ガバナンスの四つの分析視角

　持続可能な社会とは，社会経済の活動から生じる自然環境への環境負荷（環境からの資源採取と環境への排出・廃棄）を，自然が耐えうる自然の再生可能・自浄可能な範囲内に抑えながら，しかし持続的な発展を可能とする経済社会のことである。ブルントラント委員会報告［1987］『地球の未来を守るために（原題：*Our Common Future*）』では，持続可能な発展を，「将来の世代のニーズを満たす能力を損なうことなく現在の世代のニーズを満たす発展」としている。

　横軸に「環境質」，縦軸に「市場財」をとって生産可能性曲線を描いたとき，持続可能な発展とは，「現在の生産可能性曲線」の外側に「将来の生産可能性曲線」を創り出す経済社会の進展のこととなる。したがって，持続可能な発展が達成されるか否かは，現時点において，現在世代が「環境質」と「市場財」をいかに選択するかにかかっているということができよう。

　こうして，環境ガバナンスとは，持続可能な社会の達成に向け，すなわち持続的な発展を可能にする経済社会の達成に向け，多様な環境財を利用・保全・管理するための経済社会の構築を指していう用語となる。

　環境ガバナンスをこのように捉えたとき，環境ガバナンス研究の方法として，①契約論的な視点に立った環境ガバナンス，②社会関係資本（SC：

Social Capital）の視点に立った環境ガバナンス，③リスク分析の視点に立った環境ガバナンス，それに，④環境効率性の視点に立った環境ガバナンス，などを考えることができる。

①の研究方法は契約論的発想を取り入れて組織構築を目指そうとするもので「環境コントラクトガバナンス」と，②は社会関係資本の充実とそのための条件整備を指向するもので「環境アソシエートガバナンス」と，③はリスクマネジメントのための制度構築を目指すもので「環境リスクガバナンス」と，④の研究方法は環境効率性達成に向けた枠組みづくりを指向するもので「環境エフィシェンシーガバナンス」と，それぞれ呼び換えることが可能である。

これら四つの環境ガバナンス研究の方法については，それぞれを独立させて思考することを基本とする。しかし，それぞれを関連づけながら総合的に思考することも重要である。このような観点から，本章では，環境ガバナンス研究の分析視角について考察を加えることにする。

2 契約論的な視点に立った環境ガバナンス

2-1 完備契約・不完備契約とインセンティブ

契約論的発想に基づき環境ガバナンスについての組織構築を目指そうとするものは，「環境コントラクトガバナンス」と呼ぶことができる。契約理論によると，環境問題を対象にした場合，完備契約では環境配慮に関するインセンティブ（動機付け）を直接，契約当事者の契約に組み込もうとするものとなり，不完備契約ではインセンティブは契約に組み込まないが，法律や組織・制度によって間接的に契約当事者に環境配慮に関するインセンティブを与えようとするものとなる。

このような契約理論の考えに沿って環境ガバナンスを捉え，契約当事者のインセンティブを重視した環境配慮型の組織構築を企図することは，非常に重要なことである。とくに，本節では，財産権，決定権限，交渉力等のような経済制度についての変革が，契約当事者の外部機会についての経

済的条件を変化させ，契約当事者の環境配慮に関するインセンティブに間接的な影響を及ぼすという，不完備契約論を援用した環境ガバナンスについて検討する。

例として，工場が煤煙を撒き散らしながら生産を行ない利益を上げる一方で，地域の住民は煤煙により外部不経済を被っているという状況を想定しよう。このとき，工場は煤煙防止の投資を行なうことが可能であるが，投資をするかしないかの判断は工場に任されていて，工場と地域住民とのあいだで煤煙防止投資についての契約は交わせない（すなわち投資に関する契約が不完備である）ものとする。また，所得分配（取り分）をめぐる交渉において，簡単化のため，工場に交渉力が100％備わっている（地域住民は取り分交渉において工場の言いなりになる）ものとする。

このとき，工場が生産量を決定する場合と地域住民が生産量を決定する場合とで，工場の煤煙防止の投資インセンティブがどのように違ったものになるか簡単な図を用いて明らかにし，不完備契約論的な視点に立った環境ガバナンスの考え方を考察しておこう[1]。

2-2 煤煙防止投資と生産量の決定

まず，工場が生産量を決定する場合である。図 2-1 の (a) (b) がその場合に相当する。(a) は工場が煤煙防止投資を行なわないケース，(b) は投資を行なうケースである。煤煙防止投資のコストは (b) の左横に示した面積の大きさで表されるとする。

工場が投資をしないときは，工場の限界利益 (MB) がゼロになる F 点まで，工場は生産を拡大しようとする。しかし，地域住民と交渉することにより，工場は生産量を減らし，MB 曲線と地域住民の限界損失 (MC) 曲線の交点に対応するパレート効率的な C 点の生産を行なうことになる。このとき，工場は，生産に基づく利益 (AOCB) と地域住民からの所得移転に基づく利益 (EBCF) の合計，すなわち EBAOF の面積に相当する取り分を

---

[1] 柳川 [2000] の第 1 章「不完備契約の考え方」を参考に，本節の目的にあわせて修正した。

第 I 部
なぜ今環境ガバナンスか

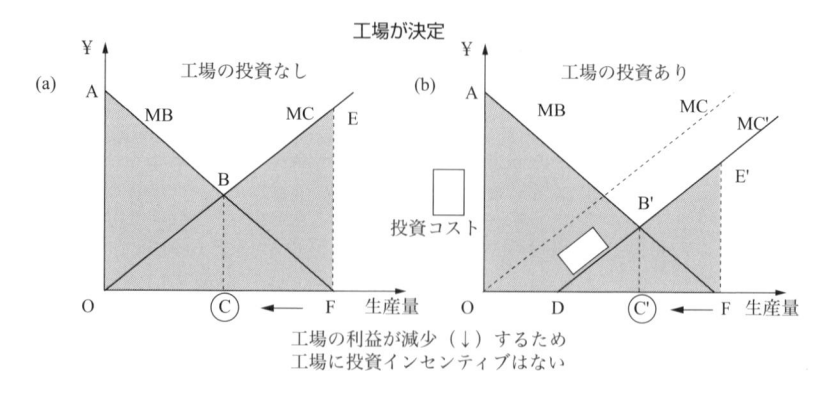

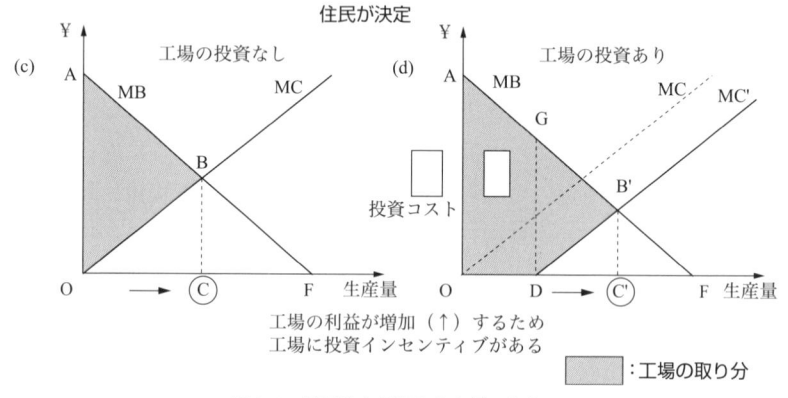

図 2-1 煤煙防止投資と生産量の決定

獲得する。

　他方，工場が投資をするときは，MC 曲線が下方シフトすることにより，交渉後のパレート効率的な生産量は，二曲線の交点に対応する C' 点へと右シフトし，工場の取り分は，E'B'AOF の面積から投資コストを差し引いた大きさとなる。図 2-1 の (a) (b) を前提に議論を進めるとすると，工場は投資をすることによってしないときより取り分を減らすことになるため，工場に煤煙防止の投資をするインセンティブは出てこない，ということになる。

　次に，地域住民が生産量を決定する場合はどうなるであろうか。図 2-1

の (c) (d) がそれに相当する。(c) は工場が煤煙防止投資を行なわないケース，(d) は行なうケースである。煤煙防止投資のコストは，工場が生産量を決定する場合と同様である。

　工場が投資をしないときは，地域住民は工場の生産量をゼロにしようとする。しかし，工場と交渉することにより，地域住民は工場が生産量を増やし，MB曲線とMC曲線の交点に対応するパレート効率的なC点の生産を行なうことに同意する。このとき，工場は，生産に基づく利益 (AOCB) から地域住民に所得移転した補償額 (BOC) を差し引いたAOBの大きさの取り分を獲得する。

　工場が投資をするときは，MC曲線は下方にシフトする。交渉がなければ，地域住民はD点に相当する生産量を工場に生産してもらう。交渉すれば，パレート効率的な生産量は，二曲線の交点に対応するC'点へと右シフトし，工場の取り分は，AODB'の面積から投資コストを差し引いた大きさとなる。先の場合と同様，図2-1の (c) (d) を前提にして議論を進めると，このときは，工場は投資をすることによってしないときより取り分を増やすことになる。したがって，工場に煤煙防止の投資をするインセンティブがはたらく，ということになる。

　以上みたように，煤煙防止投資をするかしないかの決定は工場に任されていても，生産量を決める権限が工場にあるか地域住民にあるかの相違によって，工場は煤煙防止投資を行なったり行なわなかったりするのである。ここでみた例の場合，工場が生産量を決定するときは工場による煤煙防止の投資は行なわれず，地域住民が生産量を決定するときは煤煙防止投資が行なわれる (可能性がある) ということになる。

　こうして，生産量の決定権が工場にあるか地域住民にあるかという決定権限の配分の相違によって，ある場合には工場が煤煙防止投資を行なう，またある場合には煤煙防止投資を行なわない，ということが生じるのである。

　以上，簡単化のため，工場に交渉力が100％備わっている (地域住民は取り分交渉において工場の言いなりになる) として議論してきたが，地域住民に

100％の交渉力が備わっている（工場は取り分交渉において地域住民の言いなりになる）と仮定しても，結論は同じである．すなわち，工場が生産量を決定するときは工場に煤煙防止投資を行なうインセンティブは発生せず，地域住民が生産量を決定するときは工場に煤煙防止投資を行なうインセンティブが生まれる（可能性が生じる）ということになる．ただし，取り分交渉において交渉力が強いほど取り分は大きくなるので，工場に交渉力が100％備わっているときの工場の取り分は，地域住民に交渉力が100％備わっているときの工場の取り分より大きくなることは，いうまでもない．

同様に，決定権限を持つ方が持たないときより取り分が大きくなる．すなわち，生産量の決定権が工場にあるときの工場の取り分は，決定権が地域住民にあるときの工場の取り分より大きくなるが，繰り返し説明するまでもないことであろう．

最後に，地域住民が生産量を決定するという問題について触れておこう．生産量の決定権が地域住民にあるなど，考えられないとみる向きもあるだろう．しかし現実には，NPO/NGOなどの非営利・非政府団体の活発な環境監視活動により，企業がもたらす外部不経済は，過去にも増して監視の目にさらされている．今後，このような監視活動ならびに企業批判活動はいっそう厳しくなることが予想される．こうして，工場が生産量を決定するという，当たり前のように思われていた決定権限にも，変化の兆しがみえ始めているということができるのである．

3 社会関係資本の視点に立った環境ガバナンス

3-1　社会関係資本の充実

社会関係資本の視点に立った環境ガバナンス，すなわち「環境アソシエートガバナンス」は，環境関連の社会関係資本の充実とそのための条件整備を指向し，それによって持続可能な社会の達成をもたらそうとするものである．社会関係資本は「信頼や互恵性に基づいた重層的なネットワー

クの厚みによって特徴づけられる[2]」が，そのような社会関係資本は，現実には非営利な団体およびそれら団体のネットワークとして存在している。そして，社会関係資本の厚み，すなわち非営利団体の存在の豊かさとそのネットワークの存在の豊かさは，企業や政府によっては十分に対応することが不可能であった福祉・社会教育・環境改善・人権擁護等のような社会的課題への対応を活発なものとし，環境ガバナンスの立場からは，環境ガバナンスが目標とする持続可能な社会の達成をより確実なものとしていくことを期待させる。

　当事者が少数でかつ資産効果がなく，また交渉費用も限りなくゼロに近いことを前提に，外部性の内部化を，当事者どうしの交渉で解決しようとする外部性の内部化方策は，いわゆるコースの定理に相当している[3]。このとき，社会関係資本の厚み，すなわち非営利団体の存在の豊かさとそのネットワークの存在の豊かさは，当事者が比較的多数の場合でも，外部性の内部化を効率的に達成することを可能とさせるかもしれない。社会関係資本の厚みとその豊かさは，当事者の情報の公開とアカウンタビリティの確保をもたらし，また当事者の透明性ある意思決定過程を生み出すことを通じて，当事者が多数に上る場合でも，コースの定理を成立させる可能性をよりいっそう大きくするからである。

　以上のような認識の上に，ここでは，環境ガバナンスにとって無視することのできない社会経済主体である非営利団体について考察を加えて，社会関係資本の視点に立った環境ガバナンスの研究方法を検討する。以下，公益法人制度改革と非営利法人論について触れておこう。

---

[2] 諸富［2003］の「はじめに」による。なお，山内［2004］は，社会関係資本を，「信頼，相互扶助などコミュニティーのネットワークを形成し，そこで生活する人々の精神的な絆を強めるような，見えざる資本である」としている。社会関係資本が関心を呼び起こしたのは，ハーバード大学のパットナム［1993］が *Making Democracy Work* を出版してからである。
[3] コースの定理とは，「資産効果がないとき，交渉して効率的合意に達したならば，そのときの価値産出活動は，誰が決めようと総価値最大化の産出活動であって，手持ち資産額や交渉力に依存しない」というものである。

3-2 事例：公益法人制度改革

2006 (平成18) 年5月に，公益法人制度改革関連三法が成立した。その概要は，およそ次のとおりである。まず，新法の基本部分は，二階建ての一階にあたり税制上の優遇措置がない部分を規定する「一般社団法人及び一般財団法人に関する法律」と，二階にあたり税制上の優遇措置のある部分を規定する「公益社団法人及び公益財団法人の認定等に関する法律」の二つの法律からなっている。以上の二つの法律に，関係法律を整備するための「一般社団法人及び一般財団法人に関する法律及び公益社団法人及び公益財団法人の認定等に関する法律の施行に伴う関係法律の整備等に関する法律」が付加されている。

「一般社団法人及び一般財団法人に関する法律」は，公益性の有無にかかわらず，準則主義（登記）で法人格を取得できる「一般社団法人および一般財団法人」について，その組織，機関，精算，合併等を規定しており，剰余金を社員（または設立者）に分配することは，非営利法人であるため認められていない。なお，毎年一回財務状況を開示する制度が取り入れられたり，社員による代表訴訟制度が導入されている。

「公益社団法人及び公益財団法人の認定等に関する法律」は，公益性を有する非営利法人の認定制度，公益認定法人の認定基準と遵守事項，公益認定法人の監督等を規定しており，非営利法人の公益性認定にあたっては，内閣総理大臣（一定の地域を拠点として活動する法人は都道府県知事）が行なうこととしている。ここで，公益性の認定は，有識者からなる合議制の委員会の意見に基づき（一定の地域を拠点として活動する法人については国に準じた機能を有する体制の下），認定基準を満たしたものを認定するという方法が採用されている。

ところで，公益法人制度改革がにわかに議論されだした直接のきっかけは，2000年12月の「行政改革大綱」（閣議決定）において指摘された「公益法人制度の抜本的改革」であり，また，2001年7月に内閣官房行革推進事務局が提出した「公益法人制度についての問題意識 ── 抜本的改革に向けて」であった。そして，2002年3月に閣議決定された「公益法人制度の

抜本的改革に向けた取組みについて」と「公益法人に対する行政の関与の在り方の改革実施計画」を経て，2002年8月に，「公益法人制度の抜本的改革に向けて（論点整理）」(内閣官房行革推進事務局)，ならびに2003年2月の「非営利法人の取扱いについて」(政府税制調査会非営利法人課税 WG) が公表された。

公益法人制度改革の意義と目的は，内閣官房行革推進事務局「公益法人制度の抜本的改革に向けて（論点整理）」によると，①民間非営利活動を社会経済システムのなかで積極的に位置づけその活動を推進すること，および，②主務官庁による許可主義が時代の変化に対応した非営利活動の妨げになっていること，公益性の判断基準が不明確であることなどの批判・指摘に適切に対処すること，以上の二点にあった。

こうして，内閣官房行革推進事務局は，公益法人(民法法人)と中間法人をいっしょにして「非営利法人」とし，設立は簡便な準則主義（登記）によるという，新たな非営利法人制度の方向を打ち出し，また，政府税制調査会非営利法人課税 WG は，「非営利法人」の法人税は原則課税とし，公益性があると判断されれば免税されるという考えを示したのである。

上述の公益法人制度改革関連三法は，このような経緯を経て成立したが，非営利法人論の観点から，その意義について考察しておこう。

3-3 非営利法人論からみた考察

政府が進めた公益法人制度改革における考え方は，民間非営利活動を行なうさまざまな個体群を，社会経済システムのなかで積極的に位置づけ，私的セクター(民間営利企業)，公的セクター(政府・地方自治体)とともに重要な社会経済主体として受容しようとするものである。この民間非営利活動を行なう個体群は，公益目的の個体群と共益目的の個体群の両者を含んでいる[4]。

---

[4] 公益目的の団体は，不特定多数の第三者と取引し，不特定多数の第三者に無料で，あるいはたかだか原価を償う程度のきわめて低額の料金を徴収して財・サービスを提供することを目的とする団体で，団体に剰余金が発生しても構成員に分配することはない。解散時残余財産についても，国や地方公共団体等に帰属させることを義務づけられる。これに対して，共益目的の

このような考え方は，非営利法人論の立場に立つもので，佐藤慶幸 [2002] の主張に近いものである。佐藤は，「NPO セクターと市民民主主義」のなかで，「国家と市場の経済のほかに『もう1つの経済』が存在してきたのである。市民がアソシエーションを形成し，相互に協同して必要とする物・サービスを共同生産するという『共的セクター』としての『社会経済』の領域が存在してきた」と論じている。また佐藤は，第3回「公益法人制度改革に関する有識者会議」会合 (2004年1月23日開催) で，「ボランタリー・セクターと社会システムの改革—公益法人改革を必要とする社会的背景—」と題して，当人の考えを開陳している。ここで，佐藤がいうアソシエーションとは，まさに非営利団体 (法人と非法人を含む) とそれらが創出するネットワークを指しているのである。

非営利法人論というとき，無視できないものに，フランスの「アソシアシオン (Association)」(英語ではアソシエーション) がある。同じ第3回の「公益法人制度改革に関する有識者会議」会合において，大村敦志は「『結社の自由』と『非営利団体』—フランスの場合を中心に—」と題して，フランスのアソシアシオンに関して，説述を行なっている。フランスでは，民間非営利活動を担う社会経済主体を法律的に担保するため，アソシアシオンという制度 (アソシアシオン法 [1901] ＝結社法) が早くから整備されてきた。

政府が進めた公益法人制度改革において，公益法人 (民法法人) と中間法人をいっしょにして「非営利法人」とし，その設立は簡便な準則主義 (登記) によるとしたことや，また「非営利法人」の法人税は原則課税とし公益性があると判断されれば免税されるとしたのは，フランスのアソシアシオンを意識したものであったことが，フランス・アソシアシオン法を一瞥すれば明らかになる[5]。ただし，フランスのアソシアシオンは財団形態を含ま

団体は，団体が第三者との取引を行なう (行なう場合もある) が，団体の目的は，構成員が施設や設備やサービスを共有・共同化して，個々の構成員に共通の利益を図り，個々の構成員自体の厚生を高めるところにある。団体に剰余金が生まれても，構成員に分配することは許されない。解散時残余財産の帰属は定款の定めによる。

[5] フランス・アソシアシオン法の要点は，GAEC & SOCIÉTÉS [1997] によると，次のとおりである。①目的：構成員の知識や活動を利益分配以外の目的で共同化すること。②構成員：自然人または法人で最低2人とする。③財源：構成員の分担金によるが補助金・寄贈・贈与よ

ないが，公益法人制度改革にいう「非営利法人」には財団形態が含まれていた点に留意する必要がある。

　公益法人の制度改革は，このような文脈で位置づける必要がある。中間法人の制度ができて4年しか経っていなかったのに，それを廃したというのはいかにも拙劣なようにも思えるが，非営利法人（「一般社団法人」「一般財団法人」）を準則主義（登記）により簡単に設立できるようにしたことは，社会関係資本の厚み，すなわち非営利団体の存在の豊かさとそれら団体が創り出すネットワークの豊かさを生み出すことにつながるため，今後の環境改善活動ならびに維持活動を活発化させるための条件整備として位置づけることが可能となろう。こうして，公益法人の制度改革は，環境ガバナンスの立場からみても，避けて通ることのできなかった道であったといえるのである。

4 リスク分析の視点に立った環境ガバナンス

4-1　リスクに関する知識別・受容性別にみた各種環境問題

　リスク分析の視点に立った環境ガバナンスは，「環境リスクガバナンス」と呼ぶことができる。リスクは，望ましくない事象が生起する確率の大きさと，それによりもたらされる被害額の大きさから構成される。このようなリスクに関するリスク分析は，一般に，「リスク評価」「リスク管理」「リスクコミュニケーション」という三つの要素をその内に含んでいる。だが，

ることも可能。構成員による動産・不動産出資も可能。ただし持分に応じた利益の配当を受けることはできない。④設立手続き：創設者による定款の作成と管理担当者の任命。公告手続きは関係書類を行政区に提出し官報により公告すること。⑤管理：定款により自由だが，普通は理事会を置き通常総会と臨時総会を行なう。理事の資格は公民権を持つ者で重大犯罪を犯していないこと。定款の変更・理事の変更は改めて公告すること。経済的活動を行なうアソシアシオンの場合，指導者の過失による責任は指導者に財政責任がなされるとき，また集団訴訟がなされるときの財政的責任も指導者に求められる。⑥諸特徴：官報に記載されることにより法主体性を獲得する。アソシアシオンが利益をあげる可能性を否定できないが，利益があってもそれを構成員に分配してはならない。定款に規定があれば，解散にあたって出資分の引き取りは可能である。構成員の加入と脱退は自由である。⑦税制：法人税に関しては活動が非営利のみの場合は免税される。

環境リスクを考察する場合，このようなリスク分析の考え方は重要であるが，あまりにも一般論的にすぎて，具体的な環境リスク問題を扱うときには物足らない。

また，リスクに関する知識が確実あるいは相当確実という場合には，このようなリスク分析の考え方は有効となるが，リスクに関する知識が不確実あるいは相当不確実というような場合には，このようなリスク分析の考え方をストレートに適用するには疑問が残る。加えて，リスク問題を対象にするとき，リスク受容についての多様性が存在して，一般市民の合意が得られるケースと得られないケースが存在する。

そこで，リスク分析の視点に立った環境ガバナンスを考察する枠組みとして，「リスクに関する知識の確実性（確実か不確実か）」と「リスクに関する受容性（受容一致か不一致か）」を考慮した，リスクに関する四つの組合せ（象限）において考察するという方法を考える[6]。すなわち，横軸にリスクに関する知識の確実性（右にいくほど「リスクに関する知識が確実」になる）を，縦軸にリスクに関する受容性（上にいくほど「リスクに関する受容性が一致」する）をそれぞれとって，四つの象限に分けて考察する。それぞれの象限に対応した環境問題に関して，池田三郎にならって説明を加えると，次のとおりである。

まず，象限①（「リスクに関する知識が確実」「リスクに関する受容性が一致」）では，正確にリスク計算・リスク評価が行なわれ，またリスクに関する受容性に一致がみられるのだから，リスク分析の手法が適用でき，工学的・応用科学的な方法で解決が可能となる。このような環境問題の例として，水道水の塩素消毒と発ガンの問題やメチル水銀と水俣病発症のケースなどを挙げることができる。

象限②（「リスクに関する知識が不確実」「リスクに関する受容性が一致」）においては，リスクに関する受容性に一致はみられるものの，リスクに関する知識が不確実ということだから，モニタリングを精緻化してリスク計算を精

---

[6] 池田［2004］を参考に，ここでの目的にあわせて修正した。

度の高いものとしていく努力が求められる。リスク分析の手法を有効にしていくためにも，リスク評価を究め，リスク計算精緻化のための高度なモニタリングが課題となる。象限②のケースとしては，生態系の破壊防止や生物多様性維持の問題などを挙げることができる。

象限④(「リスクに関する知識が確実」「リスクに関する受容性が不一致」)は，リスクに関する知識は確実であるにもかかわらず，リスクに関する受容性に一致がみられないという領域である。リスク分析手法におけるリスクコミュニケーションがもっとも必要とされる象限である。リスクに関する受容性を一致させるためにも，ここではリスク受容合意のための合意手法の開発が必要とされる。このような例として，原子力発電のケースや牛海綿状脳症(BSE)のケースなどを挙げることができる。

最後に，象限③(「リスクに関する知識が不確実」「リスクに関する受容性が不一致」)は，「リスク評価」「リスク管理」「リスクコミュニケーション」といういわゆるリスク分析によっては対応できない領域である。そもそもリスクを確率的に捉えることに無理があるうえ，リスクに関する受容性についても一致が得られないため，環境リスクガバナンスの立場からはもっとも対応に苦慮する領域である。象限③の例としては，遺伝子組換え作物採用のケースなどを挙げることができる。

横軸にリスクに関する知識の確実性をとり，縦軸にリスクに関する受容性をとって，四つの象限に分けて考察するというこのような方法により，それぞれの象限における環境課題に対応したリスクマネジメント戦略とそのための制度設計というかたちで，具体的に環境リスク問題を考察することが可能となる。そして，結果として，環境リスクガバナンスを包括的に扱うことも可能となってくる。

4-2 事例：牛海綿状脳症(BSE)の場合

四つの象限すべてについて，リスク分析の視点に立った環境ガバナンスを説明する紙幅はない。ここでは，象限④のケースについてのみ，牛海綿状脳症(BSE)を例に取って説明しておこう。

さて，象限④は，リスクに関する知識は確実であるが，リスクに関する受容性に一致がみられないという領域である。このような象限の場合，「リスク評価」「リスク管理」「リスクコミュニケーション」からなるリスク分析の手法が有効となる可能性は残されている。すなわち，リスクに関する受容性において一致がみられるまでリスクコミュニケーションを繰り返し行ない，その結果として象限①に移行するということになれば，リスク分析手法の有効性が実証されたことになる。

図2-2は，牛海綿状脳症(BSE)を例にして，リスク科学の立場からは標本検査が選択されそうなのに，国民感情からは全頭検査が選択されてしまうというその事情を，直感的・感覚的に訴えるために作成したものである。

国民には，「安心食品信奉者」がかなりの割合で存在していて，その人たちは，100％安全でないと安心できないと考えている人々である。標本検査がリスク科学の立場に立った安全性に根拠をおいた信頼のおける方法であることを承知していても，全頭検査を行なって100％安全だと言ってもらわないと安心できない人々なのである。

いま，国民は，「安心食品信奉者」とそうでない「非安心食品信奉者」に二分類されるとする。また，図2-2の利得表($q>0$)にみるように，各人は，誰であっても，全頭検査の場合，BSE被害発生のとき「-6」の大きさの利益(マイナスのときは損失)を，無発生のとき「4」の大きさの利益を獲得し，標本検査の場合，BSE被害発生のとき「-4」の大きさの利益を，無発生のとき「6」の大きさの利益を獲得するとする。ただし，全頭検査をする場合，BSE被害が発生する確率はゼロである。

このとき，非安心食品信奉者にとっては，図2-2における上方に位置する効用関数があてはまると想定し，期待効用理論を適用して，

EU(全頭)＝$0U(-6)+1U(4)=U(4)$

EU(標本)＝$qU(-4)+(1-q)U(6)$

より，図2-2にみるような，EU(全頭)，EU(標本)の位置関係になるとする。すると，

EU(標本) ＞ EU(全頭)

非安心食品信奉者
EU（全頭）＝0U(-6)＋1U(4)＝U(4)
EU（標本）＝qU(-4)＋(1-q)U(6)
EU（標本）＞EU（全頭）
ただし　q＞0

利得表（q＞0）

種類	BSE被害 発生	BSE被害 無発生	感情要因
全頭	-6 (0)	4 (1)	全頭検査でないと安心しない人が存在する
標本	-4 (q)	6 (1-q)	

（プラスは利益，マイナスは損失で，括弧内の値は確率）

安心食品信奉者
EU　（全頭）＝0U(-6)＋1U(4)＝U(4)
EU_ア（標本）＝qU_ア(-4)＋(1-q)U_ア(6)
EU_ア（標本）＜EU（全頭）
ただし　q＞0

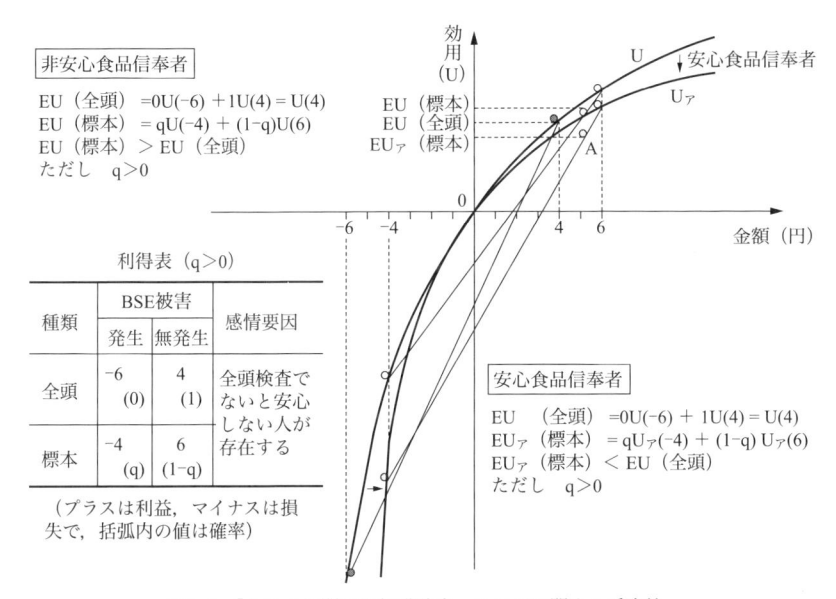

図2-2　「リスクに関する知識確実＝リスクに関する受容性不一致」の場合の例

となる。すなわち，非安心食品信奉者にとっては標本検査が望ましくなるのである。

　他方，安心食品信奉者はというと，全頭検査のときは図2-2の上方に位置する効用関数があてはまるが，標本検査のときはアレルギー的とでもいえる感情要因が働いて，原点から離れるにつれて，いっそう下方に屈曲することとなって，図2-2にみる下方に位置する効用関数（$U_ア$）へと変形してしまうとする[7]。期待効用理論を適用した結果，

EU（全頭）＝0U(-6)＋1U(4)＝U(4)

$EU_ア$（標本）＝$qU_ア$(-4)＋(1-q)$U_ア$(6)

となって，図2-2にみる，EU（全頭），$EU_ア$（標本）の位置関係になると

---

[7] 酒井［2004］22頁では，火力発電か原子力発電かをめぐって，原発アレルギーという感情ファクターの影響を，効用関数の下方シフトとして説明している。ここでの効用関数の下方シフトという捉え方は，その説明の方法に従っている。

する。すると，

　EU（全頭）＞EU$_ア$（標本）

となって，安心食品信奉者にとっては，全頭検査の方が望ましいということになる。

　国民は，「安心食品信奉者」とそうでない「非安心食品信奉者」に二分類されるとしていたのであるから，前者の割合が圧倒的に多いのなら全頭検査が，後者の割合が圧倒的に多いのなら標本検査が選ばれるであろう。しかし，割合が拮抗していたら，合意点をみつけ出すのは至難のわざとなる可能性がある。日本の場合，全頭検査を好む消費者が非常に多いのであるから，安心食品信奉者の割合が相当多いと判断するのが自然な解釈であろう。

　このように，象限④では，リスクに関する知識は確実であるにもかかわらず，リスクに関する受容性に一致がみられないため，リスクに関する受容性についての合意形成を図ることが大切となってくる。こうして，この領域にあっては，リスク受容合意のための政策科学（合意手法の開発）が必要とされることが理解される。

　本節では，リスク分析の視点に立った環境ガバナンスをみてきた。その際，考察の枠組みとして，横軸にリスクに関する知識の確実性（右にいくほど「リスクに関する知識が確実」になる）を，縦軸にリスクに関する受容性（上にいくほど「リスクに関する受容性が一致」する）をとって，四つの象限に分けて考察するという方法を採用した。

　環境ガバナンスの立場からは，リスク分析の考え方は大切である。しかし，それをすべての環境リスク問題にストレートに使うというのでなく，ここでみたように，「リスクに関する知識の確実性」と「リスクに関する受容性」の組合せからなる象限（領域）を考えることにより，リスク分析の視点に立った，いっそう実践的な環境ガバナンスが可能になると判断されるのである。

5 環境効率性の視点に立った環境ガバナンス

5-1 環境効率性の向上

　環境効率性の達成に向けた枠組みづくりを指向するものは「環境エフィシェンシーガバナンス」と呼ぶことができ，環境ガバナンスの基本である。ここで，「環境効率性」とは，「環境負荷量（環境からの資源採取量と環境への排出量・廃棄量）」単位当たりの「経済活動量」を指すことにする。

　環境ガバナンスの立場からは，環境効率性を絶え間なく向上させることによって，自然環境への環境負荷を，環境制約（環境受容量）内での負荷に止めておくことが重要である。そのためには，経済活動量の成長率以上のスピードで環境効率性を向上させていくことが求められる。このような視点に立って，人間の社会経済活動と環境とが相互に関係し合っていることを十分に認識したエコロジカルな経済学を構築し，その上で従来型の環境政策を見直して，21世紀型のエコロジカルな環境政策の方向と環境配慮型の組織構築のあり方を模索しなければならない。

　環境問題とエネルギー問題が，21世紀の世界経済を持続的に成長させるかどうかの鍵を握っている。環境調和的な技術を開発せず，また環境調和型の産業を振興することなくして，将来社会の発展はないということができるであろう。

　青木［2006］は，省エネルギー・環境調和的な技術を「エコ対応技術」と呼んで，自然資源に乏しい日本の今後のあり方として，エコ対応技術立国として世界をリードする方向を提唱している。そして，エコ対応技術の開発能力を「窮極の資源」の一つと位置づけ，競争的市場のなかで選択されるエコ対応技術を不断に創出していく開発能力（すなわち人的・知的資産）の重要性を強調している。

　環境効率性の視点に立った環境ガバナンスは，こうしてエコ対応技術の開発能力を生み出す組織構築をその内容とするものとなる。以下，このような観点から，エコ対応技術の開発にインセンティブを与える制度的枠組みについてみておこう。

5-2 インセンティブからみた排出削減技術の採用

図2-3は,排出汚染物質の排出削減技術の開発を例に,どのような制度的要因が当該企業の排出削減技術の開発に有効であるかを,排出基準(数量規制),排出課徴金(排出税),それに譲渡可能排出許可証の三つのケースについてみたものである[8]。

図2-3にみる四つの図のいずれにおいても,上部に位置する限界排出削減費用曲線は,現在の排出削減技術を用いて当該企業が排出削減を行なう場合のそれであり,また下部に位置する(シフトした)限界排出削減費用曲線は,技術開発により将来もたらされると予想される排出削減技術を用いて当該企業が排出削減を行なう場合のそれであるとする。

排出基準の場合,排出基準量がe_1からe_2に削減されると,開発技術を用いて排出削減を行なう方が,$a[=(a+b)-b]$だけコストが低くなる。したがって,排出汚染物質の排出削減技術の開発にインセンティブがみられるという結果が導かれる。しかしこのとき,当該企業が,排出基準量はe_2のあとすぐにe_2'に強化されると予想したならば,開発技術を用いて排出削減を行なったとしても,$a-b'[=(a+b)-(b+b')]$のみのコスト低下に止まり,場合によっては$a-b'$が負となる可能性もある。したがって,当該企業の排出削減技術開発のインセンティブは非常に弱められることになる。

これに対して,排出課徴金の場合と譲渡可能排出許可証の場合は,開発技術を用いて排出削減を行なう方が,いずれの場合も,$a+d$だけコストが低くなるため,排出汚染物質の排出削減技術の開発に,排出基準の場合以上のインセンティブが与えられるという結果になる。

ここで,左下図の排出課徴金の場合,tを排出量単位当たりの排出課徴金とし,右下図の譲渡可能排出許可証の場合,pを排出許可証単位当たりの価格とすると,排出課徴金の場合は$\{(a+b)+(c+d+e)\}-\{(b+c)+e\}$により,また譲渡可能排出許可証の場合は$(a+b)-\{(b+c)-(c+d)\}$

---

[8] フィールド(秋田次郎ほか訳)[2002]の250,277,305頁を参考に,本節の目的にあわせて修正した。

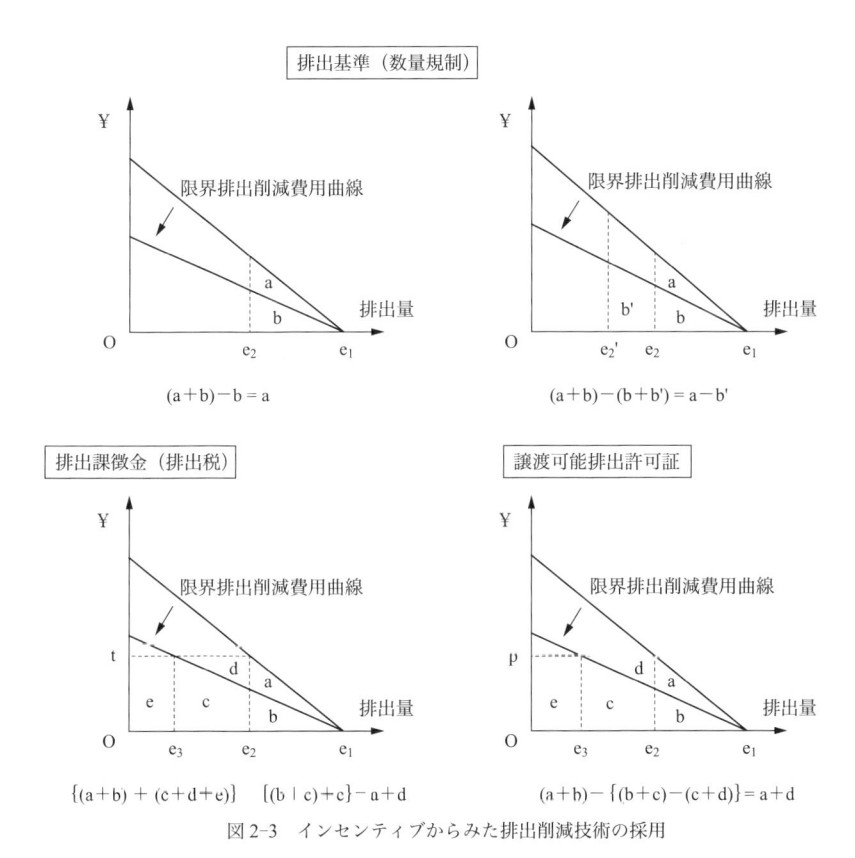

図2-3 インセンティブからみた排出削減技術の採用

により，それぞれ $a+d$ と算出されることに注意しよう。

こうして，排出削減技術の開発にインセンティブを与える制度としては，以上の三つだけを考慮したときは，排出課徴金と譲渡可能排出許可証が同レベルで，排出基準はこれらより低レベルとして位置づけられることになる。エコ対応技術開発能力を生み出すことを可能とする組織構築は，このような観点を無視しては困難となることはいうまでもない。

6 むすび：環境ガバナンス論の構築に向けて

以上，四つの環境ガバナンス研究の方法に関して，それぞれを独立的に

思考するときの基本的な考え方について考察した。加えて，個々の研究方法は，総合的ないしは統合的に思考されて，いっそう現実を適切に反映することのできる方法となる可能性がある。そこで，環境ガバナンスの四つの分析視角を前提に，最後に統合的環境ガバナンス研究の方法についてスケッチしておこう。

初めに，四つの異なる分析視角に立った環境ガバナンスを「よこ」に統合する。統合のレベルは，地域レベル，国レベル，多国間レベル，それに全球レベルといろいろ考えられるが，当初は，関心の深いあるいは問題にしやすいレベルから始めればよい。その際，リスク分析の視点に立った環境ガバナンスを基軸に，他の三つの分析視角に立つ環境ガバナンスを，必要とされるものについて必要とされる順序で統合する。

具体的には，環境問題ごとにリスクに関する認知の構造が違っているが，その相違を踏まえて，まず，問題にしようとする環境問題をリスクに関する知識別・受容性別にどの象限に入るリスク問題であるか類型化する。次いで，類型化された当該環境問題に関して，他の三つの分析視角に立つ環境ガバナンスについて必要なものを必要な順序で動員して「よこ」の統合化を図り，当該環境問題に関する望ましい環境ガバナンスを構想する（図2-4 参照）。

第2節(図2-1)でみた「煤煙防止投資と生産量の決定」は，厳密にいえば，地域レベルの環境問題であって，「環境リスクガバナンス」を前提として，「環境コントラクトガバナンス」の考え方に「環境アソシエートガバナンス」的発想を組み入れたものである。また，第5節(図2-3)でみた「インセンティブからみた排出削減技術の採用」は，厳密には，国レベルの環境問題であって，「環境リスクガバナンス」を背景におきながら，「環境エフィシェンシーガバナンス」の考え方に「環境コントラクトガバナンス」的枠組みを組み入れたものである。これらは，二つ程度の研究方法の統合化にすぎないが，このようにして，四つの環境ガバナンス研究の方法をいっそう統合することにより，「よこ」の統合化を図っていくことが考えられる。

「よこ」の統合化が終わると，次は「たて」の統合化である。「よこ」に統

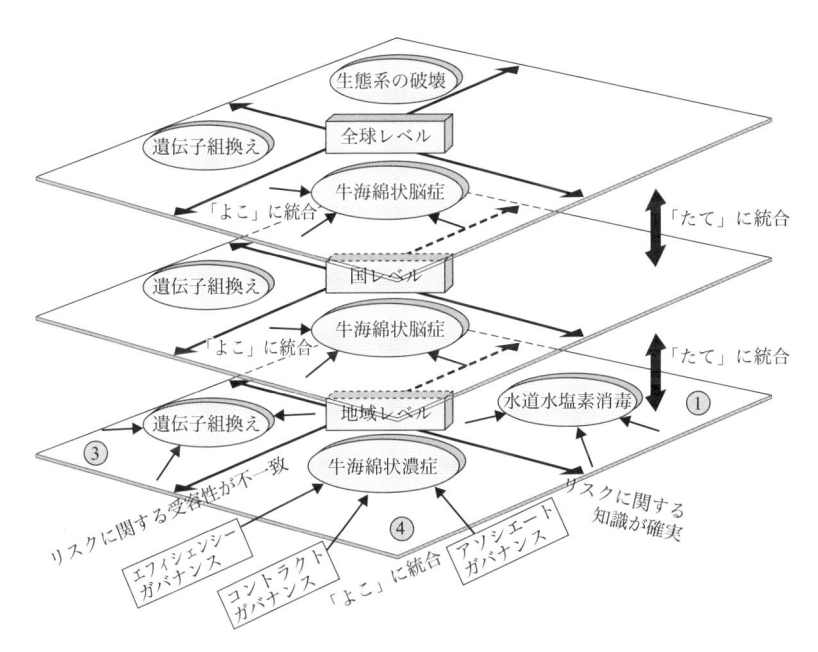

図 2-4　統合的環境ガバナンスの構造

合したあとは，地域レベル，国レベル，多国間レベル，全球レベルというふうに，「たて」に重層化する方向で統合の可能性を探る。重層化の順序は，環境問題ごとに異なっていてかまわない。順序は異なっていてかまわないが，当該環境問題は，レベルを重層化して「たて」の統合化を図ることにより，いっそう現実を適切に反映することのできる方法となる可能性がある（図 2-4 参照）。

このとき，幾重にも重なる環境ガバナンスの構造において，当該環境問題を解決してくれる，換言すれば重層化した環境ガバナンスの構造を動かすもの（動かしてくれるもの）は，どのレベルの環境ガバナンスにあるかを突き詰めることが大切である。こうして，「よこ」に統合したあとは「たて」に重層的に統合し，当該環境問題に関する望ましい統合的環境ガバナンス研究の方法を確立する。

文献

青木昌彦［2006］「資源・環境対応で世界主導」2006年8月21日・日経新聞：朝刊。
池田三郎［2004］「リスク分析事始」池田三郎ほか編著『リスク，環境および経済』勁草書房，所収。
酒井泰弘［2004］「環境か経済か」池田三郎ほか編著『リスク，環境および経済』勁草書房，所収。
佐藤慶幸［2002］「NPOセクターと市民民主主義」奥林康司ほか編『NPOと経営学』中央経済社，pp.9-29。
パットナム, R.D.［1993］*Making Democracy Work: Civic Traditions in Modern Italy,* Princeton University Press, 河田潤一訳『哲学する民主主義：伝統と改革の市民的構造』NTT出版，2001年。
フィールド, B.C. (秋田次郎ほか訳)［2002］『環境経済学入門』日本評論社。
ブルントラント委員会（環境と開発に関する世界委員会：WCED）報告（大来佐武郎監修）［1987］『地球の未来を守るために』(原題：*Our Common Future*)』福武書店。
諸富徹［2003］『思考のフロンティア　環境』岩波書店。
柳川範之［2000］『契約と組織の経済学』東洋経済新報社。
山内直人［2004］「やさしい経済学：ソーシャルキャピタル考①見えざる資本」2004年8月5日・日経新聞：朝刊。
GAEC & SOCIÉTÉS［1997］*Groupements et Sociétés en Agriculture,* GAEC & SOCIÉTÉS: publication, Association nationale des sociétés et groupements agricoles pour l'exploitation en commun.

第3章
真のエコテクノロジーを生む技術ガバナンス

内藤　正明

1 いま技術のガバナンスがなぜ問題か？

　今日の環境問題は，20世紀の人間活動のあらゆる諸相にその原因があるが，その中で「科学技術」も大きな要因の一つであることはいうまでもない。特に近年の技術の急激な発達は，環境問題に限らず生命や安全などの側面でも，これまでの社会規範や倫理を超えるような問題を提起し始めた。そのため最近になって，科学技術と社会の適正な関係を構築することの必要性が強く認識され，科学技術の新たなガバナンスの議論が高まってきた。その背景として，「科学技術の問題は，通常はそれに直接携わる科学技術者個人，または集団の倫理という，狭く矮小化した次元で論じられてきた」とされている。また最近の「科学技術の公共性」と題する討論会で，南山大学・倫理社会研究所長の小林傳司は「（科学技術者の）私的領域，あるいは学問の自由に委ねられていた科学技術という巨大な営みを，公共の視点から，政治的に補足しようという試み」として，科学技術の新たなガバナンスを定義している。

　しかし，近代の高度・大規模化した技術の開発には，技術者自らの価値判断に基づく意思決定の占める割合は小さく，科学・技術者の属する組織の意思が強く支配する。その「組織益」が社会の利益とは必ずしも一致せずに次々と問題を発生させ，最終的には「地球益」とぶつかることで，つ

いには今日の深刻な地球環境問題をもたらした。その意味では，「公共の視点から新たに科学技術のガバナンスを求める」というのは，いま緊急に必要なことと思われる。

さらに，科学技術に関して東京工業大学名誉教授の市川惇信は，「一旦スタートすると後は社会の変化と共進化し，その方向は誰も予想しがたく，また制御することもできない」としている。もしそうであれば，科学技術に携わる個人の倫理に還元するのが無意味であることはもちろん，公共の視点から政治的に捉えても，その発展方向を特定の意図をもって外部から制御することは不可能で，結局，「科学技術というものはいかなる主体のガバナンスをも越えた自律的な営みということになる」。したがって，その科学技術の軌道が変わるためには，社会そのものの変化が不可避ということになる。

このことを前提にすれば，現代科学技術のもたらした危機的な状態を回避するためには，それとの共進化体である社会自体を変革できるかどうかに掛かっている。しかし，社会自体も完全な自律的進化体であるとすれば，人為的な意思はどこにも働く余地はないことになる。しかし，社会の変革は歴史的にはいくつもの例がある。いま地球の危機的状態を回避するための「社会変革の方向と，これに連動して転換する科学技術の方向とそのあるべきガバナンスを見出す」ことが本報告の中心命題となる。

2 技術がもたらした功罪

2-1 現代の科学・技術の経緯

この最も科学・技術が急激に発展した50年に，それが社会に与えてきた功罪は時代ごとに大きく異なる。それを大きく3つの時期に分けると，
1950〜1960年頃　一気に現代科学が発展した時期で，様々な技術が一斉に開発され，それが病気や飢餓，重労働も不要な豊かな未来を無限に広げてくれるといった雰囲気が生まれた。まさに「科学技術楽観論，技術至上主義」が人々に広がった時期である。

それらは，
- 工業技術（大量生産システム）
- 医療技術（抗生物質，栄養学，高度医療）
- 農業技術（緑の革命，ミラクルライス，品種，肥料・農薬）
- エネルギー技術（原子力）
- 交通システム（クルマ，ジェット機）

などである。

1980～2000年頃 数々の問題が顕在化し，決して科学技術は万能ではなく，むしろ最終的には人類の破壊をもたらすかもしれない，とさえ危惧されるようになった。まさに「科学技術悲観論，技術懐疑主義」が広がった時期である。

それら悲観論の背景は，次節に示すような様々な，自然的，社会的影響である。

2000年以降 技術には（他のあらゆることと同じく）メリットとデメリットがある。その得失を総合的に勘案して，適正な形で活用することが肝心である。その場合，誰にとってどのように適正であるかが課題である。「適切な選択の時代」ともいえよう。

2-2　科学・技術のもたらした副作用とは

現代の技術がもたらした副作用を大きく二つに分類すると，その一つは，「自然」との関係性に対するものである。それは「資源の枯渇」と「環境の悪化」として，これまでの社会がまさに経済システムの外部として，考慮の対象外としてきた環境からの「入力（資源採取）」と「出力（環境負荷）」双方に関する危機が，いまや人類存続さえ危うくしているといわれる。そのような危機の中でも，いま最も危惧されているのが「地球温暖化」であるが，この原因物質である二酸化炭素こそまさに，20世紀の科学技術が全面的に依存している化石燃料の消費に由来するものである。そのため，環境改善技術も含めて化石燃料に依存するいまのあらゆる技術は，基本的に「地球にやさしい」ものではありえない。このような意味で，温暖化問題

こそ今日の技術に対する最終的な警告とも思われる。

　もう一つのカテゴリーは，科学技術の「人間・社会」に対する影響である。今日の工業先進国では，あらゆる技術とその製品に囲まれているため，自分の暮らしが誰かに支えられているという感覚は生まれる余地がない。スーパーの棚で何でも手に入り，蛇口をひねれば水が出てくるという状況では，自然の恵みを実感することが難しいだけでなく，他人の世話になっているという意識もなくなるだろう。もっとも，これこそ技術がこれまで目指してきた目的であったのだから，それが目的を達したというべきであろう。

　人の助力や自然の恵みに代わって必要になったのは「お金」である。自らの労働の対価である（と思っている）お金さえ持っていれば，あらゆるものが手に入る状況では，感謝や畏敬などという心はもはや必要としないだろう。また，このような技術に大きく支えられて育った人間が，他者や自然に対する共感がない，人と力を合わせることができない，我慢強さがないなどといわれる性向も，それが事実とすれば，技術の恩恵がもたらした当然の副作用と考えられる。今日の貨幣経済と技術との関係については，第4, 5節で検討する。

　上記のような技術がもたらした様々な影響を，大きく社会的，自然的カテゴリーに整理すると，

1）社会的影響

- 社会生活の変容（生産活動は大企業と官僚組織が支配，個人の役割は単に生産の労働要員と消費者，コミュニティ破壊，核家族化，モラル崩壊）
- 価値観の変容（物質至上主義，創造の喜びの消滅）
- 社会規範の衝突（クローン羊，臓器移植）
- 社会的格差の拡大（単純労働の代替による経済格差，先端技術の導入可能性による国際的な格差）
- 人工システムへの過度な依存（経済，金融，保安などのシステムリスク）
- 人間の能力の低下（フィジカル／メンタル，バーチャル，携帯コミュニケーション）

・知の独占と文明の偏在 (中西欧による知的財の独占)
2) 自然的影響
・資源の消費 (化石燃料,鉱物資源)
・環境への負荷 (健康影響,自然環境の破壊,地球環境影響)
などの数々である。

3 技術の副作用がなぜ生じたか

これまでの技術,特にここ50年の急激な科学技術の発達が,上記のような様々な副作用を生み,それを回避できないままに破局にまで進みつつある理由は何か。それを知るために,「そもそも技術とは何か」について,ごく簡約して文明論の時間スケールでさかのぼって振り返ってみよう。というのは,今日の科学技術の意味付けを理解するのにも,その背景を考察することが役立つと考えるからである。

最初,人間が自然の中で動物に近いかたちで生きていたとき,技術は自然からできるだけ多くの恵みを引き出し,一方でその脅威を防ぐための手段としての役割を持っただろう。その後,特に19, 20世紀に入ると,歴史が示すように「軍事」と「経済」の道具として科学技術が驚異的に発達した。軍事技術がもたらした悲惨な破壊については繰り返すまでもないが,経済発展のための技術もまた,資本の原理に従った経済競争の結果として大量生産・大量消費の工業社会をもたらした。

これまでは歴史の中で,社会の要請とはその時々の権力者の要請であり,彼らが技術開発のガバナンス主体となって技術の開発が進められた。それをごく概略的に要約したものが表3-1である。洋の東西を問わず戦争の時代は支配者の要求が軍事技術を何にも優先して発達させ,交易の時代は貿易商人の要求が,造船や航海術を急速に発達させた。そのような中で,いつの時代でも技術の第一義的な受益者は,権力と財を持つものであり,それらは決して一般市民でなかったということである。そのために,でき上がった技術の目的も第一義的には,社会大衆の幸せではなかった。

表3-1 歴史に見る科学技術のガバナンス主体

- 宗教界………神の創り給うた自然法則を探求する〈自然科学〉
- 支配者………戦いのための〈軍事技術〉，豊かさの〈工芸技術〉
- 経済界………経済的利益をももたらす〈製造技術〉〈輸送技術〉
- 公共体………「国民の幸せ」のための〈社会開発技術〉
- 市民…………自らの豊かさの〈市民技術〉〈遊び技術（カラクリ）〉

　むろん，為政者が新たな技術を禁止したケースもある。江戸時代などがその稀な例である。しかしその理由はあくまで，技術が一部の富裕者の事業独占に使われ，その結果として多数の失業が社会の不安定をもたらすことを避けるためであった。そして，カラクリとか和算といった，実利にほとんど無関係ではあっても，人間の創造性を純粋な形で満足させるような科学・技術を生み出すことに力が注がれた。閉鎖社会において効率を格段に上げる技術の出現が，社会の安定を損ない，不幸にすることを理解していたためであろう。和算を神社に奉納し，カラクリで人々を驚き喜ばせることで人々は創造意欲を満たし，自己実現の願望を満たしたのだろう。このことは，これからの地球閉鎖系の中で生きると決めた場合の人類が，知的好奇心や創造意欲をどう満たすかについて，大きな示唆を与えるだろう。

　このような歴史を世界各地に見ることができるにもかかわらず，市民社会といわれる20世紀に至っても，世界は国家と企業による巨大な力を軍事技術と産業技術の開発に注ぎ，これらが特異的に急速な発達をみた。その種の技術が人々の幸せとは無関係に，またはむしろそれを犠牲にする形で使われたことが現在の悲劇をもたらしている。核兵器にそれは典型的であるが，それら軍事技術に限らず産業技術であっても大規模高度化し，多額の資金と大規模な高度専門組織を必要とするに至って，一般市民がその情報や恩恵に接するのは難しく，それを理解することさえ困難になった。このままでは，それらを所有する巨大企業の意思のままに操縦されることになる。その結果，利益はその技術所有主体が享受し，負の影響が一般市民から次世代や自然生態系という，権利を主張し得ない主体にかかってくる。それこそが今日の地球環境問題の根源である。

本来は，国民・市民を代表するはずの国や地方自治体などの公共体も，歴史が証明する通り，ささやかな税金を払っている一般市民の利益を代弁するよりも，多額納税者たる巨大企業の既得権益擁護のためにもっぱら努めてきた。いまの我が国の政策は，実力のある者があらゆる新しい仕組みや技術を最大限に活用して富を蓄積し，その利益の一部を提供することによって貧しい者を救うのが正しいとする，いわば救貧的な性格を持つ。本末転倒の論理で，詭弁に近いことは明らかであるにもかかわらず，依然としてこれが声高に主張され，それに一般市民は惑わされる。

4 技術の新たなガバナンスの試み

4-1 新たなガバナンスを模索する試み

巨大技術を統治する巨大企業の利益と，その他の主体の利益が一致またはそれほど大きく乖離しない間は，深刻な問題提起はなかった。しかし，その間の利害が大きく相反し始めたときから，新たなガバナンスの要請が高まった。それには，これまで大きく二つの波があったと思われる。

(1) 巨大技術への問題提起

最初の波は1970年代に，工業国先進国と途上国間での利害衝突によって生じたものである。原子力発電や高速コンピュータ，製鉄，自動車など，技術が高度巨大化するにつれて，その開発や運転に多大な投資と組織を必要とし，それを持たない途上国では，その開発はもちろん導入さえも不可能な状況となった。このときにITDG (Intermediate Technology Development Group) のシューマッハ (E.F.Schumacher) によって提案されたのが中間技術という概念である。その後，それを基に適正技術，地域技術などという概念が次々提案された。中間技術から始まって，代替技術にいたる新たな技術概念とその背景と意義は，すでに上記のシューマッハなどの定義に明らかである (表3-2)。

それらの理念は当時，高く評価され知られるに至ったが，結局は途上国の技術発展を顕著に進める役割を果たすことにはならなかった。その最大

第Ⅰ部 なぜ今環境ガバナンスか

表3-2 〈もう一つの技術〉の定義

名称	英語名称	定義	特性・前提	基本的認識
〈中間技術〉	Intermediate technology	土着技術と近代技術の中間概念	「地域の資金，雇用，文化，対応能力」で受け入れが可能	これまでの途上国技術援助の失敗に対する反省
〈適正技術〉	Appropriate technology	中間技術の発展概念	住民管理可能 生態的健全性 資本節約的 労働集約的 地域資源活用	
〈適正高度技術〉	Appropriate advanced technology	高度技術の担い手が開発して世界に供給する適正技術の概念	大量生産	
〈代替技術〉	Alternative technology Utopian technology (D. Dickson)	大量生産・消費の物質文明と連動して進化した現代技術と相対する概念	地域の自給的生活 共同体的社会経済構造	技術はそれを受容する社会体制と不可分である

の理由は，それを実行に移すために，国際規模で必要とされるガバナンスの仕組みがほとんどなかったことによる。一方，先進国の大規模技術を資金付きで移転する援助が繰り返された。これは，援助が続く間は働くが，それが切れた時点でスクラップになるケースが多かった。

(2) 地球益を指向する動き

次の見直しの動きは，特にこの 20 年余の間に「企業益」と「地球益」間の乖離を認識することから起こった。地球益では，「途上国に加えて将来世代や生態系」がそのステークホルダー（利害主体）に加わるのがこれまでとは大きく異なる。では，それらステークホルダーに益する技術を開発するのは誰であって，そのガバナンスの仕組みとは何か。

地球技術の開発についても中間技術の場合と全く類似の問題がある。つまり，営利企業ではその真の開発は不可能であるとしたら，公的な組織が担うべきであるだろうが，日本の場合に典型的であるように，現在「公」

は最も地球にやさしくない巨大営利企業と強い連携を保っている。営利第一の企業では，CSRなどの社会貢献が進むことはあっても，真に地球にやさしい技術が開発されることは期待しがたい。そこでいま，地球環境保全の技術開発にふさわしい新たなガバナンスのあり方について議論が始まっている（本章第5節参照）。

4-2 新たなガバナンスを目指す試みの頓挫

技術とは社会にひたすら益するものだというナイーブな科学技術楽観論への反省から，これまでも技術のあり方を再考する試みはなされてきた。第一期には，技術が社会にもたらす影響を総合的に評価するための「テクノロジーアセスメント（TA）」が始まった。アメリカではOTAが，ヨーロッパではSIIESTAが設置され，組織的な活動がなされた。ただし，その後はいずれも活動を休止したようで，その後の社会と技術の関係からみても，いかにも残念と言わざるを得ない。

我が国では，NIRA（総合研究開発機構）が1970年代に，原子力発電など幾つかの巨大技術に対して，テクノロジーアセスメントを試みた。しかし，それは技術を統治する主体が自ら中心となって，専門家コミュニティ内でなされただけで，特に社会的関心をひくことなく終息した。その後は大きな工業発展のうねりの中で，技術発展は専ら善であるという楽観論の前に，技術を再評価しようとする動きは大きなものにはならなかった。

いま地球環境対応の技術に関して，最もシステマティックかつ客観的なテクノロジーアセスメントが必要であるにもかかわらず，その本格的な評価を担当する態勢が公的にも存在しない。ごく部分的に企業内で，自社技術の優位性を示すための評価がなされている程度である。そのため，国の温暖化対策技術の方向として，総合科学技術会議という特定専門家集団の答申に基づき，大規模な二酸化炭素固定や原子力発電，さらには"走れば走るほど空気をきれいにする自動車"といった，環境対策としては大いに疑問のある大規模工業技術を進めようとしているが，ここには本格的な技術評価があったとは思えない。

4-3　真のエコテクノロジー開発のためのガバナンスの萌芽

ようやく近年になって，バイオ，ITなどがもたらす社会的な影響を無視できなくなり，技術倫理の議論が高まった。これは利害関係者が共に存在するケースであるから，問題提起もまだありえた。しかし，地球環境問題ではステークホルダー(将来世代，途上国の人々，自然の生態系)が共通のテーブルにつけないという特殊な性格が，ガバナンスについての議論を一層難しくしている。そこで，このような難しい状況を考えたとき，新たな方向としてはどんな道があるだろうか。それを模索するものとして，大きく2つの試みを考えてみよう。

(1) 体制内の変革

社会全体で，評価，情報開示，参加，がキーワードになっている。従って，かつてのOTAやSIIESTAのように，社会的に重要な技術を対象に，これを評価するだけではなく，管理・運営までも統治する機関を設ける。これには国のあらゆるステークホルダーだけでなく，その利害を主張できない地球益を代弁するための主体をも含めたものとする。ただし，いまこの分野を統治している日本の体制は，真のエコテクノロジーを基本的には歓迎しない主体が中心であるため，この実現可能性は必ずしも高くない。たまたま，国の戦略研究機関のプロジェクトで，その種の導入課題を始めてみたが，やはりその意味は理解が得られず途中で打ち切りとなった。

(2) 体制外からの変革

体制内では変革は難しいことから，外部から市民を主体として，そのような変革を起こそうとする動きが見られる。その一つは，エネルギー政策に関する，「市民エネルギー調査会(略称：市民エネ調，http://www.isep.or.jp/shimin-enecho)」の活動である。ここでは，国のエネルギー政策を批判し，これに対して独自の政策提言を，市民の様々な参加で検討し，またその基礎情報はすべて公開して，だれもが議論に参加することを可能にしている。ただし，対象がエネルギーという巨大技術を含むために，ここからさらに真のガバナンスに至るまでには，相当の困難があるが，これが唯一の可能な仕組みかもしれない。

5 これからの技術ガバナンス主体としての市民

5-1 市民技術の提案

以上のことを考えたとき，これからの新たな技術を実現する大事な視点は，「誰のための技術か，したがってガバナンス主体は誰なのか」を考えることが前提であると言えよう。ある技術が作られるには，それが誰にとって，何に役立つのかが最初に論じられねばならないはずである。しかし，これまで技術開発に携わる者は何らかの組織に属しているので，特に意識することなくその組織のために技術を開発するのは当然であった。つまり技術者個人の意思というものはありえなかった。そのガバナンス主体がこれまで企業であり軍であったことが，いまの問題をもたらすもととなった経緯は上述の通りである。つまり，一般の市民の心豊かな生活や，さらには将来世代や他生物の生存を第一義的な目的とする主体(スポンサー)がいなかったことが，今日の真に「地球にやさしい」技術を生み出す場がどこにもなかった理由である。

このことを考えるとこれからの技術開発は，市民(生活者)と将来世代を代弁するスポンサーが必要だということになる。これまでのところ「公」もまたそのスポンサーは「産」であり，ささやかな税金を納めている一般国民でも，全く納めていない将来世代や他の生き物でもない。そのことに気付いて，市民のための技術開発の場をいかに作るかという試みが，「市民の手による環境産業創造」などとして，いま各方面で始まっている。NPOの隆盛もそのことと無関係ではない。ただし，市民技術も文字通り「市民」だけが当事者になるものを意味しない。いま急激に動き始めたCSR(企業の社会貢献)を通じた協働や，産・官・民のパートナーシップ活動を通じた新たな協働の中から，次節に紹介するような多様な技術が芽生え始めている。つまり，市民技術と名づけたとしても，それは市民だけで創造するというものではなく，「市民社会の幸せ」を第一義的な目標とし，「市民がガバナンスの当事者」として関与するものという定義である。現に，「地球にやさしい」技術には先端的な材料とかIT技術が不可欠である

という見方もあって，それには高度先端的な技術を持つ企業の参加は不可避である。

なお，このような技術がかつての中間技術，適正技術と特性が類似するのは，「地球にやさしい」という目的と，「途上国や市民が統治できる」という目的は多く共通するからである。そのような技術体系を，〈市民参加型技術（市民技術，社会技術）〉と定義し，その特徴をまとめる表3-3のようである。さらにこの〈市民技術〉とこれまでの工業国の〈企業技術〉と途上国の〈家族技術〉を対比し，それぞれのガバナンス主体の相違を意識してまとめたものを表3-4に示す。

5-2　事例：中国の自立型バイオエネルギー生産と環境保全技術

発展途上国では経済成長と共にエネルギー需要が増大し，省エネ対策や自然エネルギーの技術開発が緊急に求められている。特に，急激な経済成長によって世界第二のCO_2排出国になった中国の取り組みは極めて重要である。この事例は，今後急激なエネルギー重要の伸びが予測される，中国の農村部におけるエネルギー自給と環境保全を兼ねた，市民技術とも言うべき，新たな試みである。

歴史的に中国の農村部では，各家庭でのメタン醗酵を中心としたバイオエネルギー利用がなされてきた。これは，家畜や人の糞尿のメタン醗酵・処理による環境衛生の改善，メタンガス利用による生活利便，醗酵残渣の農地還元による有機肥料の供給など，農家の生活向上と環境保全に多面的な寄与をしてきた。エネルギー消費の急増が危惧されるこのような農村部で，この「戸別メタン醗酵」の持つ意義を再評価し，地球にやさしい自然エネルギーとしても位置付けた，農村エネルギー供給システムが近年盛んになった。このことは，二酸化炭素削減に加えて，森林伐採量の削減による地域生態環境の保全，地域自立型の再生可能エネルギー供給といった，今日的な課題にも有効と思われる。

こうした自然生態系に馴染む，小規模の中間技術としてのバイオマス循環システムを中国農村部に広めるために，中国農業省では2002年

第3章
真のエコテクノロジーを生む技術ガバナンス

表 3-3　市民参加型技術の特徴

- **身の丈のローカル技術である**
  市民がボランティア的にその運営に関わるもので，大規模大量生産はありえない。
- **市場競争から免れる**
  特に「自然エネルギー」や「循環」，「農系生産」など，きわめて重要でありながら，いまの市場メカニズムのなかでは成り立たないために取り残されてきた技術の実現にとって，唯一とも言える可能な仕組みである。ローカルマネーとかエコマネーという道具立てが大流行なのも，このことと無縁ではない。
- **自立的である**
  市民のコミュニティが，地域で物やエネルギーを完結的に生産し，循環させることは，技術のツケを環境に出さないための必要条件である。「地産地消」などがしきりに言われるようになったのは，そのことの現れである。
- **主に生物・生態系を利用する**
  高度な物理・科学的原理でなく，自然の命の力を利用する技術が主となり，これは大洋由来のエネルギーに依拠するためにエントロピー原理にも合致する。
- **人と人，人と自然の共生が育つ**
  人が力を合わせること，また自然のリズムに合わせることから，人との協働の意味や自然の恵みと脅威を体験する。

表 3-4　技術の 3 種とその市民ガバナンス

	家族技術	市民技術	企業技術
資金・資源・規模	小	中間 (intermediate) 適正 (appropriate)	大
技術内容	Primitive 人力・素人	代替 (alternative) 機械制御	High コンピュータ制御
評価	非市場価値	市場／非市場的価値	市場価値
目的	家族の生存	コミュニティ福利	株主利益
ガバナンス主体	Family 〈個人〉	Stake Holder 〈参加型〉	Stock Holder 〈独占型〉

に「1000万戸メタンガス・プロジェクト」を計画した(図3-1)。そして2005年までに，全国農村の10%である1100万戸にバイオガス設備を新設し，西部地域では戸別用のモデル，東部地域では家畜や養殖場での大規模モデルを実施するという計画である。その計画が実施されると，2億人に及ぶ農村人口の生活向上が期待され，467万ヘクタール以上の森林保護と，267万ヘクタール以上の耕地改善，2000万トン以上の家畜糞の処理がなされると推計されている。また，有機肥料の供給により農生産量はほ

第Ⅰ部
なぜ今環境ガバナンスか

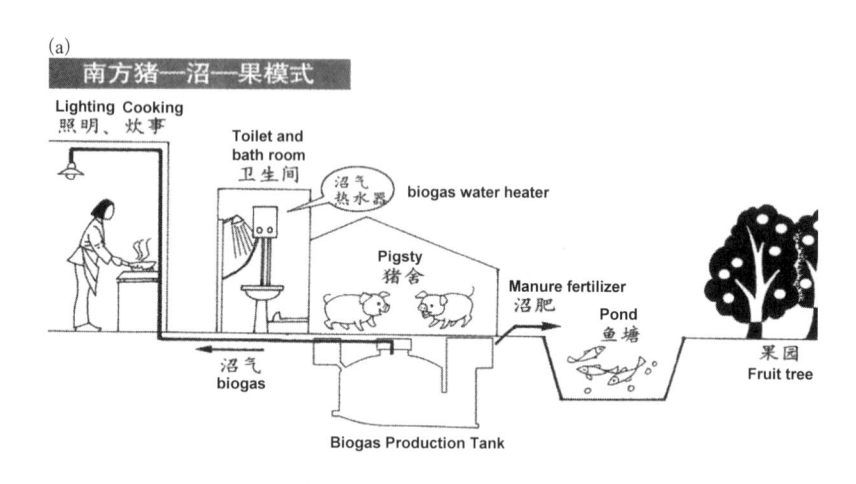

(a)

(b)

図 3-1 中国農業省「1000 万戸メタンガス・プロジェクト」
(a) バイオガスの発生・利用システム（出典：中国農業出版社編『沼気用戸手冊』）
(b) 同プロジェクトに関する雲南省・昆明の事例（撮影：楊瑜芳）

ぼ30%の増収が予測されている。

　以上のような，自立型バイオエネルギー生産とバイオマス循環システムの成功の鍵は，技術そのものが優れているということではなく，それを受け入れる社会のシステムのあり方がその技術の内容やレベルによくマッチしているということである。同じ原理のメタン醗酵装置が日本では，多額の補助金で建設され多くの設備が赤字を出して，本来の機能を発揮できずにスクラップ化しつつある。これは，言うまでもなく日本の社会が余りにもエネルギー，衛生処理，農業資源などで恵まれていることにあるので，その解決は難しい。

6 市民技術による持続可能な地域社会の形成

6-1　持続可能社会の定義

　世界中で異常な気象が続き，これまで特に地球環境問題に関心の無かった人達までが，日常的に地球温暖化という言葉を口にするようになった。一方では温暖化自体，またはその原因について人為ではないとする専門家もいる。その人たちは，気象異常によって人類社会が崩壊した後も，「科学者としては，人間活動の影響とは必ずしも言えない」と言い続けているだろう。そのような厳密な科学論争はともかくとして，一般社会としてはその可能性をどう判断して，どう対処するかを決めなければならない。つまり，いまの危機的とも考えられる状況を回避して，人類と地球生態系の持続を図っていくためには，科学技術を含めて社会システムがどうあるべきかを，根本から考え直す時期に来ているというのが，世界の常識人の判断ではないか。そのような，専門家集団と政策立案者の対話の必要性が，地球環境問題をきっかけにして初めて真剣に始まった。

　異常とも思える世界の気候変動に対して，我々はどう対処すればいいのか。論理上は，「人間の活動（資源消費と環境負荷）を地球の容量以下に抑えること」というのが十分条件である。そのための代表指標として二酸化炭素排出量がもっとも適切であろうと考えられるが，それは原因が主に石油

消費であるため，その排出量の把握と発生源の特定も比較的明確であるということにある。ただしこれを削減することは，石油文明と呼ばれる現代社会そのものを根底から考え直すことにもつながり，もしそれがある程度でも達成できれば，工業社会がもたらした多くの問題も同時に回避できるだろう。しかしそれ故にこそ，その実現が極めて困難であることは，すでにここ10年ばかりでも経験済みである。

6-2 持続可能社会の具体的な目標

「二酸化炭素排出」を持続可能性の代表指標としたとして，その削減目標量としてどれぐらいを想定すると，本当に持続可能社会になるのだろうか。京都議定書の-6％という数値が，これまで一つの目安として議論されてきたが，その後の状況をみると，我が国では京都議定書の達成は極めて困難となりつつある。しかし，現在EUは，1990年比30％から実に80％までの削減目標を表明している。このように大幅な削減目標はどこからきたのか。IPCCの最近の議論から，地球生態系が追随できる範囲として，「気温上昇速度が10年で0.2℃以内，温度上昇が2℃以下」を提示し，その目標達成のための数値から設定したものである。

そのような厳しい目標を設けた持続可能社会がどんな姿になり，それがどのような道筋で達成できるのかを探る試みが各地で始まった。スウェーデンを筆頭としてヨーロッパ諸国では，すでに具体的な地域・社会づくりに向けて動き始めている。このような中で，2005年に日本政府は「超長期エネルギー計画」を出して，2050年の二酸化炭素排出量を(2002年比)4分の1に，2100年には20分の1にするという思い切った目標を掲げ，ヨーロッパ諸国に足並みを揃えたように見える。また，環境省は80％削減社会を想定して，作業に入っている。さらに，東京都を対象に学者グループによって，2050年までに「東京(二酸化炭素排出)半減社会」プロジェクトと称した研究がなされた。2006年にはようやく滋賀県が2030年二酸化炭素半減を目指した持続可能社会を提示した。このように，日本では研究段階として一歩踏み出したが，実行段階は各地での部分的な試みがあるのみで，

まだトータルとしての持続可能社会づくりとしての大きな流れにはなっていない。また 2007 年 6 月のハイリゲンダム・サミットで，安倍首相は 2050 年までに排出量を-50％とする「美しい星 50」提案をした。

6-3　持続可能社会の二つの選択肢

このような議論の中で一番の難問は，大きく異なる二つの立場があることである。つまり，「現在の工業社会によって支えられた経済的（物質的）豊かさを前提に，主に技術発展に依拠して問題解決を図ろう」とする「技術依存派」の立場と，「20 世紀型の工業社会をかなり変革して，新たな豊かさ社会を指向して問題を克服しよう」とする「社会変革派」の立場である。いま日本の場合は，国を中心にして「技術依存派」路線が主流である。一方，地方では「社会変革派」の立場で地域づくりが指向される例がいくつもみられ始めた。いま我々が迫られているのはこのどちらを，どのように選択するかである。

このような重大な判断をするためには，いま人類の存続が危惧されるほどに深刻な事態になった背景について，歴史を遡る様々なレベルでの議論が必要である。ここではその詳細は割愛し，要点のみを集約しておく。わが国では特に，この種の原因を掘り下げる議論は少なく，現実に起こっている事象に合わせた対症療法のみが論じられることの多いのは，国民性に関わるのであろうか。

「技術依存派」は，近代工業文明と技術の力を信じて，無限発展を指向する立場である。もう一つは，地球を有限の世界とし，その限られた中で"人は生物の一種"であることを受け入れて，生態学的法則に従って循環共生社会を再構築する立場である。ここには，将来世代や生物を含む生命全てと共生する地球倫理がその背景にある。では，地球環境危機の危機に対して，「人類全体の幸せ」をできるだけ高めつつ，いまの地球環境制約の下で達成するための技術とはどのようなものか。それはこれまでの 20 世紀型技術が，人と自然に対してもたらした多くの副作用をその元に戻って改めようとするものである。

6-4 〈もう一つの技術〉で支えられる持続可能社会

20世紀型の大規模先端的技術に対する反省から生まれたのは,〈もう一つの技術〉または〈市民技術〉という概念であることは,上述の通りである。これら新たな技術概念は,持続可能社会を支える技術として大事である。その理由は,

①地球環境問題の解決には途上国の参加が欠かせない。しかし,高度先端的な技術は大量の資金,人材,技術基盤を必要とするため,途上国が導入することは難しい。

②工業国の仲間入りをしつつある中国やインドはもとより,東南アジア・南米の国々などが,アメリカや日本並みの都市・工業社会を目指せば,地球環境問題の解決はありえない。その場合,唯一の道は工業先進国が方向を転換し,地域の自然と共生するような社会のあり方を示すことである。

③我が国でも,高度技術に対応できるのは主に巨大産業であり,地方の社会経済は取り残されて衰退の道をたどる可能性が高い。

④地球気候の異常はすでに多くの自然災害をもたらし,地域によっては食糧・資源の危機も間近であると予測されている。ギリギリの生存を賭けた事態に対応できるのは自然と共生して自立的に生きる社会である。

地球環境問題は一地域,一国だけが努力をしても解決することはできない。しかし,他者がしないことを理由に自分もしないならば,世界が共倒れとなることは歴史の先例が示すとおりである。我々には相応の責任がある。そのため自ら率先して,持続可能社会のモデルを構築し,全ての国がそれに倣ってくれることを期待することだけが,唯一残された道であろう。そのためにこそ,表3-4中の〈市民技術〉とした適正技術,中間技術によって支えられる〈環境共生社会モデル〉へ,工業先進国である我が国こそが率先して転換する必要がある。そうでなければ,すでに急激な経済発展をしつつある国,または今後しようとしている国,さらには途上国で止まって身動きの取れない国々を,共に持続可能社会へ誘導することはできない。

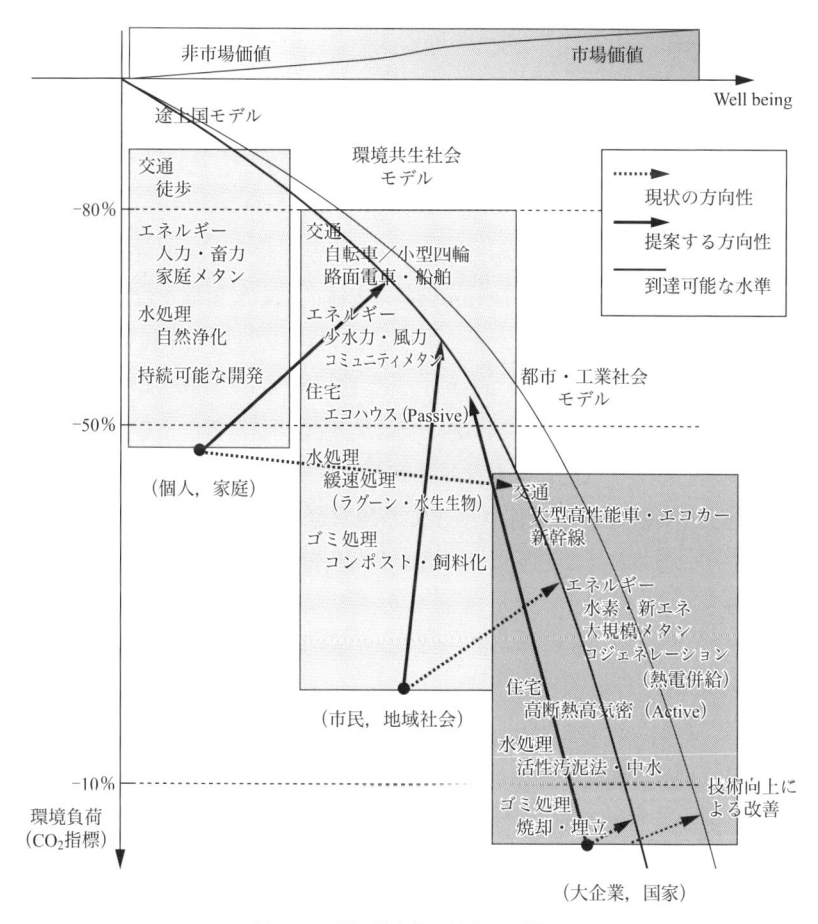

第 3 章
真のエコテクノロジーを生む技術ガバナンス

図 3-2　3 種の社会像と対応する技術

　この環境共生社会は，先端的な産業技術に支えられる〈都市・工業社会モデル〉と，人力や畜力で支えられる〈途上国モデル〉の中間に位置する。その 3 つの社会の関係性を示したのが図 3-2 である。途上国はいま一気に都市工業社会を目指そうとして（点線右下方向）環境負荷を極端に増大している。先進工業国もまださらなる発展を目指して（点線右下方向），技術の進歩を帳消しにするような環境負荷の増大をもたらしている。それら両者が共に目指すべき方向は，双方から出発し，図中の実線が示す方向にあ

る〈環境共生型社会モデル〉への収束しかないだろうことをこの図は示唆している。

7 我が国の持続可能社会像を目指す事例

　日本における，地域レベルから県レベルまでの様々な持続可能社会像を描く研究について，筆者が何らかの形で参画している事例を紹介する。①「京都府・丹後地球デザインスクール」は，特定の地域で市民主導によって，自然共生的な場（村，コミュニティ，ミュージアムなど）をつくろうという試みである。我が国でも事例が増えてきたタイプであるが，その中でもこれは規模的にも理念的にもかなり壮大なものといえよう。②「滋賀・持続可能社会2030」は，県全体レベルでの持続可能社会のビジョンとシナリオづくりであるが，これもまだ研究としての段階で，その実行は今後の課題である。

　以下に，このようなスケールとタイプの異なる2種の事例を紹介しよう。

7-1　丹後・持続可能な地域づくり：「手づくりエコトピアへの挑戦」

　背景：京都府北部の丹後半島。眼前には日本海，背後には雑木林の山々を抱く豊かな自然環境に囲まれた地が，NPO地球デザインスクールが持続可能な社会モデルを目指すフィールドである。バブル期に丹後半島の大規模リゾート公園として計画されたが，バブル崩壊を受けて方針転換を余儀なくされた。そこで登場したのが，自然共生型公園を市民参加でつくるという新たなコンセプトだった。そのキーワードは「手づくりエコトピア」（図3-3）で，この中には，風車や水車などの自然エネルギー利用から，エコハウス，水の循環システム，生ごみの循環，地域の食材をつかったエコレストラン，大地を使ったアートなどなど，「エコトピア」を構成するさまざまなアイデアが詰め込まれている。そのエコトピアづくりを，一部の専門家任せにするのではなく，素人である一般市民が学びながら自分たちで「手づくり」するというのが大きな特徴である。

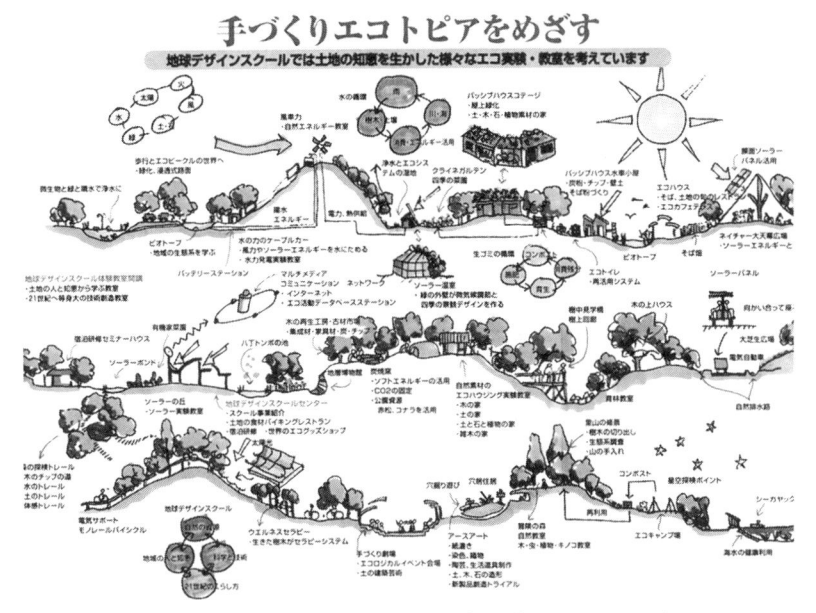

第 3 章
真のエコテクノロジーを生む技術ガバナンス

図 3-3　地球デザインスクールのコンセプトを詰め込んだイメージ図
(出典) NPO 地球デザインスクール事務局作成

　経緯：1997 年から現在までに，毎年，20-30 程度の「教室」と呼ぶ活動を行なってきた。元棚田の湿地が谷沿いに広がるというフィールドの特長を生かした水生動植物の調査や，田んぼビオトープ作りなどの里山の多様な生物を取り戻す活動，手づくり風車や手づくり電気自動車といった自然エネルギーを活用する活動，究極のエコ素材である山の土・山の木・石をつかったセルフビルドエコハウスの実験といった活動内容は，持続可能な社会を構成する要素を包括的にカバーしている。これまでに実施した教室はのべ 150 以上にのぼる。

　組織：2002 年 12 月には，その参加者や協力者などが結集して，NPO 法人地球デザインスクールを設立した。官主導から民主導への流れを受け，公園作りや運営の主体となることを目指した NPO の結成で，地域の素材をつかった食の手づくりで地元を元気にしたい元気なお母さん，山の中で子供の遊び場を作りたいというお父さん，第二の人生を田舎で自給自足的

図 3-4　公園内活動の拠点・セミナーハウス
（出典）NPO 地球デザインスクール事務局作成

に過ごしたいという退職者層、大学と地域をつなごうという教授陣など、会員は約 700 名を数える。それまでは公園のための事業であった地球デザインスクールは、NPO という担い手を得て、公園を含んだ波見川流域全体をエコビレッジ化するという、大きな目標を掲げることになった。

社会モデルとしての特徴：

バイオマス利用　丹後の地における持続可能な地域づくりの具体的な姿が見え始めた。日照が不安定で冬の積雪が深い丹後では、安定的に利用可能な自然エネルギー源は木質バイオマスである。多くはかつて薪炭林として使われていた雑木林であるため、定期的な伐採・再生のサイクルを復活させることが、雑木林の生物多様性をはぐくむことになる。これは、京都府の公園施設整備計画にも反映され、拠点施設となるセミナーハウスは、予定地に植えられていた檜を使い、給湯や暖房には雑木林を 20 年サイクルで循環伐採して利用することになっている。さらに、伐採した材や竹林整

備で発生する材を使った炭焼きは，里山再生であるとともに楽しみの一つになる。石油に頼る生活をしている現代人が，里山再生に継続的に取り組む上では，「楽しみ」としてのインセンティブも重要になってくる。

農生産　里山の再生を考える上で切り離すことができないのが「農」である。地球デザインスクールのフィールドはかつて，谷沿いの水が流れる場所は田んぼとして，それ以外は山畑として利用されていた。機械の入れない千枚田がほとんどで，手作業で米作りがおこなわれていた。ゆえに，農業の担い手が減っていくと真っ先に放棄される田畑でもあった。

現在の農業は機械化が進むと同時に化学肥料や農薬といった化学製品に頼るようになり，里山と切り離された農業になっている。それを，もう一度里山の恵みのサイクルに組み込む自然農法・有機農業を実践していこうと，2003年から「ぐうたら農学校」という実践型の連続教室が始まった。放棄された畑や田んぼを農学校生の市民が，荒れ放題の竹林や雑木林を伐採しながら再開拓している。再整備された山畑や棚田では，自然に逆らわない「ぐうたら流」で，天然の落ち葉堆肥などを存分に活用した自然農法を試みつつある。持続可能社会を考えれば，食料輸送にかかる燃料や二酸化炭素の排出量を縮減することは重要で，フードマイレージは短いに越したことはない。2005年度からは，この農学校の理念を軸に里山の再生を図る仕組みとして，「里山市民園」プロジェクトの計画がある。市民に里山の一角の「里親」になってもらうもので，参加の大きな魅力になっている。

地域再生　持続可能な地域づくりにおいては，過疎と高齢化への解決策も必要になる。地球デザインスクールをきっかけに，都会から波見に移住するメンバーが増えている。2002年には集落の古民家を借り受け，ボランティアが長期滞在できるよう修繕した。地域に暮らしながら，田舎暮らしのトレーニングを積んで，移住へのステップとなることが期待される。

共同居住の試み　移住希望者や地域の一人暮らし住人が集まって，協働で家を建て（コーポラティブハウス），自主運営型グループホームのようなものをつくる構想もある。古民家の保全・再生事業も進みつつある。

今後の展開　活動が始まって8年以上が経過し，強いメッセージを社会に対して提示している．この数年の間で，京都議定書が発効するなど，社会の情勢は間違いなくこのような持続可能社会づくりに対する関心を高める方向にある．フィールドである府立公園が2006年に一部開園し，地球デザインスクールは転機に来ている．この転機を好機にすべく，エコトピア実現に向けた活動は一層多方面に広がり，また活発になりつつある．

7-2　滋賀県の持続可能社会像づくり

背景：滋賀はマザーレイクと呼ぶ琵琶湖をその中心に，環境問題に対する県民の意識が高いことで知られている．また，"環境こだわり県"をうたった県行政も，これまで我が国の中では先進的な環境政策を展開してきた．このような背景の下に，県レベルでは初めて，滋賀県が「持続可能社会・滋賀」を目指して，その社会像を模索する検討が2007年度から本格的な県の作業として始まった．以下にその途中経過を紹介しよう．

目標：このビジョンでは持続可能な滋賀の目標を，「脱温暖化」と，滋賀にとっての象徴である「琵琶湖の再生」に置いた．その目標値として，具体的に「二酸化炭素排出を（1990年比で）50％削減，琵琶湖の水質は昭和40年代前半レベルを達成すること」とした．なお，琵琶湖はそれ自体が重要であるだけでなく，滋賀県の社会を映す鏡であるため，その持続可能性を反映する指標としても適している．

将来像を描く手法：ここで描いた「滋賀の持続可能社会像」は，いまの段階で可能な限りデータとそれをつなぐ数理モデルを用いて，客観・定量的な根拠をもって描いたものである．もとより数理モデルは多くの誤差も含んでいるが，直感では得られない数量的根拠を与える．ここで使った数理モデルは，人口，産業活動，ライフスタイル，技術などの将来予測値を基に，二酸化炭素量，琵琶湖への負荷量，経済指標を推定するものである．ここではその詳細の説明は割愛するが，県および国の「マクロ計量経済モデル，産業連関分析，交通需要モデル，家庭・業務エネルギー需要モデル，エネルギー技術ボトムアップモデル，県集水域水質予測モデル」などをで

きるだけ整合を図って組み込んだものである。このモデルでの将来推計のために，ここで採用した主要な前提条件の一部を表3-5に示す。

二つの道の組み合わせ：ここで求められた二酸化炭素削減計画は，図3-5に示す通りである。この結果は，〈先端技術型〉と〈自然共生型〉を組み合わせ，全体として目的を達成した状況を描いている。〈先端技術型〉は，これまでの産業社会の延長上にある。燃料電池ハイブリッド車，高効率エアコン，高断熱住宅，ヒートポンプ給湯，コンピュータによるエネルギー管理システム，下水の超高度処理，そして今回は外したが二酸化炭素隔離，原子力の大幅導入などがその解決手段である。それに対して〈自然共生型〉は，歴史の針を戻すような印象であろうが，自然の生産力を高度に活かす技術とライフスタイル，およびそれを可能にする社会基盤が想定されている。それは「小型風力発電，木質バイオマス燃料，人間工学に基づいた快適な自転車，ハイテク帆船，地産地消の食生活，共住」などが技術とライフスタイルであり，「徒歩や自転車で暮らせる都市設計，公共交通機関の利便性向上，地産地消とそれを支える流通システム」などが社会基盤の変革にあたる。

選択の行方：このビジョンは最終的には地域住民自らが選択できるように，両方の対応策を組み合わせて提示し，その選択幅をパラメータで設定することが可能な計算式を作った。しかし，自然共生的な社会の必然性について納得が得られたならば，自ずと選択の方向は決まるだろう。ということで，これ以下の分野別シナリオでは，両方の対応策を取り入れながらも，より〈自然共生〉の側に比重をおいたものを採用した。

実現への道筋と手法：図3-5では，2030年のゴールだけを示した。実現に至る道筋の検討はこれからの課題である。二酸化炭素排出を半分にするというのは大変な目標のように見えるが，25年で半減させる場合，一年あたりでは基準年の約2％分の削減でよい。また，これまでの30年間，我々の社会は相当に大きな変化を経験してきた。2000年までの30年間で滋賀県では，人口は約1.5倍，自動車保有台数は約5倍，電力需要は4倍以上，従業員50人以上の大規模店舗は約5.5倍となった。この数字の大

第 I 部
なぜ今環境ガバナンスか

表 3-5　モデル設定条件

・国の GDP が一人あたり年率 2% 程度の成長（「21 世紀ビジョン」（内閣府経済財政諮問会議）と同等）
・2030 年に滋賀県の人口が 2000 年比で 13% 増加　（国立社会保障・人口問題研究所 2002 年推計）
・将来の産業構成はマクロ経済モデル・産業連関分析で過去 10 年の技術変化等の趨勢を踏まえて想定
・産業の労働生産性向上，高付加価値化が進展．農業生産は農地面積を最大限に活用する（熱量供給：水田 1526kcal/m²/ 年，普通畑 528 kcal/m²/ 年，農地面積：水田 52200ha，普通畑 3270ha，摂取熱量 2042kcal / 人 / 日）
・漁業は湖の環境回復によって昭和 40 年代並の漁獲量
・機器のエネルギー効率改善は技術開発動向から推計

―――以下割愛―――

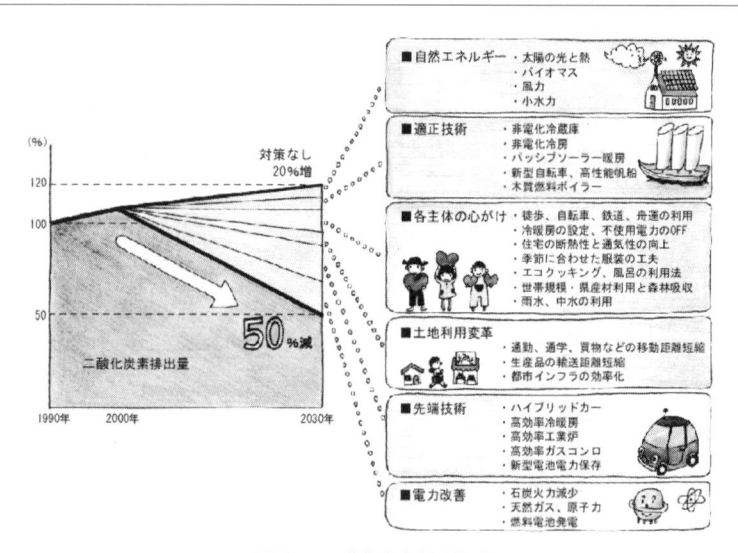

図 3-5　二酸化炭素削減計画

(出典) 内藤 [2006b]

きさは，未来の大胆な目標が決して非現実的な空想ではないということを物語っているだろう。変革のために残された時間は多くないが，遅すぎはしない。緩やかに，しかし確実に，正しい方向へと社会を変革していくことが必要である。

8 技術ガバナンスのこれから

　ここでは科学技術をガバナンスの対象として，その過去と現在を省みることで，将来のあり方を論じた。言うまでもなく科学技術は今日の社会を大きく支配しているが，その技術支配は今後もますます強まりこそすれ，弱まることはないと思われる。したがって，そのありよういかんによって，社会の姿は大きく変わると考えられる。しかもその科学技術の方向を決定付けるのは，これまでは主に開発側の理念であり，その成果を受け取る一般消費者（市民）ではないことが最大の問題であった。したがって，いま喫緊の課題は「誰による，誰のための科学技術」であるのかという，「技術のガバナンス」を問い直すことであり，そのことが今後の社会の豊かさ，さらには存続をも左右する重大事であるというのが，本章の問題提起である。

　その問題提起に対する結論は，「社会全体が可能な限りの豊かさの中で，その長期的な存続を可能とするような科学技術は，真の「市民または社会」のガバナンスによって形成されるもの」であるということである。そのようなガバナンスの仕組みを現実にどのようにつくるかについては，まだ現在は模索の段階であるが，各方面でいくつかの萌芽が見られる。それらを紹介しつつ，そこから予想される発展系としての新たな社会システムを提起した。

　その社会システムは，結局いま世界中が模索している「持続可能社会」の中に内包されるもので，逆にそれなくしては真の持続可能社会は実現しないものであるということを検証することに努めた。

　本テーマはまだ議論が始まったばかりで，多くの検討課題が残されている。この問題提起がこれからの議論の発展に，なにがしかの示唆を与えるものであれば幸いである。

第 I 部
なぜ今環境ガバナンスか

文献

- エントロピー学会編［2001］『循環型社会を問う』藤原書店。
- 加藤尚武・松山壽一［1999］『科学技術のゆくえ』ミネルヴァ書房。
- 下河辺淳［1998］『ボランタリー経済の誕生』実業之日本社。
- 総合研究開発機構（NIRA）編［1979］『もう一つの技術』学陽書房。
- 内藤正明［2000］「循環型社会への変革」『ACADEMIA』No.65，（社）全国日本学士会。
- ―――［2006a］「持続可能な社会を目指す地域の計画」『21世紀　ひょうご』vol.94，（財）21世紀ヒューマンケア研究機構，pp. 3-15。
- ―――［2006b］「滋賀をモデルに，持続可能な社会像を描く：2030年，自然と共生する滋賀の将来像」『季刊 BIO-CITY』No.33, pp. 42-65。

第II部
非政府アクターと環境ガバナンスの構造変革

企業向けに行なわれた，日本初のグリーンフリーズ展示会
1993年4月，新宿・ジャパンエコロジーセンター　©greenpeace

第4章
地球環境ガバナンスの変容と NGO が果たす役割：戦略的架橋

松本　泰子

1 はじめに：地球環境ガバナンスの変容と NGO

　地球環境問題は科学的側面だけでなく政策面においても極めて複雑な特徴を持つ。気候変動に関する政府間交渉のアジェンダは増え続け，その内容も専門化し，他の問題領域との政策上の相互連関の問題が顕在化するなどさらに複雑化する傾向にある。また，近年，気候変動枠組条約の政府間交渉において優先度が高まっている，気候変動による悪影響への「適応問題」は，開発や人権という環境問題以外の問題領域と地球環境問題領域の交差する領域で扱わなければならない問題である。

　伝統的に，地球環境ガバナンスは，政府間の協力として考えられていた。しかし国際的な相互依存の高まり，経済・政治面における自由化，技術的変化，そして上述した環境問題領域間や環境問題以外の問題とのさまざまな側面での相互連関などの問題が勃興するに伴い，従来の政府間の協力だけでは十分に対処できなくなってきている (Streck 2001)。

　本章では事例研究を通じて，NGO，特に複数の主要国に足場を持つ国際 NGO が，その活動を通じて地球環境ガバナンスに寄与し得る二つの点について論じる。国際 NGO は，政府や政府間組織の知見や政策的欠落を補完し，さらに政府間の問題設定に，オルタナティブな問題の捉え方を対峙させることによって，地球環境ガバナンスの構造的変革に寄与し得るの

第II部
非政府アクターと環境ガバナンスの構造変革

である。

　事例としては，国際環境 NGO グリーンピース (Greenpeace: GP) によって技術的ブレークスルーがもたらされたノンフロン冷蔵庫[1]の商業化を取り挙げる。日独メーカーの意思決定要因と阻害要因，その意思決定に NGO が与えた影響を明らかにし，「戦略的架橋 (strategic bridging)」の概念を用いて，地球環境問題の解決に重要な役割を担う技術開発とその市場化及び普及における環境 NGO の役割について論じる。本事例で示されるのは，国際環境 NGO が架橋する「多様なステークホルダー間の協働関係」である。国際環境 NGO が，異なるセクターのアクター同士を限定された目的のために戦略的に架橋することによって，各アクターはノンフロン代替技術の商業化と普及を共通の目的として行動する。この協働関係によって GP はノンフロン代替の技術的・商業的可能性を立証し，規制導入や強化による代替フロンの削減や全廃が可能であることを示すことによって，国内および国際的な政策や知見の欠落を補完する役割を果たした。さらにこの「協働関係」は欧州市場の動向に影響を与え，その市場動向の変化は，政府間の政策的議論にも影響を与えた。欧州市場でのノンフロン代替の実績は，「オゾン破壊物質に関するモントリオール議定書 (以下，「モントリオール議定書」)」や気候変動に関する協定の政府間交渉において，ドイツ，スイス，デンマーク，スウェーデンなどの政府が HFCs に対する国際的な対策・措置を求める根拠となった (Parson 2003)。また，ノンフロン代替の利用可能性が市場で証明されたことが，モントリオール議定書の政府間交渉に直接的な影響力をもつ国連環境計画 (UNEP) の専門家パネル「技術・経済評価パネル」(TEAP) のメンバー構成や評価対象の範囲に変化をもたらし，さらにモントリオール議定書多国間基金 (MLF) による発展途上国への技術移転の承認基準にも影響を与えた。

---

[1] 日本では，クロロフルオロカーボン系化合物 (CFCs)，ハイドロクロロフルオロカーボン系化合物 (HCFCs)，ハイドロフルオロカーボン系化合物 (HFCs) といったハロカーボン系化合物をフロンと呼ぶことが多い (パーフルオロカーボン系化合物 (PFCs) が含まれることもある)。HCFCs と HFCs は代替フロンと呼ばれる。ノンフロン冷蔵庫とは，冷媒と断熱発泡剤にフロンを全く使用していない冷蔵庫のことである。

本事例にみられる「戦略的架橋による協働関係」の構築は，地球環境ガバナンスの強化と構造的変革において，今後 NGO に期待される重要な役割のひとつである。

2 │ 分析視角：戦略的架橋とは

　「戦略的架橋」は，組織科学分野において NGO と企業の協働関係を分析するに際し，ウェストリーとフレデンバーグが生み出した概念である (Westley and Vredenburg 1991; Stafford et al. 2000)。ブラウン［1991］，サベイジら (Savage et al. 1991)，シャルマら (Sharma et al. 1994)，スタフォードら (Stafford, Polonsky and Hartman 2000; Stafford and Hartman 2001)，佐々木［2001］などは，本事例と同じノンフロン冷蔵庫の事例にこの概念を適用し，さらに理論を発展させている。シャルマは「戦略的架橋」を，「ステークホルダーとしての第三者の存在が特徴的である。その第三者は，自らがつなぐ役割を果たす『別個の (island)』組織とは，人的にも財政的にも分離し別個の存在である。……媒介者とは異なり，架橋者は同じ領域の社会的ステークホルダー同士を結びつける役割を果たすだけでなく，自らの目的を促進するために協働的な交渉に入る」ことと定義づけている (Sharma et al. 1994, p. 461)。また，スタフォードらは，ドイツの炭化水素冷蔵庫の事例研究で，アクティヴィズムにおける専門性が GP ドイツに大きな社会的パワーを与え，その「架橋」の有効性につながったと分析している (Stafford et al. 2000, p. 132)。

　本事例における GP と他の組織との関係が，互いに相手組織のインサイダーとなることなく，一点の一致した目的のための限定的な協働関係である点も，シャルマのいう戦略的架橋の定義に合致する。そのため，スタフォードらが分析するように，NGO は一定期間，他企業との差異による優位性を確保してくれるが，NGO にとってはその技術が普及することが目的であり，排他的なパートナーシップは環境 NGO の利益ではない (Stafford et al. 2001)。GP が促進したのは特定企業の製品ではなく，従来のフロンや代替フロンからの脱却が可能であることを示す「ノンフロン代替

技術」，言い換えれば，技術が向かうべき方向性だった。

シャルマなどによって定義された「戦略的架橋」や協働関係が成立するには，その社会におけるNGOへの高い信頼度とNGOの専門性が必要とされる。ちなみに，世界自然保護基金 (WWF) がエデルマン PR 社に委託した欧米の NGO・企業・政府・マスコミへの信用度に関する市場調査 (2002年) の結果は，欧州における NGO への高い信頼度を裏付けている。欧州で社会の信頼が高いのは NGO，企業，政府，マスコミの順だった。調査は，「ブランドへの信頼度」の項で，2002年米国では，マイクロソフト，コカコーラ，マクドナルドが上位3位を占め，欧州は，アムネスティ・インターナショナル，WWF, GP が上位3位を占めた。また，NGO がボイコットするブランドは買わないとした人が，米国では32％，欧州では49％だった。

3 事例：国際環境 NGO のノンフロン冷蔵庫キャンペーンと企業の意思決定

3-1 議論の前提
(1) 論点
《代替技術の利用可能性》

代替技術の利用可能性 (availability) の問題は，地球環境レジームの有効性にとって不可欠な要素のひとつである。代替技術の利用可能性は，それ自体が問題解決に寄与するだけでなく，3-2で述べるように，レジーム内の技術・経済アセスメントの内容に影響を及ぼすことによって，国際規制の合意を可能にするなど，政府間の意思決定にも影響をもち得る。また，国際規制やその強化によってさらに代替技術の開発と商業化が促進されるという正のフィードバックを生む場合もある。

本来，代替技術の開発や商業化の主体は企業であることが多い。環境 NGO は，ドイツの風力発電の促進やグリーン購入運動，CFC 使用のスプレー缶禁止運動など多様な形態をとりながら，主に市場での特定の技術の

普及という点で成果を上げてきた。しかし，本章で取り上げる事例では，そうした事例と異なり，企業や政府がなんらかの理由で，問題解決に必要な代替技術や代替方法が「利用不可能」であると主張していた。このような場合，NGO はどのような役割を果たすことができるのか。

《知見面での非対称性》

ステークホルダー間の知見や情報の際立った非対称性が本事例の特徴のひとつである。すなわち，適切な政策立案に必要な代替に関する技術的知見のほとんどがフロンメーカーやユーザーメーカー内にあった。そのため，こうしたメーカーの情報や知見に依存せざるを得ない UNEP の TEAP が提供する「権威ある知見」は，常にノンフロン代替の入手可能性を低く評価するものだった。

代替フロン問題は，気候変動とオゾン層破壊問題が科学的にも政策的にも相互連関をもち，さらに関連企業の既得権益がからむ複雑な問題分野である。そのうえ，「長い間，フロンの代替物質や技術に関する権威ある技術的知見は主にフロンメーカー内でコントロールされていた。……そのため，オゾン破壊物質の大幅な削減はきわめて難しく，コストが高く，危険ですらある可能性が高いと広く信じられていた」(Parson 2003)。しかし，TEAP の設置とモントリオール議定書の規制導入により，企業はともに直面しているビジネス上の緊急な問題を解決するために協力するようになり，それまでは入手可能ではなかった技術的情報を TEAP に提供し，可能な削減の幅を広げていった (Parson 2003)。

しかし，TEAP の技術評価プロセスは，私企業がもつ技術情報を引き出し共有することによって，レジームに公共的な便益を付与するとともに，企業にも私的な便益を付与するように設計されていた (Parson 2003)。すなわち，フロンメーカーが生産する代替フロン (HCFCs, HFCs) をレジームにおける有用な代替と同定する限りにおいては，こうした方法は成功してきた。米国環境局 (USEPA)，フロンメーカー，フロンユーザーメーカーなどが TEAP を核として人的なつながりをつくり，HFC の有用性を擁護し，その使用を促進した。その結果，代替に関する「権威ある」技術的・科学

的知見は，主にこの「ネットワーク」から生み出されることになった。

この人的「ネットワーク」の活動は，市場だけでなく，TEAP，MLF，世界銀行，モントリオール議定書と国連気候変動枠組条約 (UNFCCC) の政府間交渉，気候変動に関する政府間パネル (IPCC)，などあらゆる場面にわたった。そこからはこれまで，ノンフロン代替物質の可燃性問題を初めとする技術的な議論，HFCs の「責任ある使用」といった HFCs の継続的使用を前提とする考え方などが提示されてきた。こうした権威ある機関や大メーカーによる HFCs 擁護の広範な動きは，GP のキャンペーンが問題の多様な側面にわたり，企業や国際機関などとの協働関係とその拡大を必要とした理由のひとつである。

(2) 事例選択の根拠

企業や政府の意思決定に対する NGO の影響を証明することは多くの場合困難である。しかし，この事例は NGO の影響を特定することができる貴重な例である。国際的にも国内的にも，GP は代替フロン (HCFCs, HFCs) 全廃を掲げて長期間活動を行なった唯一といってよい団体であった。日本，ドイツともに，GP がキャンペーンを開始する以前には，企業，政府，マスコミのいずれにも HFCs を問題視し，ノンフロン代替を促進する動きはみられなかった。

また，本研究の対象メーカーとして特に松下冷機を選択した理由は，ノンフロン冷蔵庫を商業化する意思を日本で初めて宣言したメーカーであり，また，ノンフロン冷蔵庫の発売を求める消費者の問い合せへの対応内容等を勘案し，GP ジャパンが戦略として松下冷機にキャンペーンの焦点を絞ったという経緯からである。

(3) 研究の方法

本研究は文献調査と，2002 年 10 月から 2003 年 12 月までの期間に実施したインタビュー調査に基づいている。インタビュー調査は，ノンフロン冷蔵庫の商業化の意思決定に影響を与えたと考えられるドイツ，日本の主要なアクターに対して行なった。さらに筆者自身が 1990 年 1 月から 1998 年 3 月まで GP ジャパンのフロン問題担当者として得た知見や情報の一部

も使用した[2]。

3-2　問題の背景と経過：HFC と環境問題

1997年12月に採択された気候変動枠組条約京都議定書では，二酸化炭素，メタン，亜酸化窒素とともに，PFCs，HFCs，六フッ化硫黄（SF_6）という人工化学物質が対象物質となった。各締約国の排出量は，これら6種類のガスの温室効果を炭素換算した合計値で計算され，各ガスに関する対策内容は各国に任されている。

オゾンを破壊しないフロン[3]である HFCs は日本では代替フロンと呼ばれ，オゾン破壊物質（ODSs）である CFCs や，HCFCs[4]の代替として，1990年代初めにフロンメーカーによって本格的な商業生産が開始された。例えば日本の全温室効果ガス排出量（2001年度）に占める HFCs の割合は1.2％（GIO, 2003年）と，各国とも大きくはないが，先進国・発展途上国（以下，「途上国」）ともに今後その使用量と排出量の大幅な増加傾向が指摘されている（Oberthür 2001）。

HFCs は1970年代に，CFCs の代替としてフロンメーカーであるデュポン社によって確認され（Parson 2003），1987年に同社のパイロットプラントが米国で操業を開始した（Dupont 1988, p. 8）。

HFCs の高い地球温暖化係数（GWP）[5]は，1988年1月の国連環境計画（UNEP）の会議に提出された多くの論文ですでに指摘され[6]，UNEP の第

---

[2] 松下冷機現および元担当者5名（研究所長，技術担当責任者を含む），松下電器産業元担当者1名，日本電機工業会現および元担当者2名，日本電機工業会環境委員会前委員長1名，リプファー担当者1名，グリーンピース・ドイツ担当者1名，LPG 供給公社（日本）1名，通商産業省オゾン層保護対策室元室長1名，東芝現技術担当者4名，ドイツ海外技術協力公社（GTZ）1名，ボッシュ社現担当者1名・元担当者2名，「現」はインタビュー当時を意味する。
[3] モントリオール議定書のもとで，先進国の CFCs の生産は1995年末に全廃となり，HCFCs は2019年末に「消費」（注）全廃が決定している。（注：議定書において，「消費」は，生産＋輸入－輸出，と定義されている。）
[4] オゾン破壊係数（ODP）が CFCs より低いため，CFCs の代替として使用されてきた。
[5] 温室効果ガスの分子ごとの相対的な効果を表す係数で，二酸化炭素の GWP を1として換算される。カーエアコンの冷媒などに使用される HFC-134a と HCFC-22製造の副生物である HFC-23の GWP は，それぞれ，1300と11700である（100年値）。
[6] UNEP 技術・経済評価パネル議長／米国環境保護庁大気汚染防止部戦略的気候プロジェクト部長，S.O. アンダーソン博士の1999年1月28日付筆者宛書簡。

一回科学評価パネル報告書(1989年7月)，気候変動に関する政府間パネル (IPCC) の第一次評価報告書 (1990年8月) などでも報告された。また，環境保護団体からも 1980 年代末にはすでに，商業化の停止など対策を求める声が上がっていた。しかし，オゾン層破壊の急速な進行が観測される中，CFCs 全廃の緊急性のもとに，モントリオール議定書の枠組の中でその有力な代替としての使用が促進されていった (松本 1999a)。同議定書締約国会合は，HFCs の国際法上の扱いは UNFCCC のもとで行なわれるべきだという立場をとったが，UNFCCC でも京都議定書の採択まで長い間明確な位置づけはなされなかった。

2019 年に先進国では「消費」全廃となる HCFCs に代わり，HFCs は今後さらに生産・使用が増加し，推定に幅があるものの排出も急増していくことが予測されている[7]。主な用途は，冷凍冷蔵機器や空調機器の冷媒，断熱材の発泡剤，噴射剤などである。

(1) モントリオール議定書における取り組み

HFCs の促進には，MLF と TEAP というオゾンレジームの二つの重要な制度が深く関与している。京都議定書採択以降，モントリオール議定書締約国会合では，UNFCCC 締約国会議 (COP) の決定と並行して，HFC などの排出抑制対策に関する UNFCCC・COP への情報提供や，IPCC と TEAP の合同報告書の作成に関する決議が採択され，HFC の温暖化問題への認識は増した。しかし，HFC は依然 CFC や HCFC 全廃のための主要な代替として位置づけられている。

《モントリオール議定書多国間基金 (MLF)》

途上国の ODSs 全廃のための追加コストを支援する多国間基金は，途上国における HCFCs, HFCs への転換を大きく促進した。しかし，支援プロジェクトの実質的な承認を行なう基金の執行委員会は，1990 年代半ば頃から温暖化問題を考慮した資金移転の方針や基準を採用するようになっ

---

[7] 特に規制がない場合，HFCs, PFCs, FICs と SF_6 の排出量は，2040 年までに 90 年の全世界の二酸化炭素排出量の 8-14％ に匹敵すると計算もあれば，HFCs と PFCs の意図的でない副生成物の排出を除く排出量は，2000 年に 6,000 万炭素換算トン，2020 年には 2 億 8000 万炭素換算トンになるという予測もある (Oberthür 2001; IPCC/TEAP 1999)。

た。この結果，発泡部門の承認プロジェクト（1999 年 3 月時点までの累積）に炭化水素などの ODP がゼロで GWP が低い代替が占める割合がほぼ 75％に達した (IPCC 2001)。しかし，冷媒の直接代替物質としての HFCs 利用技術の割合は，家庭用・業務用双方で，冷媒代替の 89％にあたり，全体としては依然 HFCs への支援が大きな割合を占めている (IPCC 2001; Oberthür 2001)。

《UNEP 技術・経済評価パネル (TEAP)》

モントリオール議定書のもとで HFCs への転換が促進されていったのは，先述した通り，ODSs の削減可能性を評価するために代替の評価を行なう TEAP のスタンスによるところが大きい（第 3 節の (1) 参照）。一部の締約国や国際環境 NGO からは，これまで何度か代替物質や技術に関する TEAP の評価の偏りに関する指摘があった (UNEP/OzL.Pro 11/10 1999; Oberthür 2001)。1994 年の会合では，ドイツ・北欧諸国が，欧州における炭化水素冷蔵庫[8]の経験に基づき，TEAP の報告書が非ハロカーボン系代替 (CFCs, HCFCs, HFCs, PFCs のいずれも使用しない代替：「Not-In-Kind (NIK) 代替」，すなわちノンフロン代替) に対して偏った評価をしていると，その結論を非難した (Parson 2003)。

TEAP の詳細な分析を行なったパーソンによれば，TEAP は確かに，技術選択肢に関する情報をほぼ独占する化学メーカーなどの民間企業のパネルへの参加を促し，その情報を引き出すことに成功した (Parson 2003)。だが一方で，評価のプロセスは透明性を欠き，独立した第三者のレビュープロセスがないため，評価の偏りを回避できるかどうかは参加メンバーとパネルのリーダーシップいかんであると述べている (Parson 2003)。

(2) UNFCCC と京都議定書の枠組における取り組み[9]

UNFCCC のための第一回政府間交渉 (1991 年 2 月) では，「二酸化炭素および，モントリオール議定書で規制されていない温室効果ガス」を条約の

---

[8] 冷媒・断熱発泡剤の両方に炭化水素を使用した家庭用冷蔵庫は，1993 年にドイツで商業化され，欧州市場に拡大しつつあった。

[9] Issues in the Negotiating Process, Updated 17 March 2003, UNFCCC; FCCC/SBSTA/2002/MISC.23

対象とすることになった。しかし，具体的に HFCs がそこに含まれるかどうかは明確にされないままであった。

COP3 (1997 年) で採択された京都議定書には，対象ガスのひとつとして二酸化炭素などとともに HFCs が含まれた。COP4 (1998 年) と同年 12 月のモントリオール議定書締約国会合の決定にもとづき，1999 年 5 月，「HFCs と PFCs の排出抑制の選択肢に関する IPCC/TEAP 合同専門家会合」が開催され，その結果は IPCC 第三次評価報告書 (2001 年) に反映された。さらに，COP8 (2002 年) の決定によって IPCC と TEAP は，「偏りのない科学面・技術面，そして政策に関連する単一の特別報告書」をまとめることになり (決定 12/CP.8)，2005 年に発表された (Metz 2005)。しかし，国際的に共通の政策や対策措置はまだ合意されていない。

3-3　各アクターはどう振る舞ったか
(1) グリーンピースのノンフロン冷蔵庫キャンペーンの概要

《ドイツ》

1980 年代末，GP ドイツは冷媒として使用されていた ODS である CFCs の使用に反対した。これに対しドイツのフロンメーカーであるヘキストは，オゾン層保護を妨げる「環境的盲目」と GP を非難した。ワクチンや薬の冷蔵，冷凍の冷媒に使用される CFCs の使用に反対することで，GP は途上国の赤ん坊の命を危険に晒しているという主張だった。一方，モントリオール議定書では，強力な温室効果ガスである HFCs が ODSs の全廃に不可欠な代替として位置付けられ，中でも硬質断熱発泡と冷媒用途では，HFCs や HCFCs 以外のノンフロン代替 (NIK 代替) の開発や実用化は困難であると，業界や主要な先進国政府は主張していた。1989 年，GP ドイツは，冷蔵分野でのノンフロン代替の活発な調査を開始した (Lohbeck 2003)。

日米の家電メーカーは，1990 年代初めに，冷蔵庫の発泡剤を CFC から HCFC へ (ドイツは，CFC の量を半分にして使用)，冷媒を CFC から HFC に切

り替えた。HFCs が CFCs の全廃に不可欠ではないことを示すために，GP ドイツは 1992 年，炭化水素冷媒の技術を完成させていた旧西ドイツ[10]の市立研究所（ドルトムント市）と，フロンを使用しない断熱材を使った冷蔵庫を生産し，自社でコンプレッサーの製造も行なっていた旧東ドイツの冷蔵庫メーカー（当時，DKK シャルフェンシュタイン（民営化後はフォロン社））に，完全ノンフロン冷蔵庫のプロトタイプを委託した。それまでまったく接点のなかった二者の協力によってノンフロン冷蔵庫が同年 7 月に完成した。GP はこの冷蔵庫技術を「グリーンフリーズ」と名づけた。旧東ドイツ企業の民営化担当機関であるトライハントは，すでに東西統合による DKK 社の閉鎖を決めていたが，GP のキャンペーンによって生まれた閉鎖に反対する世論（報道など）の圧力によって閉鎖を取りやめ，商業化のために資金補助を決めた。

　GP ドイツは，会員や市民向けに 500 マルク以下で，1 年以内に商業化されるという条件で予約注文をとるキャンペーンを行ない，約 7 万件の予約注文を集めた。

　1993 年 2 月，ケルンの国際家電見本市（ドモテクニカ）で，ドイツの主要メーカーが炭化水素冷媒と発泡剤を使用したノンフロン冷蔵庫のプロトタイプを展示した。1993 年に民営化後「フォロン」となった DKK シャルフェンシュタインは，同年 3 月にノンフロン冷蔵庫の商業化を開始，その直後，ボッシュ・シーメンスなどのドイツの主要メーカーがそれに続いた。

　商業化後は，GP と GP が関係を築いてきた複数のドイツの冷蔵庫メーカー，政府の技術協力公社（GTZ），炭化水素冷媒供給企業，中国の冷蔵庫メーカーなどの協力により，中国での炭化水素冷蔵庫の生産開始を実現し，ドイツの GTZ は途上国への二国間の炭化水素冷蔵庫技術の移転を積極的に促進した。また，後に，GP，キューバ政府，ドイツ政府，国連開発計画（UNDP），地球環境ファシリティー（GEF）の協力によって，キュー

---

[10] ドイツにおけるノンフロン冷蔵庫の実現には，本論で述べているように，東西統合という政治的背景が重要な要因のひとつとして作用した。そのため，文中では，東西統合に関連する文脈においては「旧東ドイツ」「旧西ドイツ」を，それ以外の文脈では「ドイツ」を使用した。

バで炭化水素使用のノンフロン冷蔵庫の生産ラインが実現した (Maté 2001)。1993年秋,モントリオール議定書MLF最大の実施機関である世界銀行の資金支援対象プロジェクトの基準などを決定する小委員会 (Ozone Operations Resource Group: OORG) で,炭化水素発泡と冷媒が資金支援の対象に加えられたことは,こうした途上国へのノンフロン冷蔵庫の拡大を助けた。OORGの決定は,一部,世界銀行の担当者へのGPの世論喚起キャンペーンと,委員らへの働きかけの結果であった。

1996年半ばの段階で,ドイツ市場における冷蔵庫生産の9割以上を炭化水素冷蔵庫が占めるようになった。1996年11月には,欧州委員会が家庭用冷凍冷蔵庫のエコラベルの基準を改定し,HFC冷媒使用の冷蔵庫は対象外となった。GPはイギリス,デンマーク,オランダ,スイスなどの支部にキャンペーンを拡大し,「グリーンフリーズ」はドイツのみならず欧州市場全体に影響を及ぼした。現在,炭化水素冷媒を使用した冷蔵庫は,世界市場の約15%,欧州市場の約52%,中国市場の約19%を占める (2002年10月,松下冷機資料;日本電機工業会)。

《日本》

GPジャパンは,1991年にHCFCs,HFCsの全廃を目的とする活動を開始し,1993年4月に,ドイツの炭化水素冷蔵庫を輸入し,企業を主な対象とする展示会を東京で開催した。3日間の展示会には大手メーカーをはじめ,企業関係者を中心とする約600名が訪れた。日本電機工業会 (JEMA) の公式見解は一貫して,炭化水素の可燃性や日本の冷却システムの違いなどを理由に,HFC冷媒とHCFC発泡の断熱材を使用した冷蔵庫の方が優れているというものだった。

展示会後,GPジャパンは,冷蔵庫メーカーに炭化水素冷蔵庫の商業化を求める消費者キャンペーンを開始し,同時に松下冷機研究所所長を訪れて説明や意見交換を行なうなど,日本メーカーへの働きかけを行なった。1994年4月,松下冷機は日本で初めての炭化水素発泡の断熱材を使用した冷蔵庫を商業化し (冷媒はHFC),他のメーカーがそれに追随した (現在は,

全メーカーが炭化水素発泡や真空断熱を使用している）。欧州にコンプレッサーを輸出していた松下冷機は，ボッシュ・シーメンスなどのドイツのクライアントの要請により，炭化水素対応コンプレッサーの供給を欧州向けに開始した。

京都議定書採択後の1998年3月，GPジャパンの消費者キャンペーンが再開され，松下冷機に対象を絞り，ノンフロン冷蔵庫の販売を求める署名，街頭キャンペーン，展示会での直接行動などが断続的に行なわれた。1999年には，GPの国際本部（アムステルダム）とイギリスの事務局長が松下冷機と面会し，さらに書面で商業化時期の特定と早期商業化を求めた。同年，安全性の確保を条件に発売時期を公表できるようにするために，松下電器産業（MEI）全社対策室と炭化水素技術委員会が発足した。1ヵ月後，JEMAの環境対応委員会が炭化水素冷媒適用冷蔵庫の自主安全基準づくりの開始を承認した。2001年11月にJEMAによる自主基準が，翌年12月には，流通・修理・廃棄の安全性自主基準がそれぞれ制定された。

2001年11月，松下冷機は国内初のノンフロン冷蔵庫を2002年2月1日に発売することを公表（日立と同時発表）し，ドイツから9年遅れての商業化を実現した。松下冷機は2003年12月末をもって，300リットル以上（家庭用冷蔵庫の95％）のノンフロン化を完了した。

(2) 主要家電メーカーの意思決定要因

《旧西ドイツ》

ドイツ最大のメーカーであるボッシュ社もリプファー社も筆者によるインタビューで，ノンフロン冷蔵庫の商業化の唯一の大きな意思決定要因としてGPドイツのパブリックキャンペーン（市民向けに直接あるいはマスコミなどを通じて世論喚起を行なう活動）と市場からの圧力，そしてフォロン社によるノンフロン冷蔵庫の商業化を挙げた。リプファー社はインタビューで，「GPの圧力がなかったら1993年のシフトはなかった。GPに批判され，それを補うために何かしなければならなかった」と述べている。特に

両社に大きなインパクトを与えたのは，GP ドイツのマスコミ活動によって新聞の見出しに企業名が出ることで被るパブリックイメージへの悪影響であった。

ボッシュは，HFC134a 冷媒技術への投資（設備投資に 2 億ドイツマルク）の回収ができないことを承知で，炭化水素冷媒にシフトした。リプファーも同様である[11]。

また，GP がドイツ社会における炭化水素技術への受容性をつくったこと（ボッシュ），欧州，中国や東ドイツの各々の市場がもつ可能性，などの要因もインタビューや文献から指摘することができる。一方，新しい科学的知見（高い GWP など）や政府のイニシアティブ，UNFCCC や京都議定書の交渉動向の影響はないという回答が上記二社のインタビュー調査から得られた。

《日本》

旧西ドイツの冷蔵庫メーカーによるノンフロン冷蔵庫の商業化は，日本の大手メーカーが炭化水素冷蔵庫の開発研究に着手するきっかけとなった。松下冷機は，断熱発泡剤を一旦 CFC からシフトした HCFC からふたたび炭化水素（シクロペンタン）に切り替えるという短期間での再転換を行なったが，旧西ドイツでのノンフロン冷蔵庫の商業化はこの意思決定に決定的な影響を与えた。一方，炭化水素（イソブタン）冷媒の開発研究は，ドイツでの商業化直後の 1993 年 4 月に開始された（松下冷機 インタビュー）。東芝は，GP ジャパンの展示会がきっかけとなり，1993，1994 年に先行開発部隊が炭化水素冷媒の課題の明確化を行ない，特許を取得した（東芝 インタビュー）。

・松下冷機の意思決定要因

ヒアリングと，特許庁の報告書（2003 年）から，日本の家電メーカーは

---

[11] 断熱材は，CFC の量を半分にして使用していたが，シクロペンタン（炭化水素）発泡に移行した。最終的な物質を選択したかったので，オゾン破壊物質である HCFC にはシフトしていなかった。リプファーによれば，断熱発泡は GP の圧力だけではなく，もともと HCFC141b への暫定的なシフトはしないことにしていた。

これまで少なくとも4回，炭化水素冷媒を選択肢のひとつとして検討対象としていることが分かった。モントリオール議定書によるCFCs等の具体的な国際規制が採択された1987年あたり[12]，ドイツで炭化水素冷蔵庫が商業化され，日本でGPジャパンによる展示会が行なわれた1993年あたり，京都議定書が採択された後の1998年あたり，そして，商業化の具体的なスケジュールを念頭においた開発である[13]。

特許庁は，炭化水素冷媒を含む自然冷媒の出願係数の調査を行ない，2003年5月に発表した。以下に引用する出願件数の推移は，ドイツでの商業化や京都議定書が，炭化水素代替の開発の直接的なインセンティブ（動機付け）になっていたことを示している。

- 日本からの特許の出願件数は，1990年代後半から他の国・地域と比べて非常に大きくなっている。日本は1998年を起点に急増し，2000年には370件の特許が出願されている (p.4)。
- 炭化水素が1990年代前半から増加しはじめ，1998年に急激に増加している。京都議定書の影響があったといえる (p.5)。
- 1996年以降，出願件数が増加，2000年がピーク。あらたに特許を出願する人が増加しさらにその件数も増加している点から，日本では研究開発や特許出願が近年は非常に盛んに行なわれていることがわかる。
- 炭化水素に関しては，1996年から出願件数が増加しはじめ，1997年から1998年に急激に増加。1999年からは出願人数も増加している。

---

[12] 1986年は，日米でフロンから代替フロンへの転換に向けた研究開発が開始された時期。この時期における出願は，代替フロンと自然冷媒の双方に関連した技術だと考えられる（特許庁，p.102）。

[13] 商業化を予定より8年前倒した意思決定に，GPジャパンのキャンペーンによる圧力が大きな影響を与えたことを松下冷機は認めている。なお東芝のヒアリングによると，1987年，HFC，HCFC，などとともに炭化水素の大まかなリサーチで特許を取得した。その後はモントリオール議定書への対応が迫っていたので，ODPがより低い代替への切り替えを最優先し，GWPは次の問題として認識していた。1993年，1994年，先行開発部隊が再び基本リサーチを行ない，課題の明確化で特許をとった。また，フォロン社の冷蔵庫を輸入し調査を行い，その後，ノンフロン関係の基礎開発を進めた。96年，97年には，炭化水素の冷凍サイクルについて，直接冷却と間接冷却の違いをどうするかをリサーチした。JEMAもプロトタイプの冷蔵庫で二重管を実験，検討した。

とくに1997年から1998年にかけて出願件数だけが急激に増加しており，この動向から限られた企業，もしくは研究機関だけが先行して研究を行なったことが伺える。炭化水素に関する研究開発が広く行なわれるようになったのは，おそらく1999年以降である (p. 76)。
・炭化水素では電気メーカーが中心である (p. 77)。
・欧州では，ピークが1993年と1999年の二回ある。1993年のピークは主に炭化水素，1999年は二酸化炭素である。欧州では，1992年の炭化水素冷蔵庫の製品化の翌年である1993年に出願件数が増加している (p. 76)。

主にヒアリングから同定された，断熱発泡剤と冷媒に関する意思決定要因は以下の通りである。
・断熱発泡 (1993年5月に意思決定 (松下冷機が先行し，他社が追随))
①ドイツメーカーによる商業化開始，②GPジャパンの東京での展示会・情報提供，③コンプレッサー (世界シェア10数%) の輸出が欧州の市場動向のセンサーとしての役割を果たした，④松下電器産業の環境戦略に照らして，HCFCがモントリオール議定書のもとで全廃期限をもつ物質であったため，中途半端な代替だった。「オゾン層破壊ゼロ」の冷蔵庫にしたかった。
・冷媒
①ドイツでの商業化，②欧州市場の動向，③国際電気標準会議 (IEC) 規格の動向。近年，IEC規格が国際規格になることが多く，規格の背景に欧州の消費者やNGOの動向があることから，日本の家電メーカーは欧州の消費者の動向や環境NGOの意見や動向に注意を払っている (松下冷機，東芝，JEMAヒアリング)，④家庭用冷蔵庫部門において，炭化水素冷媒が米国を除く世界市場で主流になるという総合的な動向の判断 (JEMAヒアリング)，⑤発展途上国 (特に中国) 市場の可能性に関する予測，⑥HFCが京都議定書の規制対象となったこと，⑦日本市場におけるノンフロン冷蔵庫への需要に対するある程度の確信，⑧松下電器産業の環境への公式スタンス

との合致，⑨技術的問題（システムの違い，効率[14]，安全性，コスト）の解決。

このほかに，HFCが設備的にはそろそろ償却になってきている（JEMAインタビュー）ことも要因として考えられる。一方，日独のメーカーともに，IPCCやUNEPの科学的知見（GWPなど）は，意思決定の直接的な要因とはならなかった。

(3) 主要家電メーカーの阻害要因
《ドイツ》

①オゾン層問題は取り組むべき最優先事項であり，温暖化はその次の問題だった。②フロンメーカーとの長年の確立した関係（Stafford and Hartman 2001），③HFC，HCFCに関する確立した技術基準（Stafford and Hartman 2001），④可燃性：ボッシュもリプファーも工業会やライバル社と共通の安全基準づくりや何回ものテストを協力して行なった。1993年には，TÜV[15]とシクロペンタン用作業工程の安全規則を作り，中国，インドにもTÜVが協力して同じ規則を導入した。リプファー社はインタビューで，「可燃性は一度も問題にならなかった」と述べ，ドイツでは市場からの可燃性への抵抗はなかったことを指摘した。ボッシュは，可燃性問題を重要な問題とみなし，徹底的なリスクマネジメントを行なった。可燃性の議論は，1999年，2000年に終わった。可燃性の問題に対処するための設備機器も自社で開発し，中国など途上国にも同じ設備を移転した。⑤HFCへの大規模な設備投資（2億DM（ボッシュ・インタビュー））。

《日本》

①モントリオール議定書のCFCs全廃スケジュールの国内達成で手一杯だった。各社に多少のばらつきはあるが，93年末から95年秋頃までの期間，各社ともCFC対応（モントリオール議定書のもとでの，96年1月1日からのCFC生産全廃）に追われた。松下冷機，JEMA，東芝ヒアリングによると，ドイツ同様GWPの問題は，オゾン層対策の次の問題として認識されてい

---

[14] 結局イソブタンの冷凍サイクルの効率が高くなった（理論効率は＋5%）（JEMAヒアリング）。
[15] 安全・品質に関する第三者試験認証機関。

た，②回収・破壊による問題解決を支持する社内の声 (松下冷機)，③欧州とは異なる冷却システムによる安全性[16]，コストの問題，④ HFC の有用性を主張する米国の EPA 担当者を中心とする人的な「ネットワーク」の一部であったこと (第 3-1 節の (1) 参照)。

(4) 商業化の意思決定に影響を与えた社会的・政治的背景
《ドイツ》
① NGO のコミュニケーション戦略

オゾン層問題は当時ドイツでは大きな政治課題だった。一方，温暖化はそれほど大きな問題として認識されていなかった。GP ドイツは，温暖化問題とオゾン層問題の混乱を避けるため，一般市民やマスコミ向けを含むすべてのコミュニケーション媒体に，「HFC を使用しない」という代わりに「CFC も HFC も使用しない」という，オゾン問題を入り口とするメッセージを使用した。「グリーンフリーズ」はむしろオゾン層問題の適切な解決策として，市民やマスコミに肯定的に受け入れられたといえる (GTZ, ローベックインタビュー)。

② 社会における NGO への高い信頼度

ドイツでインタビューを行なった全員が，1980 年代末から 90 年代前半にかけての GP ドイツの国内での人気と影響力の大きさを指摘した。1990 年当時，会員数はおおよそ 60 万人である。1980 年代から 1990 年代初めにかけては GP だけでなく，他の環境保護団体の成長も目覚ましかった時期である。酸性雨問題やチェルノブイリ原子力発電所事故，そしてオゾン層破壊問題といった国境を越える環境問題の深刻化が NGO の成長の背景のひとつだった。

---

[16] 特許庁の報告書は，日本メーカーによる安全性への対応について，以下のように述べている。「日本だけが過剰に製品化における品質管理を行なっている可能性もある。日本の製造業における過剰な品質管理とそれにともなう製品原価の高騰は頻繁に指摘される課題である。安全技術の開発に過度に注力した場合，海外におけるニーズとギャップが生まれ，日本製品が世界市場の中で孤立する危険性がある (p. 100)」。「日本の機械メーカーからの出願件数が多い理由として，技術的に困難な間接冷却システムの防爆機能が要求されたこと，安全基準づくりを業界で検討し徹底的な対策を施したことなどがあげられる。このため，日本では開発から製品化まで 3 年以上の年月がかかっている (pp. 8-9)」。

スタフォードとハートマンは,「グリーンフリーズ」キャンペーン初期の「グリーンフリーズ」普及の重要な推進力は GP の高い評判であり,それゆえに消費者,政府,科学者の支持を得,メーカーや,DKK シャルフェンシュタインの閉鎖を決定していたトライハントへの圧力をつくりだしたことを指摘している (Stafford and Hartman 2001)。また,GTZ の担当者は,後に英国をはじめとする欧州での「グリーンフリーズ」普及に貢献した英国のガス供給企業カラーガス社や大手小売チェーンであるアイスランドが「グリーンフリーズ」の市場拡大に参画した理由のひとつも,GP の評判だとインタビューで指摘している。

ボッシュもリプファーも,もっとも意思決定に影響を与えた GP の活動のひとつとして,GP ドイツがボッシュや AEG など特定の企業をパブリックキャンペーンの中で批判の対象とし,それが新聞などマスコミに取り上げられたケースを挙げた。逆に,GP が促進する技術を採用したためマスコミに肯定的に取り上げられることによって,リプファーはより大きな市場シェアを得ることができた (リプファーインタビュー)。

③ 東西統合における旧東ドイツ社会の旧西ドイツへの反目感情という特殊な背景

東西の統合において,当時東ドイツの企業の閉鎖を行なってきたトライハントは旧東ドイツでもっとも嫌われていた存在だった。こうした状況はGP に有利な背景となった (ローベックは,これは GP の戦略によるものではなく,偶然の構造であり,成功の前提だったと話している)。GP と DKK シャルフェンシュタインによる「グリーンフリーズ」に関する記者発表を中止させようとしたトライハントは,GP がマスコミを通じてつくり上げた圧力によって,閉鎖を取りやめ労働者も解雇しないことを約束し,さらに「グリーンフリーズ」の商業化のために 500 万 DM を投資した (Stafford and Hartman 2001)。

④ DKK シャルフェンシュタインが置かれていた特殊な状況

GP ドイツの戦略のひとつは,DKK シャルフェンシュタインがコンプレッサーを自前で生産できるメーカーであり (他のドイツメーカーはすべてコ

ンプレッサーを外注していた），また閉鎖の危機にあった DKK シャルフェンシュタインは，新しい商品を必要としていたことだ。
⑤国際的制度

MLF において一部二国間の技術移転が認められていたことは，中国における炭化水素冷蔵庫の展開にとって大きな肯定的要因だった。

(5) その他の主要なアクターと果たした役割

・GTZ

GTZ は「グリーンフリーズ」に触発され，1996 年初め，炭化水素技術を途上国に普及するために，プロ・クリーマという部門を立ち上げた。GTZ は開発援助組織だが，当時環境に関してよいイメージを求めていた。GP やドイツメーカーと協力して，MLF の二国間援助枠を活用して，途上国への炭化水素技術の普及に大きな貢献をしてきた (GTZ は，2003 年には 700 万ドルを炭化水素技術の移転に支援した)。GTZ の専門家は，HFCs に関する EU 規制策定の議論や，IPCC，TEAP などにも参加し，専門的知見と技術移転に関する知見をインプットしてきた。(ドイツメーカーとはこの問題においては特に密接な協働関係を作ってきた。ボッシュは GTZ にすべての情報を公開した (ボッシュインタビュー))。

GTZ は，MLF 執行委員会に参加し，特に 96, 97, 98 年には，ドイツ政府代表団とともに炭化水素技術，特に発泡技術の移転の促進を主張した。その結果，執行委員会は炭化水素の資金援助方針を採択した。

・カラーガス社 (LPG 供給会社)

炭化水素冷媒を使用した製品のドイツメーカーと英国のスーパーなどのユーザー企業との流通分野での協力的なつながりをつくり，グリーンフリーズの普及を促進した (Stafford and Hartman 2001)。

1994 年，イギリス最大の LPG 供給会社であるカラーガス社は，グリーンフリーズに触発され，炭化水素の混合タイプの冷媒を商業用に開発し，冷媒市場に参入した (Stafford and Hartman 2001)。GP ドイツ，GPUK などと協力し，炭化水素冷媒の普及に寄与した。GP ドイツと GP 国際本部はカ

ラーガス社と協力し，政府間交渉の場などでノンフロン代替に関するセミナーを行ない，政府，マスコミ，様々な用途分野のユーザーメーカーなどに対し，ノンフロン代替の商業化や使用例を示し，フロンメーカーやHCFCs，HFCsのユーザーメーカーが従来供給していたものとは異なる技術的知見や情報を発信した。またカラーガス社が日本のLPG供給メーカーと協力して行なった日本のユーザーメーカーへのマーケティングを通じて，日本企業に炭化水素冷媒に関する新たな知見や情報（世界の炭化水素技術の導入動向やサービスマニュアルなどの情報）が伝達された。この二社の活動によって，「環境保護団体の知見と情報」が「企業の知見と情報」に変質したことで，日本の企業にそれらの情報がより説得力をもったと推察されるが，ヒアリングではその確認はとれなかった[17]。

　カラーガス社の炭化水素に関する専門的知見は，「商業的正当性」を付与するという点で (Stafford and Hartman 2001)，炭化水素冷媒の可燃性やエネルギー効率をめぐるフロンメーカーやユーザーメーカーとの議論において，GPにとって有用だった。また，GPのロビー活動や，協働関係を結ぶアクターの拡大にも役立った (Stafford and Hartman 2001)。また，多くの規格委員会，IPCCやその他の国際的な科学委員会，英国の科学委員会，各国の法律づくりなどに炭化水素の専門家としてスタッフが関与し，技術的知見と情報の非対称性の改善に貢献した。

　GTZ（当時）のシカース博士は，カラーガス社について，炭化水素冷蔵庫の普及に「大変な貢献」をしたと評している。シカースは，カラーガスにとって炭化水素冷媒事業による利益が占める割合は会社全体の中では大きくなく，炭化水素冷蔵庫へのかかわりのインセンティブとしてはむしろ，副次的効果として環境分野でのプロファイルを高めることのほうが重要だったと指摘している。

　一方，カラーガスは，GPの各国支部を通じて各国で新たな人脈を獲得した。また，カラーガスの炭化水素冷媒分野でのビジネスの拡大は，GP

---

[17] 松下冷機はヒアリングで，「方向を決め，準備を行なうに際し有益だった」と，カラーガスと日本のLPG供給会社がもたらした情報や知見について述べている。

のキャンペーンにおける「グリーンフリーズ」の信頼性の強化に役立った。

3-4 日本とドイツの比較
(1) 意思決定要因

　ヒアリング調査によって，日独ともに政府の政策とはほとんど関わりなく，企業が意思決定を行なったことが明らかになった。

　第3-3節の(2)で述べたように，ヒアリング調査と文献調査から，日本では，京都議定書とドイツにおける商業化という二つの条件が前提となってはじめて，NGOは企業の商業化の意思決定に直接的な影響を与えることができたことがわかる。一方，ドイツでは，HFCsの国際規制の可能性が全くみえない段階で，GPドイツのイニシアティブによるグリーンフリーズの開発と商業化に追随して，大分部の主要メーカーがほぼ同時に商業化を開始している。

　GPドイツは，代替技術の利用可能性をドイツの冷蔵庫メーカーへの働きかけによって実現し，欧州市場に大きな変化をもたらした。ドイツでは，(少なくともこの問題においては)GPは，法的あるいは経済的手法によるインセンティブが存在しない状況で，企業，消費者，政府の行動に変化をもたらすことができた。ドイツメーカーにとっての最大の意思決定要因は，GPドイツの国内での影響力の大きさ，すなわち，パブリックな圧力と，市場からの圧力，そしてDKKシャルフェンシュタインによる炭化水素冷蔵庫の商業化であった。また，GPのキャンペーンの結果，ドイツ社会において炭化水素技術への十分な受容性が生まれたこともももうひとつの要因である。また，東西統合による旧東ドイツ市場での需要が大いに期待できたこと，さらに中国市場がもつビジネス拡大の可能性についても，ドイツメーカーのインタビューで一言言及された。

　HFC134a対応設備への投資回収については，ドイツメーカーはその投資回収を半年で諦めて炭化水素冷媒に転換し，一方日本メーカーは投資回収をできる限り追及した。グリーンらによる，「技術的ロックインを回避するには代替燃料への移行を開始するための規制が必要」だとする分析が

あるが，この場合これは日本のみに当てはまる (Green, K. et. al. 2001)。

ここでの日独の大きな違いは，環境 NGO が社会全体にもつ影響力と社会が NGO に対してもつ信頼性のレベルであり，企業と環境 NGO との関係である。先に引用した WWF の調査結果(本章第 2 節)で示された欧州での NGO への信頼性の高さは，グリーンフリーズの事例でも証明されている。一方，2005 年 8 月に日本で実施された非政府組織への態度に関する世論調査(内閣府発行)では，NPO が信頼するに足るイメージをもつと回答したのは，全回答者の 30.6％のみであった。

(2) メーカーの意思決定における NGO の役割

レニングスは技術革新を促進する要素として，技術，市場，規制を指摘した (Rennings 2000)。この事例において国際組織としての GP は，ドイツにおける炭化水素冷蔵庫の開発と商業化 (技術)，欧州市場の動向への影響 (市場)，欧州の一部の国の国内規制，モントリオール議定書 MLF のプロジェクト承認基準への影響，京都議定書政府間交渉における HFCs の議論の喚起 (規制)，などというこの三つの側面から活動を行なった。ドイツでは，すでに獲得していた社会からの基本的信頼と多くの市民からの支持，そしてマスコミへの影響力を背景に，組織外の専門性や知見を獲得し，それによってさらなる信頼を獲得し，技術的ブレークスルーを実現した。また，そのアクティヴィズムと新たに獲得した専門性をもって，ドイツの主要メーカーの行動に変化を起こし，一方で市場に新技術に対する需要を作り出した。

(3) グリーンフリーズの普及における企業と NGO の関わり

GP は，研究所，市民，政府，国際組織，冷蔵庫メーカー，冷媒製造企業，ユーザーメーカーなど主要なステークホルダー間の架橋を行ない，GP の目的を促進するためにこれらのステークホルダーとの協働関係を形成した。フォロン社による炭化水素冷蔵庫の商業化が開始された日に，GP ドイツが記者会見を行ない，その商業的利益と関わりをもたないことを明確にするために，'Good-bye to Foron'（「フォロンよさようなら」）というメッセージを発したという事実からも明らかなように，その協働関係は，一点の一

致した目的のための限定的な協働関係であり，組織間の恒常的な提携関係とは明確に異なる。その結果形成されたアクター間の協力的なつながりを通じて，GPはノンフロン代替技術の開発と普及を促進した。こうしたNGOの役割を論じるために有効な概念として，本章では「戦略的架橋」を用いた。

(4) 戦略的架橋の役割

　GPによる最も重要な戦略的架橋は，ドルトムント市衛生研究所とDKKシャルフェンシュタインとの間のものである。すでに開発に成功しながらさまざまな圧力によって研究室の地下室に置かれたままになっていた冷蔵庫の炭化水素冷媒技術をもっていた研究所と，閉鎖の危機にあり，新しい商品を出すことが最後の頼みの綱であり，また，自社でコンプレッサーを製造する能力があったDKKシャルフェンシュタインは，両者とも世界初のノンフロン冷蔵庫を開発することへの強いインセンティブを持つという点で一致していた。GPはこの両者を架橋し，グリーンフリーズの開発という点で三者の協働を実現した。この三者間の協働的関係は，その後その他のステークホルダー間の架橋を助けた多くの専門的知見をGPにもたらした。カラーガスやGTZとの協働関係を通じてもたらされた知見もこれと同様の役割を果たした。

　1994年3月には，GP国際本部とGPドイツの手助けによるGTZ，リプファー，ハエール (中国の主要な家電メーカーのひとつ) 間の協力で，中国初の炭化水素冷媒生産施設が完成した (Stafford and Hartman 2001)。また，1995年2月に，フォロン，エレクトロラクス，リプファー，ボッシュ・シーメンスが中国でジョイントベンチャーを形成し生産を開始し，その後まもなく，ケロン (中国の主要家電メーカーのひとつ) が炭化水素冷蔵庫の生産を開始した (Stafford and Hartman 2001)。

　こうした国境を越えたステークホルダー間の架橋による協働関係は，GPの各国支部の参加によってより強化，拡大された。例えば英国のアイスランド (スーパーマーケット) へのグリーンフリーズ導入は，GPドイツ，GP国際本部，GPUK，カラーガスなどの協力によって，キューバでの生

産開始は，GP 国際本部，GP ドイツと，キューバ政府，UNDP，地球環境ファシリティ (GEF) などとの協働によって実現した (Maté 2001)。

　グリーンフリーズの事例において，戦略的架橋による協働関係の拡大が，企業との提携関係などと大きく異なる点は，後者において，企業は一定期間他社との差異による優位性を獲得するが，前者においては，NGO の目的はその技術が普及することであり，排他的なパートナーシップは環境 NGO の利益ではないことである。現実に，後にフォロン社は炭化水素冷蔵庫以外の理由で倒産し，ボッシュ・シーメンスが炭化水素冷蔵庫の普及において，1993 年後半から GP の代わりに強力なリーダーとなった。

　GP ジャパンは松下冷機に，京都議定書とドイツを中心とする欧州市場を通じた間接的な影響，そして，消費者運動，直接行動，知見と情報の伝達による直接的な影響を与えた。しかし，欧州でみられたような，企業との戦略的架橋や協働関係の形成はほとんどみられなかった。日本企業は，欧州で生じた戦略的架橋によるネットワークの影響を大きく受けたが，自らはそのネットワークの拡大に加わることはなかった。

　松下冷機以外のメーカーや他の業界のノンフロン代替の開発や商業化は，京都議定書，欧州の市場動向，松下冷機の意思決定などを企業や業界が個々に判断した結果だと考えられる。

4 むすび

　GP ドイツは，脱フロン社会を実現するツールとして，ノンフロン代替技術の利用可能性をドイツの冷蔵庫メーカーへの働きかけによって実現し，欧州市場に大きな変化をもたらした。ドイツでは，（少なくともこの問題においては）GP は，直接的な法的あるいは経済的手法によるインセンティブが存在しない状況で，企業，消費者，政府の行動に変化をもたらすことができた。GP の活動を有効なものにしたのは，GP の戦略的架橋によって生まれた異なるセクターのステークホルダー間の協働関係が，GP によるさらなる架橋や，カラーガスや GTZ などのすでに協働関係の内側

にあるステークホルダーによる架橋を通じてさらに拡大していったことである。モントリオール議定書プロセスを通じて確立した HFC 擁護派の「ネットワーク」(政府,フロンメーカー,ユーザーメーカー,TEAP 主要メンバーなど)の長年の活動によって生じた HFC 技術へのロックイン (Stafford and Hartman 2001) 状態は,こうした高い技術的専門性をもつアクターが参加するカウンター・ネットワークが形成され機能して初めて,変化し始めた。

　同一の国際 NGO の活動であったにもかかわらず,日独(欧)の事例には,メーカーの意思決定要因や NGO のメーカーへの影響,NGO によるステークホルダー間の戦略的架橋による協働関係の形成,そしてそれがレジームの有効性に及ぼした影響,などの点で相違がみられた。NGO が企業アクターや政府アクターの意思決定,さらにはレジームの有効性に与える影響の違いをつくる要因とその社会的背景の相違点をより詳細に分析することは今後の研究課題である。

文献

佐々木利廣 [2001]「企業と NPO のグリーン・アライアンス」『組織科学』vol.35 (1), pp.18-31。
特許庁 [2003]「平成 14 年度特許出願技術動向調査分析報告書・自然冷媒を用いた加熱冷却」
国立環境研究所地球環境研究センター温室効果ガスインベントリーオフィス (GIO) [2003]「日本の 1990 ～ 2001 年度の温室効果ガス排出データ」
松本泰子 [1999a]「異なる地球環境問題の政策的相互連関:代替フロンを事例として(上)」『環境と公害』vol.28 (4), pp.61-68。
―― [1999b]「異なる地球環境問題の政策的相互連関:代替フロンを事例として(下)」『環境と公害』vol.29 (1), pp.51-58。
―― [2005]「ノンフロン冷蔵庫の商業化におけるメーカーの意思決定要因と環境 NGO の役割」『環境と公害』vol.34 (4), pp.55-61。
―― [2005]「役割を増す NGO」『環境管理』vol.41 (7), pp.12-17。
Brown, L.D. [1991] "Bridging organizations and sustainable development." *Human Relations*, vol.44 (8), pp.807-831.
Dupont [1988] *Fluorocarbon / Ozone Update*, p.8.
Edelman, P.R. Worldwide and StartegyOne [2002] *Non-Governmental Organizations, the Fifth Estate in Global Governance: Second Annual Study of NGO & Institutional Credibility.*
Green, K., P. Groenewegen and P.S.Hofman [2001] "Ahead of the Curve: Introduction." Green, K. et al. (eds.), *Ahead of the Curve: Cases of Innovation in Environmental Management.* Dordrecht: Kluwer, pp.5-17.
IPCC/TEAP [1999] *Joint IPCC-TEAP Expert Meeting 1999 on options for the limitation of emissions of HFCs and PFCs.* Petten.

IPCC [2001a] *Climate Change 2001: Mitigation*, Cambridge: Cambridge University Press.
— [2001b] *Climate Change 2001: The Scientific Basis*, Cambridge: Cambridge University Press.
Maté, John [2001] "Making a Difference: A Case Study of the Greenpeace Ozone Campaign." *RECIEL* vol.10 (2), pp.190-198.
Matsumoto, Y. [2004] "Increased Importance of Coordinating Policy Interlinkage between Different Global Environmental Regimes: A Case Study of CFC Substitutes in the Kyoto and Montreal Protocols." *Journal of Environmental Information Science* vol.32 (5), pp.1-16.
— [2007] "Manufacturer decision-making factors and the role of environmental NGOs in the commercialization of non-halocarbon domestic refrigerators in Japan and Germany." *SANSAI* vol. 2, pp. 31-51.
Metz, B. et. al. (eds.), [2005] "Special Report on Safeguarding the Ozone Layer and the Global Climate System: Issues Related to Hydrofluorocarbons and Perfluorocarbons: Special Report of the Intergovernmental Panel on Climate Change," Cambridge University Press, UK.
Milne, G.R. et al. [2001] "Environmental Organization Alliance Relationships Within and Across Nonprofit, Businss, and Government Sectors." *Journal of Public Policy & Marketing*, vol.15 (2), pp.203-215.
Oberthür, S. and Hermann E. Ott [1999] *The Kyoto Protocol. International Climate Policy for the 21st Century*. Berlin: Springer Verlag.
Oberthür, S. [2001] "Linkages between the Montreal and Kyoto Protocols: Enhancing Synergies between Protecting the Ozone Layer and the Global Climate." *International Environmental Agreements: Politics, Law and Economics*, vol.1, pp.357-377.
Parson, E.A. [2003] *Protecting the Ozone Layer: Science and Strategy*, New York: Oxford University Press.
Savage, G.T. et al. [1991] "Strategies for Assessing and Managing Organizational Stakeholders." *Academy of Management Executive*, vol.5 (2), pp.61-75.
Schreurs, M.A. [2002] *Environmental Politics in Japan, Germany, and the United States*. Cambridge: Cambridge University Press.
Sharma, S., H. Vredenburg and F. Westley [1994] "Strategic Bridging: a Role for the Multinational Cooperation in Third World Development." *Journal of Applied Behavioral Science*, vol.30 (4), pp.458-476.
Stafford, E.R., M.J. Polonsky and C.L. Hartman [2000] "Environmental NGO-Business Collaboration and Strategic Bridging." *Business Strategy and the Environment*, vol.9, pp. 122-135.
Stafford, E.R. and C.L.Hartman [2001] "Greenpeace's 'Greenfreeze Campaign': Hurdling Competitive Forces in the Diffusion of Environmental Technology Innovation." Green, K. et al. (eds.), *Ahead of the Curve: Cases of Innovation in Environmental Management*. Dordrecht: Kluwer, pp.107-132.
Streck, C. [2002] "Global Public Policy Networks as Coalitions for Change." Esty, Ivanova (eds.), *Global Environmental Governance, Options and Opportunities*, Yale School of Forestry and Environmental Studies, pp.121-139.
UNEP [2002] *Production and Consumption of Ozone Depleting Substances under the Montreal Protocol*, 1986-2000.
Westley, F. and H. Vredenburg [1991] "Strategic Bridging: The Collaboration Between Environmentalists and Business in the Marketing of Green Products." *Journal of Applied Behavioral Science*, vol.27 (1), pp.65-90.

第5章
企業と持続可能社会：CSRの役割

小畑　史子

1 はじめに

　企業が環境に影響を及ぼすことは論を俟たない。その企業の活動に対して，既存の国家法に基づくガバナンスによらない新しいガバナンスの一形態が現れている。国家という主体が法を制定しその履行確保をするという伝統的な形式にのっとることなく，多様なステークホルダーが働きかけを行なうことにより影響を与えるという図式，CSR (Corporate Social Responsibility；企業の社会的責任) がそれである。時にステークホルダーは国境を越え，また直接的な利害関係を持たないこともある。企業は，多様なステークホルダーの，その都度の声を反映させて，環境に関する行動決定を行なう。そのため場当たり的な決定に陥ることもあり，バランスを欠く危険もある。しかしCSRを重視する企業にとっての本来の目的は，経営を成り立たせながら (企業の持続可能性)，地球規模の (グローバル) あるいは地域的な (ローカル) 環境を持続可能なものとする道を模索することである。

　このようなCSRについては，未だ学問的な検討が十分でなく，その位置付けすらも明確ではない。とりわけ，CSRがなぜ重要であるのか，そして伝統的な国家法に基づくガバナンスといかなる関係にあるのかは，我々がCSRに今後どのように対応するかを決める上で，早急に解明すべ

き問題である。

　本章ではまず第2節「CSRの現状」において，歴史的経過を踏まえて現在注目されているCSRが過去に議論された企業の社会的責任とどのように異なっているのか，国際的状況と我が国の現状がいかなるものであるのかを確認し，CSRを時間的・空間的な広がりの中でとらえる。次に第3節「環境のグローバル及びローカルな側面とCSR」において，我が国におけるCSRの中でなぜ環境が重視されるのかを環境という問題のグローバルな面とも関連させて論じ，さらにCSRがグローバルな問題への対応のみならずローカルな問題への対応にとっても有効であることを論じる。そして第4節「国家法とCSR」で，コンプライアンスとCSRの関係，国家の環境法政策とCSRの関係，公益通報者保護法の役割について論じ，国家・政府によるガバナンスとCSRというガバナンスの形態との比較を行ない，2つのガバナンスの関係を明らかにしたい。

2│CSRの現状

2-1　過去の議論と現在の議論

　現在，CSRを巡る動きが活発になっている。「企業の社会的責任」は1960年代の公害の発生や福祉国家に関する議論の盛り上がりの際にも問題となり[1]，また，1980年代のバブルの時期の企業のメセナ活動やスポーツ選手支援等の際にも話題にのぼった[2]。しかし，現在話題となっているCSRとは，過去の議論における「企業の社会的責任」とは異なっている。最も注目されるのは，過去の議論では企業の社会的責任が，いわば本業とは別の「おまけ」の活動と意識されていたのに対し，現在ではCSRが本業に組み込まれ，あるいは密接に関連していることである[3]。こうした差異・

---

[1] 1976年には経団連社会性部会報告書「企業と社会の新しい関係を求めて」が発表され，それに先立つ1956年には経済同友会において「経営者の社会的責任の自覚と実践」決議がなされていた。
[2] 経団連は，1990年にメセナ協議会を設置した。
[3] 従来の企業の社会的責任論は，余裕のある企業が付随的に行なう「おまけ」の活動であったが，

変化は例えば，環境を考えずに利益ばかり追求する企業や，環境報告書を通して情報開示を行なわない企業の製品を買いたくない消費者，そうした企業と取引することは得策でないと考える取引先が存在するようになったことからもわかる。CSRを考慮して経営を行なうことは，本業を成り立たせる上で意味のあることとなってきたのである。

2-2 国際的な動きとわが国の動き

CSRを巡っては，欧米におけるSRI (Social Responsibility Investment；社会的責任投資) の拡大[4]，OECDの多国籍企業の行動指針[5]や国連のグローバル・コンパクト10原則[6]の登場，EUのグリーンペーパー「CSRに関する欧州の枠組み」(1990年代後半) 発表[7]，ISOのSRに関する規格作り[8]の動き等，国際的には活発な活動が展開されている。

最近は「社会的責任の履行が経営そのものである」ととらえられるようになり，本質的な構成要素と解されるようになったと指摘するものに神作ほか [2004] p.10，神作裕之発言。

[4] SRIは，イギリスで，アルコール，たばこ，ギャンブルに関わる企業を投資対象から排除したこと，アメリカで市民団体等がベトナム反戦運動の中で軍需産業に投資しない運動をしたことで注目された。アメリカ合衆国の2004年末残高は2兆2900億ドル (約270兆円)，カナダの2004年半ばの残高は655億カナダドル (約6兆9000億円)，欧州の2005年末残高は1兆330億ユーロ (約150兆円)，オーストラリアの2005年半ばの残高は約767豪ドル (約6兆8000億円)，日本の2006年9月現在の残高が3000億円である。SRIについては日本総研の足達英一郎氏より情報を賜った。

[5] 多国籍企業に対する勧告として1976年に策定されていたOECDの多国籍企業行動指針の2000年改訂版においても，「環境」，「消費者利益」，「科学及び技術」，「競争」等の8項目と並んで「雇用及び労使関係」が掲げられ，労働組合や従業員の権利の尊重と建設的な交渉，児童労働廃止，強制労働撤廃，機会均等，従業員代表への情報提供，職業上の健康・安全確保，現地人の雇用・訓練，整理解雇抑制等が重要課題としてあげられている。

[6] 1999年の世界経済フォーラムでアナン国連事務総長が提唱した国連のグローバル・コンパクトは，「人権」，「環境」，「労働基準」に関する9つの原則から構成されている。「人権」について重要項目とされているのは，①人権の擁護支持，②人権侵害に加担しない，「環境」について重要項目とされているのは，①環境問題への予防的アプローチ，②環境に関するイニシアチブ，③環境に優しい技術の開発，「労働基準」について重要項目とされているのは，①組合結成の自由と団体交渉の権利を実効あるものにすること，②強制労働排除，③児童労働廃止，④雇用と職業に関する差別撤廃である。富士ゼロックス等の日本企業も参加している。

[7] Corporate Social Responsibility Green Paper, *Promoting a European Framework for Corporate Social Responsibility* (July 2001), COM (2001) 366 final.

[8] 企業を含めた組織の社会的責任 (SR) についてのISO26000は2001年から検討が開始され2008年か2009年に発行を予定している。

第 II 部
非政府アクターと環境ガバナンスの構造変革

　ひるがえってわが国の動き[9]をそれと比較すると，少し遅れて対応が始まり，現在も模索しつつ前進している状況であるといってよい。その理由を検討しよう。

　第一に，CSRは企業と多様なステークホルダーとのコミュニケーションが鍵となるが，わが国において消費者団体やNGO等のステークホルダーの資金力，人材が欧米に比較して潤沢ではなく，活発に活動していないことがあげられよう。科学者や政策論の研究者と密接な関係を保ち，企業の活動を厳しくチェックし必要があれば告発する欧米のNGOの存在[10]が，企業に強くCSRを意識させていることは疑いない事実である。

---

[9] わが国の経済同友会により2003年に作成された「第15回企業白書」においては，企業の社会的責任に関する「企業評価基準」が提唱された。「評価の視線」として「顧客」や「地域社会」等と並んで「従業員」があげられ，①優れた人材の登用と活用，②エンプロイアビリティの向上，③ファミリーフレンドリーな職場環境の実現を強調している。
　日本経済団体連合会は，2004年2月17日，「企業の社会的責任(CSR)推進にあたっての基本的考え方」を公表し，その中で①CSRの推進に積極的に取り組む，②CSRは民間の自主的取組によって進められるべきである，③企業行動憲章および実行の手引きを見直し，CSR指針とする，の三点を表明した。2004年5月18日に改定された企業行動憲章では，「消費者・顧客の満足と信頼」，「公正，透明，自由な競争ならびに適正な取引」，「社会とのコミュニケーション」，「環境問題への取り組み」，「社会貢献活動」，「反社会的勢力および団体との対決」とともに「従業員の多様性，人格，個性の尊重と安全で働きやすい環境の確保によりゆとりと豊かさを実現する」という要点を掲げ，①多様な人事処遇の構築，②機会均等の確保，③安全衛生の確保，④キャリア形成・能力開発支援，⑤誠実な協議，⑥児童労働・強制労働排除を項目として掲げた。具体的な改定部分は，「消費者の信頼を獲得する」が「消費者・顧客の満足と信頼を獲得する」に改定された点，「従業員の人格，個性を尊重する」が「従業員の多様性，人格，個性を尊重する」に改定された点，「環境問題への取り組みは，企業の存在と活動に必須の要件」が「環境問題への取り組みは人類共通の課題であり，企業の存在と活動に必須の要件」に改定された点，「現地の文化や慣習を尊重する」が「国際的な事業活動においては，国際ルールや現地の法律の遵守はもとより，現地の文化や慣習を尊重する」に改定された点である。
　厚生労働省にておいても，2004年に「労働におけるCSRのあり方研究会」が組織され，同年6月，中間報告書がとりまとめられた。2005年には同研究会が再開され，現在も継続中である。
[10] アムネスティ・インターナショナル，グリーンピース，ヒューマンライト・ウォッチ等の人権・環境・労働分野に従事するNGOは，児童労働に関する1990年代のナイキ社ケース以来，マスコミやインターネットを利用して，ブランド力のある多国籍企業をターゲットに，不買運動等のキャンペーンにより，途上国工場での労働環境問題の解決を図る試みを行なっている。たとえば，イギリスのNGOであるCAFOD (Catholic Agency for Overseas Development)は，HP, IBM, DELLのサプライチェーンにおける労働環境問題への対応が不十分であるとしてイギリスのファイナンシャルタイムズを利用してアピールし，各社は同NGOと対話して差別禁止規則を強化する等，各社協働で対応することになった。またGeSI (Global e - Sustainability Initiative)は，携帯電話の部品に使われるタンタルの鉱石コルタンのコンゴにおける採掘において，児童労働等人権を無視した行動が行なわれていることを調査・指摘し，ノキアはサプライヤに対しコンゴ産タンタルの購買禁止を通達した。

第二に，わが国で SRI がまだあまり盛んでないことがあげられる。近年ではエコファンドのみではなく労働者の家庭的責任を考慮する企業への投資を目玉とするファンドも登場している[11]が，SRI の規模は欧米に比較すれば小さい。アメリカには，教会を中心に，アルコールやギャンブルに関係した企業に投資を行なわないという動き等が伝統的に存在し，社会的責任を果たす企業に投資したいという投資家が相当数存在する[12]が，わが国ではまだそれほど多くはない。

　第三に，標準化や国際規格への不信感があげられる。完全な統合を目指す EU とは異なり，国を超えた融合を目指していないわが国にとって，標準化は特に切実な問題ではない。何ヵ国かで申し合わせて規格や標準を決め，それに合わない製品を排除し，またその標準を守らない企業と取引しないという行為は，特定の国を締め出す手段に利用されるおそれもあり，警戒すべき面がある。品質 ISO や環境 ISO に翻弄された経験のあるわが国の企業[13]は，SR の ISO26000 に，必要があれば対応しなければならないと意識しつつ，不信感も有している。

　第四に，CSR という言葉こそ用いてはいないが，わが国の企業は CSR の柱とされる環境や労働につき，それなりの責任を果たしてきたという意識が影響している可能性がある。公害の経験からくる反省が「環境」に関する企業の意識を高くさせ，また会社を家族のように考える終身雇用の多かった時代の企業は「労働」について社会的責任を果たしていたという観察も可能であろう（小畑 2005）。

　これらの理由により，わが国の CSR に関する動きは遅れていたと考えられるが，今後はどうであろうか。NGO や消費者団体の成長，SRI の広がり，ISO の動き，企業の環境配慮や労働者への配慮の度合い，そして国を超えたプレッシャーの強まりによっては，CSR を巡る動きが欧米に準

---

[11] 2004 年 10 月 25 日の日本経済新聞の記事によれば，三菱信託銀行は，社員の育児，介護に対して手厚く支援している企業の株式だけを組み入れる投資信託商品を販売し始めた。
[12] 注 4 参照。
[13] 労働安全衛生マネジメントシステムに関する規格作りを巡る紆余曲折につき，小畑 [2001] 参照。

じるほどに活発になる可能性も否定できない。

3 環境のグローバル及びローカルな側面とCSR

3-1 「環境」の重視

　第2節で論じたように，CSRは企業の本業と深く関係し，将来重要性が高まる可能性がある。

　ところで，このCSRとは，どのような内容から構成されるのだろうか。前述したように，国連のグローバル・コンパクトによれば「人権」，「環境」，「労働基準」であり[14]，OECDの多国籍企業行動指針の2000年改訂版によれば「環境」，「消費者利益」，「科学及び技術」，「競争」等の8項目と「雇用及び労使関係」であり[15]，我が国の日本経団連によれば「消費者・顧客の満足と信頼」，「公正，透明，自由な競争ならびに適正な取引」，「社会とのコミュニケーション」，「環境問題への取り組み」，「社会貢献活動」，「反社会的勢力および団体との対決」，「従業員の多様性，人格，個性の尊重と安全で働きやすい環境の確保によりゆとりと豊かさを実現する」とされる[16]。いずれにしても「環境」と「労働」は，等しくCSRの重要な柱とされている。

　この「環境」と「労働」という柱のうち，我が国は，「環境」の面が進んでおり，「労働」の面が遅れていると評価されていた。たとえば，日本経団連の調査[17]によれば，優先的な取り組み分野の質問に対する解答で，「環境」が66.3％で第2位なのに対し，「雇用・労働」は36.5％で第7位である。

　我が国において環境に関するCSR（環境CSR）が労働に関するCSR（労働CSR）よりも重視されてきた理由は何であろうか。

　まず，「環境」については，公害の経験からの教訓もあり，わが国の企

---

[14] 注6参照。
[15] 注5参照。
[16] 注9参照。
[17] (社) 日本経済団体連合会企業行動委員会／社会貢献推進委員会社会的責任経営部会「CSR（企業の社会的責任）に関するアンケート調査結果」(2005年10月21日)。

図 5-1 タイ労働省の発行する労働 CSR 認定証 (2007 年 3 月, 現地にて筆者撮影)

業が「環境」に敏感であることを指摘できる。環境によい製品であることをセールスポイントにする戦略も成熟してきた。日本経団連も環境報告書については数値目標を立てて参加企業に推奨している。平成 16 年には, 環境報告書を用いて事業活動における環境配慮を促進する「環境情報の提供の促進等による特定事業者等の環境に配慮した事業活動の促進に関する法律」(環境配慮促進法) も制定された (平成 16 年法第 77 号)。何よりも「環境」に力を入れるのがわが国の企業の特徴であった。

また,「労働」については, わが国の企業のうち大規模なところが終身雇用制を採用し, 家族主義的経営を行なっていたこと (菅野 2002, pp.2-3, p.49, p.134, p.250, 西谷 2004, p.5ff), 労働力の流動化が始まったのがそれほど遠い過去ではないこと[18]が,「労働」における CSR を意識させる度合いが少なかったことに関係していると指摘することができよう。労使以外のステークホルダーの監視がなくても, 企業が労働者を家族のように考え, 一生涯にわたる関係を築いていた時代には, 労働に関する企業の社会的責

---

[18] 我が国において整理解雇の要件が厳しく, 雇用保障の面が充実していたことにつき, 菅野 [2002] p.3, 12, 64, 67, 西谷 [2004] p.5 以下。なお, 熊沢 [1989] p.53 以下, 樋口 [1995] p.25 も参照。

任を追及する必要性も薄かった。そして我が国で企業別組合が多く（菅野 2002, p.4ff），会社の「ウチ」の情報が「ソト」に出ることが少なかったことも関係していると考えられる。職種別組合が多い国では，職種が同じであれば企業の枠を超えて情報がオープンになり，「労働」に関する情報を開示することへの抵抗感もやや薄くなるが，わが国では会社で隣に座っている人の給料の額も知らないケースがほとんどであろう（小畑 2007, p.107）。

　しかし，環境 CSR が労働 CSR よりも進展が早い理由としては，これらの我が国固有の理由のみでなく，「環境」の問題の本質的な性格も挙げることができよう。すなわち，環境に関して企業が CSR を意識して行動することにより利益を得るのは，すべてのステークホルダーである。各ステークホルダーは企業が環境を重視しないことにより何らかの被害を受ける可能性を持っており，自分の問題として「環境」に関して企業の行動を注視するインセンティブ（動機付け）を持つ。労働 CSR の受益者が主として，当該企業で働く労働者とその家族に限られるのとは大きな違いである（小畑 2007, p.107）。

　また，「環境」については，全世界共通の科学的な数値目標を立てやすいという特徴がある。各国や各地域の文化や伝統，歴史とそこから生まれる価値観等を考慮したり，定性的に観察したりする必要性が薄い問題であることは，誰しもが普遍的な尺度に照らして意見を述べることができるということであり，取り組みやすさにつながる。「環境」の問題がこのような性質を持つため，「環境」の問題については，CSR が活用されやすい（小畑 2007, p.108）。

3-2　受益者以外のステークホルダーへの説明責任

　CSR が意識されたことの意味は，一つには，受益者以外のステークホルダーへの企業の説明責任を打ち上げたところにある。

　CSR が意識される前は，企業の責任については，関係する当事者と国以外のステークホルダーの監視を想定していなかった。それが CSR として意識されることとなれば，そのエリアの（ローカルな）環境の保護が，今

や国家だけではなく一般市民（消費者，株主，NGO等）も監視・関与すべき問題となったと言うことができるはずである。それを正当化する根拠はどこに求めることができるだろうか。

受益者以外への説明責任を打ち上げたのがCSRであるとすれば，当該エリア（ローカル）がどのように処遇されているかは社会的な関心事であることになる。これを正当化するとすれば，企業の（ローカルな）行動が世界・社会をよりよくするための障害になっているからこそ，一般市民の評価にさらすべきであるという考え方をとることが一つの方法である。たとえば企業のそのエリアにおける（ローカルな）環境汚染が，そのエリアの貧困の広がり等の社会問題を助長し，世界をよりよくするための障害となっているからこそ，広く市民というステークホルダーからの意見を聞き，コミュニケートする義務があるとするのである。

あるべき社会の実現のために，市民やNGOが各企業の行動について監視を行ない，必要があると判断すれば当該企業やその親企業，納品先にプレッシャーをかけるという構図が浮かび上がる。その手段は不買運動や投資差し控え，取引中止等様々である。SRIもよりよい世界・社会の実現のために，投資家が各企業の行動を監視し，投資を行なわないという手段でアプローチしていると見ることもできる。

また，それ以外の正当化の根拠としては，公正競争の視点を挙げることができるかもしれない。すなわち，（ローカルな）環境にしわ寄せをしながら高い利益を上げるのはアンフェアであるから，アンフェアな企業には社会的責任を果たしていないとして打撃を与えるという考え方である。

受益者以外への説明責任を打ち上げたのがCSRであるとすれば，そうした相互監視の社会は市民社会の成熟の賜物と評してよいのだろうか。それともポピュリズムの横行を嘆くべきなのだろうか。悪意ある人物による中傷，マスコミに踊らされる大衆，マスコミを利用して真実とは違う情報を流し不当に利益を得ようとする企業といったマイナス面への懸念が残るところである（小畑 2007, p.122）。

国家は従来，情報を把握し，虚偽の申告については不利益措置を行ない，

集まった情報をもとに規制を行なうという仕組みを整え，国家権力という強い絶対的な力を用いて秩序を形成・維持してきた。そのような力を持たないステークホルダーによる監視は，補完的にしか機能せず，しかも不完全なのであろうか。最終的に自らした行動の責任を完全にとりきれるか否か保証がないステークホルダーによる監視や摘発は，秩序を混乱させるだけに終わることは少なくないのだろうか。CSR は，多国籍企業の途上国における行動等，国という枠組，国という単位又はその集まりでは対応できない企業に関する問題が出現したことから，それに対処するため新たなシステムが用意されたにすぎないのだろうか。そうであるとすれば，国家法・国家の規範の役割は，少なくとも国で対応すべき範囲について一定の規制を行なうことに過ぎないのだろうか (小畑 2007, p.122)。

今後，各ステークホルダーが成熟し，その存在意義や発言力が広く認められるようになれば，CSR が国家法と同様，サスティナブル社会構築の鍵として重視される可能性がある。

4 国家法と CSR

4-1 コンプライアンスと CSR

EU のグリーンペーパーでは CSR はコンプライアンスを超えた部分であり，法令遵守はそれに含まれないと解されている[19]。コンプライアンスについては国家行政で担保されており，義務であるが，CSR はそれを超えた部分であってボランタリーなものであると認識されているのである。ISO においても，SR の中にコンプライアンスが含まれるのか否か，まだ完全には議論に決着がついていない (小畑 2006)。

わが国においては，CSR はコンプライアンスをその中に含んでいるという理解が一般的である。日本経団連のアンケートでも，CSR の中で一番力を入れているのはコンプライアンスであるという解答が多い[20]。これ

---

[19] 注 7 参照。
[20] 日本経済団体連合会企業行動委員会／社会貢献推進委員会社会的責任経営部会「CSR (企業の

はCSRが議論され始めた頃と同時期に企業の不祥事が相次ぎ，不祥事を起こした企業に対して「CSRを果たしていない」という論調で批判がなされたことに大きく関係している。

コンプライアンスの先にあるものがCSRの醍醐味であるが，コンプライアンスをCSRに入らないとしたのではわが国の現実と乖離する。すると，我が国においては，法令とCSRの守備範囲に重なりが生じることになるが，両者の関係はどのようにとらえることができるのだろうか。4-2で環境法政策とCSRの関係を取り上げたい。

4-2　環境法政策とCSR

国家による法政策は，自由主義国家においては，国民の自由を尊重しつつ，予測可能性の保障と罪刑法定主義に配慮して，要規制事項を正確に特定して禁止・制限等を行ない，その履行を確保するために必要に応じて罰則を設けるという「規制」が，伝統的かつ一般的である。しかし，環境の法政策は，このような伝統的かつ一般的な方法以外の方法が多用されるという際だった特徴を持っている。その理由は，環境の問題が他の問題と異なる性質を有しているからである (小畑 2007, p.108)。

環境の問題は，①公害のように，原因が限定されており，対策が急務であるようなものもあるが，②問題の因果関係が複雑で原因が限定できないため，予防的な処置が必要なものも増加している。そして現在では，③問題の原因者が多岐にわたり，解決に向けて多くの主体の行動を変化させる必要があるものも，国の取り組むべき問題と認識されている[21] (小畑 2007, p.108)。

①のタイプについては，具体的行為の禁止・義務づけ等の直接規制的手法すなわち伝統的手法が有効である。しかし，②，③については，自主的行動計画や自主協定等を活用した自主的手法 (当事者を自主的な行動へと誘導

社会的責任)に関するアンケート調査結果」(2005年10月21日)によれば，優先的な取り組み分野の質問に対する解答で，第1位なのが「コンプライアンス・法令遵守」で96.6%である。

[21] この点については，環境省総合政策局環境経済課の沢味健司氏より，『平成13年度版環境白書』に基づいてご教示を賜った。

することを国の政策と捉えている）を採らざるを得ない面がある。また，情報開示や環境会計，環境報告書，環境ラベリング等の情報的手法が有効である。更に，排出量取引や税制優遇措置，グリーン購入，補助金等，市場メカニズムを利用しながら行なう経済的手法も採用される。環境影響評価制度，戦略的環境アセスメント，環境マネジメントシステム等の手続的手法も，自主的手法と共に活用される[22]（小畑 2007，p.109）。

　環境の問題の解決に向けた国の方針としては，これらの手法を駆使することにより，環境に関する権利利益への直接的で明白な侵害を取り締まるだけでなく，経済偏重から環境と経済への両立，環境調和型技術開発等の価値観とそれに基づく行動を引き出そうという意図がある（小畑 2007，p.109）。

　これらの環境法政策の手法は，CSRと調和的である。CSRは「ビヨンド・レギュレーション」すなわちミニマムの規制の対象とはなっていないものの企業が自主的な取り組みをすることが望ましい事柄に注目し，国の規制の先を行く企業の行動を歓迎するという性格のものである。これはまさに，環境法政策手法の中の自主的手法と重なり合う。また，手続的手法や情報的手法は，環境やCSRについての規格団体が採用している手法と相通じるものがある。経済的手法も，環境やCSRに配慮する企業に投資する投資家の存在を前提に，市場メカニズムを利用して環境CSRの問題の解決を図るSRIと通じる面がある（小畑 2007，p.109）。

　このように，国の環境法政策はCSRの動きと調和的であるため，CSRが「環境」については国によって受け入れられやすく，産業界にとってもなじみやすいと指摘することができる。この点は，直接規制的手法が重視される労働CSRと大きく異なっている（小畑 2007，p.109）。

　事業者・企業が環境負荷の低減に寄与しうる立場にあることは明白であり，また，グローバル化の中で事業者・企業の行なう事業活動に起因する環境負荷が広がりを見せていることも事実である。そうした中で事業者・

---

[22] 同上。

企業に対し，規制遵守・コンプライアンスのための対策にとどまらず，自主的積極的環境配慮の取り組みを期待する声が高まり，環境CSRに注目が集まったのは自然なことである (小畑 2007, p.109)。

ここで環境報告書の作成及び公表に関して制定された新法である環境配慮促進法の内容を確認しておきたい。

同法は，環境への取り組みを市場や社会が評価することを可能にし，環境と経済の好循環を実現することを目指しており，環境報告書作成及び公表に関して，国が基本的枠組作り，普及促進，信頼性確保を行なうこととしている。同法は，国がその環境配慮等の状況を毎年度公表することと，地方公共団体が毎年度公表するよう努めること (6～7条)，主務大臣が環境報告書の記載事項等を定めること (8条)，特定事業者が環境報告書を作成し毎年度公表することと，自己評価又は第三者審査等により信頼性を高めるよう努めること (9条)，環境報告書の審査者が審査の公正かつ的確な実施確保のため必要な体制整備等を図るよう努めること (10条)，大企業者が環境配慮等の状況の公表を行なうよう努めるとともに環境報告書等の信頼性を高めるよう努めることと，国が中小企業者に対し環境配慮等の状況の公表方法に関する情報を提供すること (11条)，国が環境情報利用促進のための措置を講じること (13条) を定めている。国民については，投資の際，環境情報を勘案するよう努力義務が課されている (5条)。

平成17年3月に策定・告示された内容によれば，環境報告書の記載事項等 (記載し又は記録すべき事項及びその記載又は記録の方法) として，①事業活動に係る環境配慮の方針等，②主要な事業内容，対象とする事業年度等，③事業活動に係る環境配慮の計画，④事業活動に係る環境配慮の取組の体制等，⑤事業活動に係る環境配慮の取組の状況等，⑥製品等に係る環境配慮の情報，⑦その他が掲げられた[23]。

環境報告書の公表は，CSRが重視する「各ステークホルダーとのコミュニケーション」の基礎である。同法が，環境政策手法の一つである情報的

---

[23] 環境配慮促進法8条1項の規定に基づき，環境報告書に記載し，又は記録すべき事項及びその記載又は記録の方法を定めたもの。

手法としての環境報告書に注目し，事業活動における環境配慮を引き出そうとする法律であることは，環境に関してCSRの推進に結びつく法律が制定されたことを意味し，環境に関して法政策とCSRが親和的であることを示している (小畑 2007, p.110)。

なお，第三次環境基本計画では，重点分野での具体的な指標・目標，総合的な環境指標を設定することとされたが，その中に「エコ／SRIファンドの設定数，純資産残高及びその割合」が掲げられている。

4-3　ステークホルダーのアクションとしての公益通報

CSRが企業の各ステークホルダーへの説明責任を打ち上げたことに着目すれば，「環境」という柱については，労働者・労働組合は (自らの利益も含めた) 公益の保護のために，企業に責任の履行を迫るステークホルダーであると位置づけることができる (小畑 2007, p.111)。

そのような見方をすれば，近年制定された公益通報者保護法[24]は,「環境」を含めた公益を保護する主体としての労働者がアクションを起こすことが容易になるように制定されたと理解することも可能である。同法は，労働者等が公益を守るために勤務先等を告発した場合，同労働者等が勤務先等から解雇その他不利益な取扱いを受けることがないよう，そうした不利益取扱いを禁止している。ただし，その保護の要件が通報の相手方によって区別されていること，通報の内容が現在のところ刑法等の違反及び重大事故の予防等に限定されていることに注意が必要である (小畑 2007, p.111)。

ところで，労働者・労働組合というステークホルダーは，我が国において環境CSRを守るために，使用者又は団体交渉の相手方たる企業を監視し，公益の保護に尽力するという強い意識を有しているだろうか。答えは現在のところ否である。労働組合のCSRについての取り組みは遅れていると言わざるを得ない (小畑 2007, p.111)。

労働組合は，その所属する組合員の労働条件を向上させることが最重要

---

[24] 同法については，小畑 [2006] p.64, 大内 [2004]，中村 [2004] 参照。

課題であり,「環境」について企業に社会的責任を問うのではなく,組合員の労働条件の向上のみを企業に要求してきたことは自然であったと言えよう。しかし,CSRを果たさない企業が淘汰される可能性を考慮すれば,必要に応じて環境に関する企業の行動につき説明を求めることが想定される。企業が環境を含む公益を損なう行動については,企業の中で働く労働者のみが事前に知り得る場合が多いと考えられる。その意味でも環境CSRについて労働者・労働組合というステークホルダーの果たし得る役割は大きい (小畑 2007, p.111)。

5 むすび

以上の検討から,CSRがなぜ重要であるのか,そしてCSRと国家法に基づく伝統的ガバナンスとがいかなる関係にあるのかにつき,いくつかの解答を得ることができた。

第一に,CSRは企業の本業に組み込まれているものであり,それを注視するステークホルダーが成熟するにつれて,CSRという概念が一層重みを増していく可能性がある。それゆえ企業の公共性を意識しCSRを考慮しつつ経営を行なうことが企業にとって有益であり,またステークホルダーとしてはCSRを強調することにより,企業のあり方に影響を与えることができる (第2節)。

第二に,環境というCSRの柱については,グローバルな環境に関してはすべてのステークホルダーが受益者であるため,ステークホルダーは企業にコミュニケーションを要求しやすい。第三に,環境のうちローカルなものに関しても,受益者以外のステークホルダーがよりよい社会の実現のために企業に説明を求めることを可能にするという面で,CSRの意義は大きい。ゆえに,CSRを活用することで,ステークホルダーは,環境のグローバル及びローカルな問題の両方につき,働きかけを行なうことができる (第3節)。

第四に,環境に関する国家の法政策とCSRは親和的である。第五に,

公益通報者保護法が制定され，労働者というステークホルダーが公益のためにアクションを起こすことが容易になった。それゆえ，環境法政策とCSRは両立し，環境に関するCSRの発展を促進する法的整備も進みつつある (第4節)。

以上のことから，CSRがサスティナブル社会を目指して環境に関する企業の配慮を活発化させるための新たなガバナンスの形態として固有の役割を果たしうること，そしてその働きは伝統的な国家法に基づくガバナンスと両立しうるものであることが分かった。今後，各ステークホルダーの成熟によりCSRが信頼に足るものとなり，伝統的ガバナンスと並んで環境ガバナンスの一つの形態として活用されることが期待される。

文献

大内伸哉編[2004]『コンプライアンスと内部告発』日本労務研究会。
神作裕之他[2004]「座談会・いまなぜCSRなのか」『法律時報』vol.76 (12), pp.4-26。
熊沢誠[1989]『日本的経営の明暗』筑摩書房。
菅野和夫[2002]『新・雇用社会の法』有斐閣。
中村美紀子[2004]「CSRが法律学に与える影響」『法律時報』vol.76 (12), pp.46-50。
西谷敏[2004]『規制が支える自己決定：労働法的規制システムの再構築』法律文化社。
中馬宏之・樋口美雄[1995]「経済環境の変化と長期雇用システム」猪木武徳・樋口美雄編『日本の雇用システムと労働市場』日本経済新聞社, pp.23-56。
小畑史子[2001]「労働安全衛生規制とISO14000・OHSAS18000シリーズ：ISOのOHSMS規格開発の動きが労働安全衛生に与えた影響」『富大経済論集』vol.46 (3), pp.553-569。
——[2005]「我が国におけるCSRと労働法」『季刊労働法』vol.208 (6), pp.2-8。
——[2006]「わが国における労働のCSR」雇用・能力開発機構・日本ILO協会『雇用と能力開発分野における企業の社会的責任 (CSR) に関する調査研究』日本ILO協会, pp.57-66。
——[2007]「環境CSRと労働CSR ―― 法規制とCSRの果たす役割」稲上毅・連合総合生活開発研究所編『労働CSR ―― 労使コミュニケーションの現状と課題』NTT出版, pp.105-126。

第6章
環境リスクコミュニケーションにおける共有知識の役割

吉野　章

1 はじめに

　1991年5月，京都市は，同市左京区の市原野に700トンの処理能力を有するごみ焼却場を建設すると発表した。市原野ごみ裁判をすすめる会［2002］によると，住民は「寝耳に水の驚き」だったが，施設の公共性から「賛成・反対の態度を一応保留にして，客観的にものを見る努力」をするために，自治連合会を母体とした市原野ごみ特別委員会を組織し，この問題に対する学習や京都市との交渉に臨んだ。

　当局から，「この委員会と十分に協議を行い了承を得た上で事業を進めていく」との確認書を得た上で，住民は，地域ぐるみでごみの減量を試行したり，係留気球による気象観測に基づいた大気汚染予測を行なうなどして，新焼却場建設の必要性や安全性に疑問を投げかけた。これに対して，京都市は次第に態度を硬化させ，97.7％の投票率で78.8％の反対を確認した住民投票の4ヵ月後に，ごみ焼却場建設の着工を強行した。

　住民側は，こうした京都市の姿勢を，住民の健康よりも「まず建設ありき」であり，強引に開発計画を進めようとするものである，と非難した。

　住民は，住民との確認書の無視や，700トンというごみ焼却場の不要性，環境アセスメント等を争点として裁判を起こし，6年近い法廷闘争を行なった。しかし，京都市に大気汚染の観測や住民の健康調査を義務づけ

ることになったものの，ごみ焼却場の建設は差し止められなかった。

当時の自治連合会会長は，「地元にとって，この10年間は京都市に対する怒りと悲しみとあきらめの交錯した年月であったと思う。今も，住民の多くは京都市に対する不信感と怒りがおさまらない」と表現している。

開発と環境保全をめぐる社会的合意がいかに形成されるかは，環境ガバナンスにおける重要な問題のひとつである。開発は便益と環境リスクをもたらし，それが関係主体間に不平等に分配される。こうした利害の対立は，交渉や補償，あるいは法制度などによって解決できる場合もあるが，開発の便益や環境リスクに関して，関係主体間で認識に食い違いが出ることはしばしばで，このような場合，具体的な補償や約束に関して冷静に交渉するに至らず，法律上の権利や権力を盾にとった強行的な解決が図られることになる。冒頭の事例はその最たるもので，ごみ焼却場の建設着工が強行されたことは，住民と京都市の間に根強い不信と対立を残した。

本章では，環境リスクのおそれがある開発計画をめぐって，開発者と住民とが対立し，不信が形成される過程を，リスクコミュニケーションの失敗として捉える。リスクコミュニケーションは，一方的なメッセージの伝達ではなく，情報や意見の相互交渉過程であると定義されているが，それを通してお互いの認識や価値観の違いを認めることの必要性が説かれている（NRC 1997）。

こうした認識や価値観の違いがお互いに知られていない場合は，そのことが「共有知識」となっていないことを意味する。共有知識 (common knowledge, 共通知識とも呼ばれる) の概念は，古くは1740年代のデビッド・ヒュームの記述にまでさかのぼることができるが (Vanderschraaf and Sillari 2005)，経済学の分野ではオーマンが最初に定式化して，理論的基礎を与えた (Aumann 1976)。ある事象が共有知識であるとは，その事象を全員が知っているというだけではなく，全員が知っていることを全員が知っており，さらにそのことを全員が知っており，……という無限の連鎖が成り立っていることを示す。ゲーム理論では通常，ゲームの構造を定義し，それが共有知識であることを仮定するが，この前提が成り立っていなければ，そ

の分析結果は現実と乖離してしまう。ゲーム理論を基礎に持つ諸理論，すなわち，情報の非対称性がある場合の効率的な合意や協働を導く契約理論や，対立する利害調整の過程を分析する交渉理論等，環境ガバナンスや合意形成に関わる重要な理論も同様である。

　本章では，環境リスク情報の不完全性と特殊性ゆえに（第2節），開発者と住民との間に，お互いの不安や認識が共有知識となっていない場合に，開発計画をめぐって対立と不信が醸成されることを示し（第3節），これらが共有知識となれば，どのような改善がみられるか，また，共有知識はいかにして形成されるか（第4節）について検討する。

2 環境リスクとリスクコミュニケーション

2-1　開発をめぐる力のゲーム

　ある開発が地域住民に環境被害をもたらすおそれがある場合，その開発をめぐって開発者と住民との間に厳しい対立が生じることがある。これは，開発からもたらされる利害の範囲とリスクの管理者の範囲が一致しないという環境リスクの特徴に由来するもので，これが食品リスクや疫病などのリスクの場合と決定的に異なるところである。すなわち，環境リスクは地域住民に非排除的にもたらされるのに対して，リスクに関する意志決定やリスク管理の範囲は，一部の主体（この場合は開発者）に限定されるため，それ以外の主体（この場合は住民）は，反対活動や訴訟を起こす以外にリスクを管理できないからである（武部2006，第1章）。

　ある地域に突如持ち上がった開発計画に住民が反対するか否かのゲームを考える。この開発が進めば確実に住民に$-d$（<0）の被害が生じると住民は考えている。開発者は，開発が進めばB（>0）の便益を得るが，住民が反対すれば開発者の便益は$-C$（<0）だけ目減りする。ただし，そのためには住民にも$-c$（<0）のコストが必要となる。はじめに開発者が，開発を行なう（IN）かあきらめる（OUT）かの決定を行なう。OUTを選択した場合，何も起こらず両者の利得は(0,0)である。しかし，開発者がIN

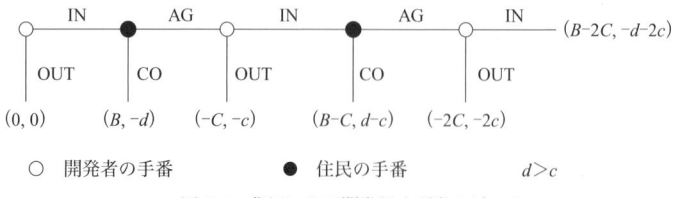

第 II 部
非政府アクターと環境ガバナンスの構造変革

```
       IN      AG      IN      AG      IN
     ─────●─────○─────●─────○───── (B-2C, -d-2c)
     │    │    │    │    │
    OUT   CO  OUT   CO  OUT
    (0,0) (B,-d) (-C,-c) (B-C,d-c) (-2C,-2c)
```

○ 開発者の手番 　　● 住民の手番 　　　 $d>c$

図 6-1 住民による開発阻止運動のゲーム

を表明した場合，住民はこれに反対する (AG) か受け入れる (CO) かの決断をしなければならない。もし CO を選択したら，開発者は B の利得を得て，住民には $-d$ の被害が生じる。住民が AG を選んだ場合，住民は $-c$ のコストで開発の中止を求める運動を起こすことになる。これによって開発者は $-C$ の損失を被り，あらためて IN か OUT かを検討する。そこで開発者が OUT をとったとしても，すでに開発者には $-C$ の，住民には $-c$ の損失が生じている。開発者が IN をとれば，さらに住民は AG か CO かを検討することになる。図 6-1 には，描画の都合上，2 回の反対運動が起きた状態までを描いているが，ここで留まる必然性はなく，さらにこのゲームは続けられる可能性がある。

このゲームはローゼンタールのムカデゲームの一種であり (Rosenthal 1981)，最終的な決定権が開発者にある場合，後ろ向き帰納法により，(IN, CO) が唯一の完全均衡点となることを示すことができる。ところが実際には，両者が疲弊するまで反対運動が繰り広げられることが多く，結局は開発が強行され，両者に埋めがたい不信をもたらすことになる。オーマンは，後ろ向き帰納法によって均衡点を求める場合，プレイヤー間にある種の合理性に関する共有知識が成立していることが仮定されており，これが崩れた場合には (IN, AG) が繰り返されることもありうることを示した (Aumann 1995)。

とはいえ，このゲームは，開発のもたらす利害が確定している場合の力のゲームである。もし，住民が考える $-d$ が，実は住民の誤解であって，開発者とのコミュニケーションで $-d=0$ であると理解された場合はどうであろうか。おそらく容易に (IN, CO) が達成されるはずである。

ところが，環境リスクに関する情報は不完全で，そのリスク認知やリスクの評価は人さまざまであるから，こうしたコミュニケーションがたやすくできるというものではない。次の項でこの点について若干の整理を行ないたい。

2-2 環境リスク情報の不完全性とリスク認知の多様性

米国 NRC (National Research Council：学術研究会議) は，1989 年に *Improving Risk Communication* (リスクコミュニケーションの前進) と題した報告書を作成した (NRC 1997)。この報告書は，リスク認知やリスクコミュニケーションに関わる研究成果をふまえ，リスクコミュニケーションの概念の提示と議論の整理，並びに提言を行なったもので，現在行われているリスクコミュニケーションの議論のほとんどが，ここで示された概念や主張を受け入れ，あるいはこれを出発点として行なわれているようである。

この大部の報告書は，その大半を割いて，リスクコミュニケーションの難しさを説いている。すなわち，(1) リスク情報の不備と不確実性，(2) リスク情報認知の特殊性と多様性，(3) リスクに対する価値評価の多様性，そして前項で挙げたような (4) リスクに関する利害の不平等な分配といった要因が，独自に，あるいは相乗的に作用することで，リスクコミュニケーションは不全に陥る可能性がある。

リスクは「(ハザードの発生確率) × (ハザード)」で評価されるが，リスク情報が不完全で不確実である理由は，ハザード識別の難しさ，暴露推定の困難さ，ハザード発生確率推定の不確実さ，相乗効果の識別の難しさ，科学的判断の誤りがある。科学者によってリスク評価が分かれることもしばしばで，リスクの認識や利害が対立する場合，それぞれの立場を擁護する科学的評価を見出すことも難しくない。

また報告書は，次のような場合，専門家と一般人との間でリスク認知に食い違いが生じることを指摘している。すなわち，暴露が自発的か非自発的か，リスクの配分が平等か不平等か，個人的な予防の可能性はあるかないか，そのリスクをよく知っているか知らないか，そのリスクは自然由来

か人工的か，リスクは顕在的か潜在的か，胎児や後世に影響を与えないか与えるか，死亡の仕方が普通か異常か，被害者が匿名か身近か，科学的な解明がされているかいないか，複数の情報源からの情報が整合的か矛盾しているかの場合である。それぞれ後者の場合，一般人は専門家よりも，リスクの程度を大きく評価する。

さらに，同じ人でも，最近起こった災害や事故が何であるか，どういった順番でリスクが発現したかによっても，リスク情報の認知は変わってしまう。リスク情報をどういう単位や表現で示すかによってもその受け取り方は違う。

そして，たとえ同じリスク認知であったとしても，それをどう解釈し価値付けするかも人によって異なる。今の時代を望ましいとするのか，将来の脅威をどう予想するか，あるいはどういう種類のリスクを避けたいのかによってリスクの価値評価は異なる。

通常，開発には便益と環境リスクが伴い，それらは関係主体間に不平等に分配される。各主体は，多様な認識や価値観，リテラシー（理解力）を持ち，そうしたリスクを各々に受け止め評価する。しかも，リスク情報は不完全で不確実だから，それぞれの利害的立場や価値観を支持するリスクに関する科学的判断を見出すことは難しくない。さらに，開発者にしか知り得ない情報や住民の本音などといった私的情報が存在するため，相手はリスク情報を都合良く利用したり，都合の悪い情報を隠しているのではないかという憶測や不信が生まれる。ここにおいて，リスク認知の違いは，単なる相異を超えて，コミュニケーションの妨げとして作用することになる。

したがって，開発に関するリスクコミュニケーションは慎重に進める必要があり，これに関するガイドブックやマニュアルも数多く出版されている。例えば，環境省は，そのホームページ上に，リスクコミュニケーションの指針を掲載し，チェックシート等も作成している。その中で，説明の仕方として，相手の理解できない言葉や説明をしない，感情的にならない，隠し事をしない，あるいは，行動指針として，法を盾に取ったり，情報隠しをしない等の具体的なアドバイスを行なっている。

情報の不完全性や非対称性，さらに利害対立といった環境リスクの特性ゆえに，関係主体のある言動が，他者によって意図しない解釈を受け，その誤解がさらなる対立や不信を生むことがある。以降の節では，ある開発計画の開示をめぐる開発者の行動が，住民との対立と不信を生むプロセスを模式的に示し，それが共有知識という概念でどのように改善されるかについて検討する。

3 開発をめぐる対立と不信

3-1 開発者にとっての開発計画開示の意味

開発者が，ある開発を計画している。開発者は，開発に着手する前に住民に計画を開示して，住民の理解を得ることを検討している。彼らは，この計画は安全で住民に被害をもたらす危険性はほとんどないと確信している。しかし，計画を事前に開示したら，住民は硬直的な姿勢をとるかもしれないと心配している。すなわち，いかなる安全性の説明をしようとも，住民が計画に反対する姿勢を変えないということになれば，計画を事前に開示したことによって，計画自体の実行が危うくなりかねない。

一方，住民側は，自らを合理的で柔軟であると理解している。開発者の説明を聞けば，その計画が安全かどうかは間違いなく識別できるし，安全だと分かれば，冷静に開発を受け入れる用意がある。しかし，説明を受けない限り，その開発が安全かどうかは判断できない。開発者が住民の安全を考えているかどうかも完全には信用できない。

この場合，二者は別々のゲームをプレイしている。まず，開発者は，住民が不合理で，開発計画を開示した段階で無条件に計画実施に反対する可能性が ε ($1 \geq \varepsilon \geq 0$) 存在すると考えている。しかし，開発計画を開示する段階で住民が不合理か合理的であるかは識別できないので，ε を予想した上で，計画を開示する (OP) か，開示しない (CL) かを決めなければならない。このとき開発者が OP をとる確率は β ($1 \geq \beta \geq 0$) であるとする。

開発者が計画を事前に開示した (OP) 場合に，もし住民が不合理であれ

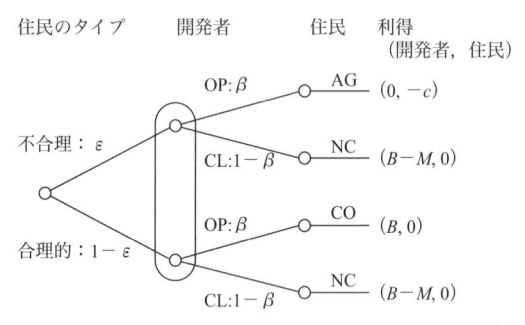

第Ⅱ部
非政府アクターと環境ガバナンスの構造変革

```
住民のタイプ      開発者     住民      利得
                                    (開発者，住民)
              OP:β        AG      (0, −c)
   不合理：ε
              CL:1−β      NC      (B−M, 0)

              OP:β        CO      (B, 0)
   合理的：1−ε
              CL:1−β      NC      (B−M, 0)
```

図 6-2　ゲーム 1：開発者が考える開発計画の開示の帰結

ば，住民はコスト $-c(<0)$ を払って計画に反対するだろう。そして計画は頓挫し，開発から得られる便益 B は得られず 0 となってしまう。一方，住民が合理的なら，住民は開発者の安全性の説明に納得し，計画実施に反対することはないであろう。その場合，開発者は開発から $B(>0)$ の便益を得るが，住民にはなんら損失はなく，以前と変わらない 0 のままである。

開発者が計画を開示しなかった (CL) 場合，開発者は開発を強行することが可能で，住民は消極的に開発を受け入れざるを得ない (NC)。しかし，この開発自体は住民になんの被害ももたらさないから，住民の利得はこの場合でも 0 である。ただし，情報を開示しなかったことに対する住民の心理的抵抗から，開発後の運営で住民の協力が得られにくいなど，開発の便益は $B-M>0$ ($M>0$) に減ると予想される。

このゲームは図 6-2 のように表される (ゲーム 1)。このとき，開発者は期待利得を最大とするように β を決定するものと考えると，ε の大きさに応じた開発者の最適反応 (best response) が得られる。すなわち，$\varepsilon<M/B$ ならば $\beta^*=1$ であり，$\varepsilon>M/B$ ならば $\beta^*=0$ である。$\varepsilon=M/B$ の場合，$0\leq\beta^*\leq1$ の任意であるが，今回の分析では特に問題とならないので，この場合は $\beta^*=1$ と考えよう。すなわち，開発者は，住民が不合理である確率 ε が一定割合 (M/B) 以下と考えた場合は開発計画を開示するが，そうでなければ計画を開示しようとしない。

3-2 住民にとっての開発計画開示の意味

一方,住民側は,計画が開示されればその時に,開示されなければ開発が始まった時点で,なぜ開発者は計画を開示したか,あるいはしなかったかを考えることになる。この時のゲームが図6-3(ゲーム2)である。住民は当初,この計画はα ($1 \geq \alpha \geq 0$)の確率で危険であると考えるが,実際に危険なのか安全なのかは識別できない。その一方で,開発者は開発の危険性または安全性を分かっていると知っている。

計画が開示された(OP)場合,もし開発が安全ならば,自分たちは開発の安全性を確認できるものと住民は考えている。その場合,住民には何の被害もコストも被らない(利得は0)ので,開発を受け入れる(CO)ことになり,開発者は利得Bを得るだろう。しかし,もし危険な場合に計画が開示されたならば,住民はその計画の危険性を識別できるので,住民は,開発による被害$-d$ (<0)より少ないコスト$-c$ ($-d<-c<0$)を支払って計画を中止させることができると考える。この場合,住民は対決姿勢(AG)をとるだろう。これによって開発者の利得は0となる。

しかし,計画が開示されなければ(CL),住民は開発が安全か危険かを識別できないばかりか,開発を消極的に受け入れざるを得ない(NC)。この場合,開発が安全なら何の被害もなく利得は0だが,もし開発が危険なら$-d$の被害を受けることになる。開発者は,開発を強行できるが,もし安全なら利得は$B-M$に目減りし,危険な場合には$B-M-D$となる。ただし,このうちの$-D$ (<0)は,開発による住民への被害を,開発者が自らの減益として評価した部分である。

このゲームにおいて,開発者は,開発が危険か安全かで,計画を開示する確率を変えるはずである。危険な場合に計画を開示する確率をβ_1 ($1 \geq \beta_1 \geq 0$),安全な場合に計画を開示する確率をβ_2 ($1 \geq \beta_2 \geq 0$)とすると,開発が危険な場合の開発者の最適反応は,$B-M-D>0$ならば$\beta_1^*=0$,$B-M-D<0$ならば$\beta_1^*=1$,$B-M-D=0$ならば$1 \geq \beta_1^* \geq 0$の任意の値である。ただし,$B-M-D \leq 0$の場合,開発者にとって開発の意義自体がなくなるので,これらの場合はいずれも$\beta_1^*=1$と考えることにする。一方,

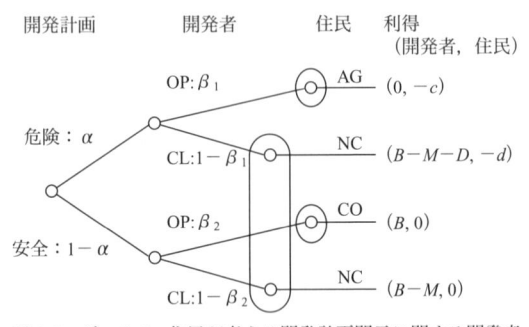

第Ⅱ部
非政府アクターと環境ガバナンスの構造変革

図6-3 ゲーム2：住民が考える開発計画開示に関する開発者の意志決定

開発が安全な場合の開発者の最適反応は$\beta_2^*=1$である。

すなわち，住民の推論は，開発者が住民の安全を高く評価しているならば，開発者は開発が安全か危険かに関わらず計画を開示するはずであるし，そうでなければ，安全な場合にのみ計画を開示し，危険な場合は計画を開示しないであろう，というものである。

ここで，開発者が情報を開示しない(CL)という選択を行ったとする。実際には，開発者は，ゲーム1において，住民の不合理を$\varepsilon>B/M$と評価したからなのだが，住民は，ゲーム2を想定しているので，開発者が開発優先的($B-M-D>0$)で危険を隠すためにこうした行動をとったと確信される結果となる。

3-3 不信の醸成と固定化

開発者は，情報を開示しなかったことで，利得は$B-M$に目減りはしたものの，正の利得を確保できることになった。ところがその後，開発に関して，住民からある不安が持ち上がり，開発者はその安全性を住民に説明しなければならなくなったとしよう。その不安は，リスクの判断に非常に専門的な知識が必要だったり，開発者の私的情報に由来するものだったりして，住民には安全性を判断できないものだったとする。住民は「安全である(SF)」または「安全ではない(DG)」という開発者の言葉だけを頼り

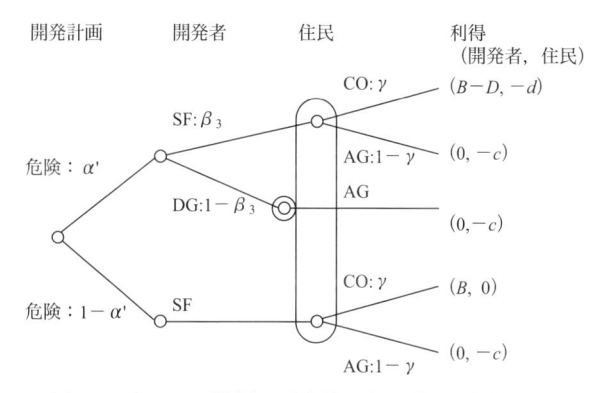

第 6 章
環境リスクコミュニケーションにおける共有知識の役割

```
開発計画      開発者      住民        利得
                                  (開発者, 住民)
                        CO:γ      (B−D, −d)
            SF:β₃
危険：α'                 AG:1−γ    (0, −c)
            DG:1−β₃  AG
                                  (0, −c)
                        CO:γ      (B, 0)
危険：1−α'   SF
                        AG:1−γ    (0, −c)
```

図 6-4　ゲーム 3：開発者の安全性の説明を住民は信頼するか否か

に，開発を受け入れる (CO) か否か (AG) を決めなければならない。

このとき，住民は次のように考えるだろう。安全な場合に開発者が危険と言うことは考えられないので，開発者が危険と言った場合 (DG)，危険であることに間違いはない。その場合，われわれははコスト $-c$ を支払ってでも開発を中止させなければならない。しかし，開発者が安全であると言った場合 (SF) には，本当に安全な場合と，危険な場合に開発者が偽って安全と言っている場合のふたとおりが考えられる，と。

かくして，開発者は「住民の不安は杞憂であり，なんら安全性に問題がない」と説明した (SF)。住民がこの言葉を信頼して開発の継続を認めた場合 (CO)，本当に安全ならばなんら問題はない (住民の利得は 0 のまま) が，危険な場合に，これを信じれば開発は進み d の被害を受けることになる。逆に，信用せずに開発の中止を求めた場合 (AG)，本当は危険だったとしたら，住民はコスト $-c$ で $-d$ の被害を食い止めたことになるが，実は安全だったとしたら，住民は必要のないコスト $-c$ を支払ったことになる。

同時に住民は，開発者の行動も予想する。開発者は，こうした住民の予想を見越して，危険な場合にも「安全である」と説明するかもしれない。危険なときに安全であると偽った場合 (SF)，住民は確率 γ ($1 \geq \gamma \geq 0$) でこれを信じ，$B−D$ の利得を得るが，確率 $1−\gamma$ で，住民の反対を受け，

開発を中止させられる（利得は0）と考えるだろう。この場合，危険な場合に開発者が偽りで安全と言う（SF）ことの最適反応は，$\gamma>0$ で $B-D>0$ ならば $\beta_3^*=1$，$B-D<0$ ならば $\beta_3^*=0$，である。また，$\gamma=0$ ならば β_3 は任意である。

このとき，住民の γ の最適反応は，$\beta_3=0$ ならば $\gamma^*=1$ となるが，$\beta_3=1$ であれば $c/d>\alpha$ とならない限り $\gamma^*=1$ とならない。しかし住民は，開発計画開示の際に開発者が $B-M-D>0$ と確信してしまった。したがって，$B-D>0$ であり，$\beta_3^*=1$ である。開発者は危険なときも必ず安全であると言うはずで，開発者の言葉は住民には信用できない。住民は，危険である確率が一定値 c/d より小さくない限り，開発者がなんと言おうと開発を阻止することになる。

しかし，住民のこの行動は，開発者が考えるゲーム1における不合理な行動を裏付けるものであるから，開発者は「住民は不合理である」という信念を強めてしまうことになり，ますます住民との対話や交渉を避けることになるだろう。

こうした不信と対立は，開発者と住民の知識と懸念がお互いの間で共有知識となっていないことから生じている。開発者は，自らの開発計画を安全だと知っているので，住民の「開発は危険かもしれない」という不安を認めようとしない。同時に，住民は，自らを合理的だと考えており，不合理な開発阻止活動に対する開発者の不安に配慮していない。

それでは，両者の知識と懸念が共有知識となった場合，両者の関係にどのような改善が見られるであろうか。また，より望ましい合意に至るために，共有知識はどういった寄与ができるであろうか。次節では，共有知識の概念と理論を簡単に紹介した上で，これらの検討を行なうことにしたい。

4 合意形成におけるリスクコミュニケーションの可能性

4-1 共有知識の理論

まず，ある個人が「知っている」ということを定義する。オーマンは，

第6章
環境リスクコミュニケーションにおける共有知識の役割

社会の構成員が「知っている」ということを，情報分割 (information partition) によって定義した (Aumann 1976)．

起こりうる状態 (possible world) の集合をΩ，その元をωで表す．ただし，Ωは有限で可算であるとする．社会の構成員$i \in I$は，実際にどの$\omega \in \Omega$が生じたのかを完全には識別できない．状態ωにおいて構成員iが識別できる最も詳しい状態の集合は$P_i(\omega)$である．したがって，起こりうる状態Ωは，$P_i(\omega)$を最小元に持つ集合$\mathscr{P}_i$で分割される．

ある事象 (event) が生じたときに起こる可能性のある (正の確率が与えられる) 状態ωの集合をEで表し，これを指して事象Eと呼ぶことにする．このとき，構成員iが事象Eを識別できる (知っている) のは，$P_i(\omega) \subset E$の場合である．もし，$P_i(\omega) \cap (\Omega \backslash E) \neq \phi$ならば，構成員$i$が識別できる最小の分割$P_i(\omega)$に$E$以外の事象を含むから，$i$は確かに$E$が生じたのかどうか識別できない (知らない) ことになる．

続いて，社会における共有知識を定義する．ある事象Eが社会構成員全員に知られている場合，Eは公共事象 (public event) と呼ばれる (Milgrom 1981)．ある事象Eが共有知識であるとは，Eが公共事象であるだけでは不十分で，そのことを全員が互いに知っており，さらにそのことを全員が互いに知っており，……という無限の連鎖が成り立たなければならない．

簡単な例をあげよう．ひとりの有名シェフがAとBの2つの店舗を経営し，日によってどちらかの店舗で料理を行なっている．あるカップルはこのシェフがお気に入りで，今日このシェフが料理している方の店で一緒に食事をしようと約束した．しかし，ある事情で連絡がとれなくなったので直接店に行かなければならない．二人は別々に調べて，「今日，シェフはA店舗で料理する」という情報を得た．二人はA店舗で出会うことができるであろうか？

たとえ男が「今日，シェフがA店舗で料理する」という情報を持っていたとしても，自分がこの情報を知っていることが女に伝わらなければ，彼女がたとえ同じ情報を持っていたとしても彼女は気を回してB店舗に向

かうかもしれないと考え，男はA店舗に向かうのをためらうかもしれない。さらに，もし男が情報を持ったことが女に伝わったとしても，男にはそのことが分からないし，それがわかったとしても，さらにそのことが女に分からなければ，「「「自分が情報を持っている」ことを彼女が知っている」と自分が知っている」とは彼女は知らないので，自分がA店舗に向かうと彼女が確信しているとは思われず，男は自信をもってA店舗には出向けない。女の立場からの推論も全く同様である。すなわち「今日，シェフがA店舗で料理する」という情報はこのカップルの公共事象ではあるが，共有知識ではない。

それでは，事象 E が共有知識であることを確認するために，この無限の連鎖を追いかけなければならないかといえば，そういうわけではない。全構成員の情報分割 $\mathscr{P}_i$ が確認できればよい。すなわち，情報分割の大小をどちらの情報分割が詳細かで定義し，$(\forall P_i(\cdot)\in \mathscr{P}_i)(\forall P'_i(\cdot)\in \mathscr{P}'_i)\ P_i(\cdot)\subset P'_i(\cdot)\Rightarrow \mathscr{P}_i\geq \mathscr{P}'_i$ とした場合の，推移性と反射性を満たす二項関係における最大下限

$$\mathscr{P}=\mathscr{P}_1\wedge...\wedge\mathscr{P}_I$$

の元 $P(\omega)$ に対して，$P(\omega)\subset E$ ならば，事象 E は状況 ω において共有知識であり，$P(\omega)\cap(\Omega\setminus E)\neq\phi$ であるとき，事象 E は ω において共有知識ではない（Aumann 1976）。

上の例であれば，ω_1：両者とも情報を持っている，ω_2：男だけ情報を持っている，ω_3：女だけ情報を持っている，ω_4：両者とも情報を持っていない，としたとき，男の情報分割は，$\mathscr{P}_1=\{\{\omega_1,\omega_2\},\{\omega_3,\omega_4\}\}$ であり，女の情報分割は，$\mathscr{P}_2=\{\{\omega_1,\omega_3\},\{\omega_2,\omega_4\}\}$ である。したがって，$\mathscr{P}=\mathscr{P}_1\wedge\mathscr{P}_2=\{\{\omega_1,\omega_2,\omega_3,\omega_4\}\}$ であり，$P(\omega_1)=\{\omega_1,\omega_2,\omega_3,\omega_4\}$ である。例えば，男が情報を持ったという事象 $E=\{\omega_1,\omega_2\}$ は，$P(\omega_1)\cap(\Omega\setminus E)=\{\omega_3,\omega_4\}\neq\phi$ であるから，事象 E は共有知識ではない。このカップルで ω_1 において共有知識となっているのは「二人とも情報をもっているかどうか分からない」といった事象にすぎない。

ミルグロムは，事象 E が共有知識であることの直感的な理解を定式化

するとすれば，すなわち，共有知識となっている事象を
$$K(E) = \{\omega \in \Omega | E \text{ は } \omega \text{ において共有知識}\}$$
なる関数を導入した上で，次の4つの性質で定義できるとした (Milgrom 1981)。

$$K(E) \subset E \tag{P1}$$
$$\forall \omega \in K(E), \forall i, P_i(\omega) \subset K(E) \tag{P2}$$
$$E \subset F \Rightarrow K(E) \subset K(F) \tag{P3}$$
$$\forall i, \forall \omega \in E, P(\omega) \subset E \Rightarrow K(E) \tag{P4}$$

つまり，(P1) 実際に生じた事象のみが共有知識でありうる。(P2) 事象 E が共有知識ならば構成員全員がそのことを知っている。(P3) 事象 E が共有知識ならば，E から導かれる論理的帰結も共有知識である。(P4) E が公共事象ならば，それが生じたとき E そのものが共有知識となる。そして，$K(E) = \{\omega | P(\omega) \subset E\}$ で表される (P1)-(P4) を満たす一意の関数が存在し，これは Aumann [1976] の定義と同値であることを証明した。

また，この定義を用いれば，ω における公共事象から出発し，それを構成員が知っていることを，構成員が知っていることを，……といった連鎖で求められる情報分割 (順帰納的共有情報分割) も，事象 E をすべての人が共通に認識できるという事象を，全ての人が共通に認識できる事象を，……といった連鎖で求められる情報分割 (逆帰納的共有情報分割) も $\mathscr{P}$ に一致することが証明できる (山崎 1995)。

事象 E の事後確率が共有知識であるということは，たとえ各構成員間で異なった情報分割 $\mathscr{P}_i$ を持っていたとしても，各構成員によって付される事後確率の値は同一であることを意味する。すなわち，(i) 社会の構成員 i と j が $\omega \in \Omega$ に共通の事前確率 $\mu(\omega) > 0$ を与えており，さらに，(ii) ω における事象 E の事後確率についての各構成員の信念 (belief) がそれぞれ $q_i(E) = \mu(E|P_i(\omega))$, $q_j(E) = \mu(E|P_j(\omega))$ であることが共有知識であるならば，$q_i(E) = q_j(E)$ である (Aumann 1976, 1987)。

しかし，開発をめぐる関係主体間の認識や行動を観察する限り，オーマンによるこの驚くべき命題は，現実とずいぶんかけ離れたもののように感

じられる。各主体は，お互いの言動を全く異なって解釈し，そのことが対立と不信を生んでいる。

オーマンの命題は，(1) 事前確率が共通でない場合，あるいは (2) 構成員の信念の形成が，理論で仮定されているものと異なる場合のいずれでも成り立たない。後者としては，情報分割が共有知識ではない場合や，信念の形成が合理的でない（ベイズ更新に従わない）場合などがある (Vanderschraaf and Sillari 2005, 3.1)。

4-2 開発をめぐる対立と不信の共有知識による理解

前節での開発をめぐる対立と不信を共有知識の文脈で理解してみよう。起こりうる状況Ωは，開発計画が危険である否か，開発者が開発優先主義 $(B-M-D>0)$ か否か，ならびに不合理な住民が一定割合より多くいる $(B/M<\varepsilon)$ か否かで8パターンに分けられる。ただし，もし開発者が住民優先主義 $(B-M-D\leq 0)$ ならば，住民に危険をもたらす開発自体をあきらめるはずであるから，この状況には正の確率を与えられない。したがって，これを排除した表6-1の6パターンが起こりうる状況である。

このとき，開発者の情報分割は $\mathscr{P}_1=\{\{\omega_1,\omega_4\},\{\omega_2,\omega_5\},\{\omega_3,\omega_6\}\}$，住民の情報分割は $\mathscr{P}_2=\{\{\omega_1,\omega_2,\omega_3\},\{\omega_4,\omega_5,\omega_6\}\}$ であるから，両者の情報分割の最大下限は，$\mathscr{P}=\{\{\omega_1,\cdots\cdots,\omega_6\}\}$ である。各状況における両者の最適反応は表6-2のとおりとなる。

まず，両者の情報分割が共有知識ではない場合を考えよう。状況は $\omega=\omega_6$ である。開発者が識別できるのは $P_1(\omega_6)=\{\omega_3,\omega_6\}$ である。一方，住民が識別できるのは，$P_2(\omega_6)=\{\omega_4,\omega_5,\omega_6\}$ である。

住民の合理性に自信が持てない開発者は，$\omega=\omega_3$ と見込んで情報開示をしない (CL) を選択したとしよう（ゲーム1）。しかし，$\Omega=P_2(\omega_6)$ であると思いこんでいる住民にとって開発者がCLをとるのは $\omega=\omega_4$ 以外に考えられないから，確率1で住民は，この開発計画は「危険」であり，開発者は開発優先主義 $(B-M-D>0)$ であると確信する（ゲーム2）。このため，その後，開発に関する新たな懸念が生じて，改めてこの「危険」の

第 6 章
環境リスクコミュニケーションにおける共有知識の役割

表 6-1　開発計画開示のゲームにおいて起こりうる状況

開発者＼住民		不合理 $B/M<\varepsilon$	合理的 $B/M\geq\varepsilon$
危険	$B-M-D>0$	ω_1	ω_4
安全	$B-M-D>0$	ω_2	ω_5
	$B-M-D\leq 0$	ω_3	ω_6

表 6-2　各状況における開発者と住民の最適反応

開発者＼住民		不合理 $B/M<\varepsilon$	合理的 $B/M\geq\varepsilon$
危険	$B-M-D>0$	(CL, NC)	(CL, NC)
安全	$B-M-D>0$	(CL, NC)	(OP, CO)
	$B-M-D\leq 0$	(CL, NC)	(OP, CO)

可能性を検討することになったとしても，開発者の開発優先主義は変更されていないはずであるから，住民にとって $B-D>0$ であり，たとえ危険であっても開発者側はその計画は安全であると説明すると確信する。したがって，開発者側がいくら安全性を説明しても住民はこれを信用せず，一定以上の確率で対決姿勢 (AG) をとるはずである（ゲーム 3）。この場合，開発者は，住民が不合理であることを確信し，情報開示を避ける (CL) ことになる。すなわち，開発者側の信念は $\omega=\omega_3$，住民の信念は $\omega=\omega_4$ となり，両者は一致せず，更新もされない。開発者は住民の不合理性を責め，住民は開発の危険性と開発者の開発優先主義を責め，お互いの溝は埋まることはない。

同じ状況で，開発者が情報を開示 (OP) したらどうであろうか。この場合，住民の情報分割は $P_2(\omega_6)=\{\omega_5, \omega_6\}$ に更新される。また，開発者も情報を開示すれば住民が理解してくれること (CO) を確認できるので，開発者の情報分割も $P_1(\omega_6)=\{\omega_6\}$ に更新される。この場合，開発者が情報開示を続ける限り，両者の信念は一致はしないが，対立は生じない。

ただし，住民は開発者が住民優先主義であることを確信していないから，新たな不安が住民から出された場合に，開発者は，その不安を打ち消

145

す説明をしても，住民に信用してもらえない可能性が残る。しかも，そのことを開発者は理解していない ($\omega=\omega_6$ と思い込んでいる) から，開発者はその際に，不用意な言動で，住民の誤解や反発を受けるかも知れない。

一方，情報分割が共有知識である場合，開発者が情報を開示しなかった (CL) とする。この場合，住民は計画が危険である可能性と，安全だが開発者が住民の不合理をおそれている可能性の両方を否定できないので，住民の情報分割は更新されない。同時に，開発者の CL という選択に対して，住民は消極的に受け入れる (NC) しかないので，結局，住民が合理的なのか不合理なのかを，開発者に顕示しない。

したがって，依然として「$\{\omega_1,\cdots\cdots,\omega_6\}$ のどの状況なのかわからない」が共有知識である。ただし，互いの姿勢や合理性をめぐる不信や対立も生じない。

また，開発者が情報を開示した (OP) 場合，住民の ω_6 を含む情報分割は $P_2(\omega_6)=\{\omega_5,\omega_6\}$ に更新される。さらに，OP に対して住民から反対が起こらなかった (CO) ことで，開発者の情報分割は $P_1(\omega_6)=\{\omega_6\}$ であるから，$P(\omega_6)=\{\omega_5,\omega_6\}$ に更新されたことになる。つまり，「開発は安全で住民は合理的である」ことが共有知識となる。この場合，開発者が住民優先主義だと信用してもらえたわけではないことは，情報分割が共有知識でない場合と同じである。だが，自らに対する住民の不信を開発者が知っているという点で，別の懸念が生じたときの言動において，開発者は誤解や反発を受ける危険性を減らすことができる。

すなわち，情報分割が共有知識である場合，そうでない場合と比較して，より望ましい合意形成に至ることを保証するものではないが，少なくとも無用な不信や対立を避けることができる。

4-3　共有知識の形成

それでは情報分割を共有知識とするにはどのようにすればよいか。本章であげた開発計画開示の例では，まず開発者は，住民の不合理に対する不安を，住民に知ってもらうことである。そして住民は，開発の危険性と開

発者の姿勢への疑念を，開発者に知ってもらうことである。これは容易にできることのように感じるが，意外とそうではない。お互いが自らの懸念や認識を伝えるだけでは不十分で，お互いがそのことを知ったことをお互いが確認する必要がある。

それは一方向の文書のやりとりではできない。例えば，先にあげた食事の約束をしたカップルの例で，男が電子メールで自分が情報を得たことを女に伝えたとしよう。その場合でも，情報が共有知識となるためには，確かに女がその電子メールを読んだことを男が知ったことを女が知ったことを，……という無限のやりとりが求められる。他方，ミルグロムの (P1) の条件を緩め，情報分割を確率的に捉えれば，有限回での電子メールのやりとりで共有知識が形成される可能性もある (Monderer and Samet 1989)。しかし，少なくとも一回の情報伝達ではそれは望みようもない。

お互いが顔を見合わせて対話することは，こうした問題を克服する最良の方法かもしれない。ただしそれも，お互いが自らの情報分割について正直に申告し，お互いのリテラシーが共有知識として成立していることが条件となる。リスクコミュニケーションにおいては，日常からのコミュニケーションが必要であることはすでに常識となった感があるが，そこでこうした共有知識が形成されていれば，新たな問題が生じたときの共有知識の形成は容易となるだろう。

共有知識の形成を容易にするもう一つの方法は，各構成員の情報分割を詳細にすることである。本章の開発計画開示の例で，開発が危険でないことを住民がはじめから知っていることが共有知識であったらどうであろうか。この開発に関する合意は著しく容易に達成されるであろう。

各人の情報分割を詳細にする方法としては具体的に様々なものが考えられるが，ある共有知識に達するプロセスとしていくつかのパズルが紹介されている (Genakoplos 1994)。それらのパズルで知りうることは，①自分の立場を相手に伝える，②第三者に全員の前で公共事象を公表してもらう，③関係主体間で自分の情報分割を教えあう，④相手の立場になって行動してみる，といったことが有効だということである。それぞれは普遍的に成

り立つというものではなく，問題の設定や前提条件に強く依存するものであるが，これらはリスクコミュニケーションにおいて経験的に望ましいとされてきた方法と重なる。

特に，②の一種として，環境リスクに関するファクトシートや PRTR (Pollutant Release and Transfer Register：化学物質排出移動量届出制度) の充実が考えられる[1]。開発をめぐる不信や対立は，環境リスクをめぐる関係主体間の情報の差異に基づくものであるから，これが緩和されれば，関係主体間の共有知識の形成は容易になる。

ただし，そのファクトシートや PRTR 自体が共有知識となっていることが肝要である。すなわち，環境省や厚労省の「お墨付き」では不十分で，あるファクトシートが主要な専門家の目に触れ，もし誤りがあれば速やかに訂正され，そして，もし専門家によって見解が分かれればそのことが明記されなければならない。しかも，そうした仕組みが保証されていることが社会全体で共有知識になっていなければならない。

5 むすび

本章では，地域住民に一方的な環境リスクの不安をもたらす開発を題材として，開発側と住民との不信や対立の醸成とその解決方法を検討した。こうした開発は，住民になんの相談もなく，突如として工事が始まるケースが多く，その場合には，住民側から激しい反対運動が起こり，お互いが消耗するまで対立が続くことがある。その解決策は，開発者が開発の安全性を住民に説明することであるが，どんなに説明や対話を行なっても，環境リスク情報の不完全性や，リスク情報認知や価値評価の特殊性と多様性によって，リスクコミュニケーションは不全に陥る危険性がある。

特に，相手の不安や認識を理解しない対話や行動は，関係主体間に不信や対立を生み，さらにそれを固定化させてしまうおそれがある。この危険

---

[1] 現行の化学物質ファクトシートや PRTR 制度に関しては環境省ホームページを参照 (http://www.env.go.jp/chemi/communication/)。

性は，お互いの不安や認識（情報分割）が関係主体間で共有知識になっていないことに由来する。これが共有知識となることで，こうした対立や不信は解消する。

関係主体の情報分割が共有知識となるためには，お互いが自らの不安や認識をお互いに伝えるだけでは不十分で，そのことが理解されたことを相互に確認しあう必要がある。それには，日常からの対話や言動の観察を通じてお互いの姿勢やリテラシーを把握した上での対面形式のコミュニケーションが有効で，ファクトシートや PRTR といった環境リスク情報を共有知識とすることもその助けとなる。

環境リスクコミュニケーションとして，関係主体間相互の情報交換が必要であり，その具体的な方法や注意すべき言動に関しては，多くのマニュアルやガイドブックが指摘することである。本章では，こうした経験則とは別に，共有知識の理論を用いて，環境リスクコミュニケーションの原理を検討したつもりである。

本章を結ぶにあたって，あらためて環境リスクコミュニケーションを定義しておきたい。すなわち，環境リスクコミュニケーションとは，環境リスクの関係主体が，自らの認識と懸念を関係主体に伝え，それを相互に確認することであり，その目的は，関係主体の情報分割を共有知識とし，合理的な合意形成を達成するための前提条件を確保することである。

こうしたコミュニケーションによって，開発をめぐる不信や対立を解消することができる。ただし，それによって達成される合意がより望ましいものになることまでは保証しない。それ以上の改善は，交渉や制度といった他の手段に頼らなければならない。

文献

市原野ごみ裁判をすすめる会［2002］「市原野ごみ焼却場建設差止裁判報告」
　　http://www5.ocn.ne.jp/~mtsuhara/seimei-topics.html
武部隆［2006］『消費者の食品安全に関する需要分析平成 17 年度中間報告書』京都大学地球環境学堂資源利用評価論分野．
山崎昭［1995］「情報社会と市場の経済モデル」『経済学研究』（一橋大学研究年報）vol.36, pp.103-155．

第II部
非政府アクターと環境ガバナンスの構造変革

Aumann, R. [1976] "Agreeing to Disagree," *Annals of Statistics* vol.4, 1236-1239.
Aumann, R. [1987] "Correlated Equilibrium as an Expression of Bayesian Rationality," *Econometrica* vol.55, pp.1-18.
Aumann, R. [1995] "Backward Induction and Common Knowledge of Rationality," *Games and Economic Behavior* vol.8, pp.6-19.
Geanakoplos, J. [1994] "Common Knowledge," R. Aumann and S. Hart (ed.), *Handbook of Game Theory*, Vol.2, Elsevier Science B.V., pp.1438-1496.
Milgrom, P. [1981] "An Axiomatic Characterization of Common Knowledge," *Econometrica*, vol.49, pp.219-222.
Monderer, D. and D. Samet [1989] "Approximating Common Knowledge with Common Beliefs," *Games and Economic Behavior*, vol.1, pp.170-190.
National Research Council 編（林裕造・関沢純　監訳）[1997]『リスクコミュニケーション ── 前進への提言』科学工業日報社。
Rosenthal, R. [1981] "Games of Perfect Information, Predatory Pricing, and the Chain Store Paradox," *Journal of Economic Theory*, vol.25, pp.92-100.
Vanderschraaf, P. and G. Sillari [2005] "Common Knowledge," E. Zalta (ed.), *The Stanford Encyclopedia of Philosophy*, Stanford: The Metaphysics Research Lab at the Center for the Study of Language and Information, http://plato.stanford.edu/entries/common-knowledge/

第III部
ガバナンスから流域管理を考える

賀茂川と高野川の合流地点
京都市にて撮影（撮影者：大野智彦）

第7章
流域連携とコースの自発的交渉[1]

浅野　耕太

1 はじめに

　水は高きところより低きところへと流れる。上流の集水域で集められた水は下流の流況を定める。これ以外にも，上流から下流へ，一方的な影響が見られることがある。地下水が上流で涵養され，下流においてその伏流水が地域の名産となる清酒やビールの仕込み水や水道の原水として使われていることなどはその例である。流域内で上流が下流へ影響を与え，少なくとも下流はそれのみを自律的なものとして切り離して考えられないことは，流域全体を一つとしてとらえる見方を与えてくれる。

　一方，戦後一貫して上流域から下流域へヒト，モノ，カネが移っていくという現象がつづいている。とりわけその傾向は近年ますます強まっている。その結果，上流地域では本来豊富であった自然資本も含めて，活用されないことが理由で資源が劣化・枯渇し，下流地域では人工資本を中心に資源が余り・溢れるというアンバランスな様相をみせている。同時に，上流の資源の劣化は，水を媒介にして，下流に影響を及ぼし始めている。下流域での渇水や水害の頻発はそういった背景のもとで起こっている。このような状況において，流域全体で足りないものを余るもので補うという発

---
[1] 本章は浅野［2006］を加筆修正したものである。

想は自然である。それが日本の各地で同時多発的に流域連携の考えを生むことになった。

　思考実験の結果として自然に出てくるこの流域連携。しかし，掛け声ばかりで，現実にはあまり活発に行なわれていないように見えることは理論的に興味深いことである。相利的連携の可能性が示唆されているのに，それが現実のものとならないことはひとつの謎である。この現象をコースの議論のSchweizer［1988］による解釈を導きの糸として分析しようとするのが本章の目的である。シュヴァイツァーは非協力ゲームの枠組みで自発的交渉のプロセスを記述し，取引費用を一種の与件や単純化の手段としてではなく，モデルの一つの構成要素として扱い，その果たす役割を明確にしている。本章では，これを流域の外部経済モデルとして具体化し，図示することで，その意味を一層わかりやすくするとともに，連携の可能性を明らかにする。そして，実際に流域連携をすすめるためには水に関わる環境ガバナンスとして今後何に留意する必要があるかをそこから導き出すことにしたい。

　本章の構成は次の通りである。第2節では，上流と下流に分けられる流域の外部経済モデルを構築し，その経済における交渉開始前の配分を超短期の状況として記述するとともに，そこで本来最適となる配分を示す。第3節では，このモデルにシュヴァイツァーの自発的交渉を導入し，最適解への誘導を描いた上で，取引費用や不完備情報を考慮し，その影響を明らかにする。第4節では，流域連携の実現を妨げる障害を明らかにし，水に関わる環境ガバナンスの課題を示す。

2　流域の外部経済モデル

　現実には流域内の上流と下流の結びつきは極めて多様である。しかし，本章では議論の本質を浮かび上がらせるため，多様性にはあまり立ち入らず，極めて単純化された道具立てで流域を骨太にとらえることにする。

　流域は河川の地理的配置により上流と下流に明確に分けられ，上流下流

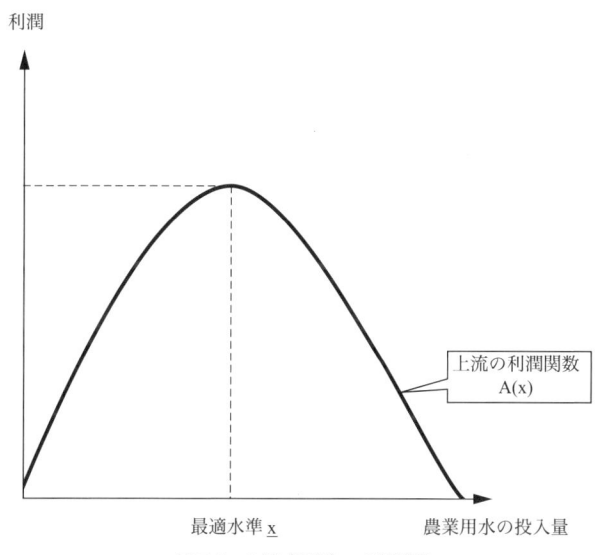

第 7 章
流域連携とコースの自発的交渉

図 7-1　上流（農業）の利潤関数

とも独自の産業を営んでいるものとする。これは国際貿易における特殊生産要素モデルを真似るものであり，意思決定の対象は上流下流とも異なる生産要素の投入水準とする。利潤はこの生産要素の投入水準の関数となるが，くわえて下流は上流の投入水準によっても影響を受けるものとする。これは上流の生産活動が下流に外部性を及ぼすことの一表現である。この外部性は上流から下流への一方向のものである。またそれは正の外部性とする。また，下流は自己の投入水準も外部性に正の影響を与えるものとする。自己の生産を増やすほど外部経済効果の恩恵をより享受できるものとするのである。このような状況は，上流の農業が多面的機能のひとつである地下水涵養機能を発揮させている状況で起こっている。土中に浸透した農業用水が地下水を涵養し，下流で製造業がその地下水を工業用水として活用しているような場合がそのような例にあたる。下流の例としてはビールや清涼飲料水を製造する企業を考えるとイメージしやすい。

　農業の生産要素である農業用水の投入水準と利潤の関係を図示したものが図 7-1 である。図のような単峰性を仮定する。すなわち，上流に位置

第III部
ガバナンスから流域管理を考える

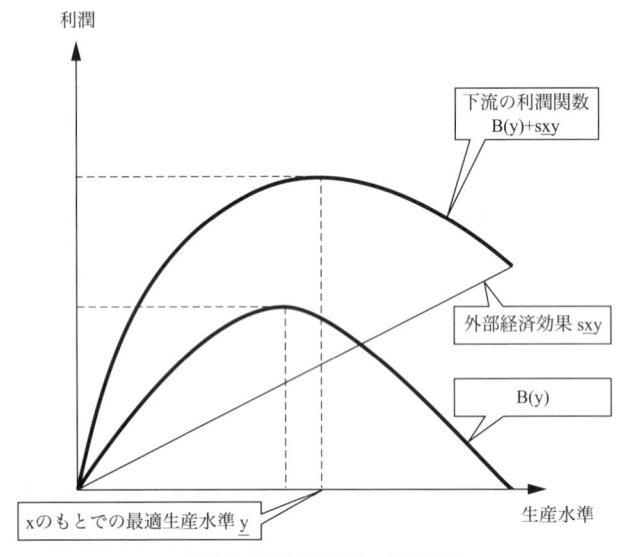

図中ラベル:
- 利潤
- 下流の利潤関数 $B(y)+sxy$
- 外部経済効果 sxy
- $B(y)$
- x のもとでの最適生産水準 y
- 生産水準

図7-2　下流(製造業)の利潤関数

する農家の所与の経営資源のもとで,最適な農業用水の投入量が存在する。

一方,下流の利潤関数は少し複雑である。外部性に関しては,上記の条件を満たす,もっとも単純な形を考える。ここで外部性は上流の生産水準と下流の生産水準の双方に比例的であるとする。また,簡単化のために,どちらかの生産が行なわれない場合,外部性は発生しないものとする。いま上流の生産水準を一定にとどめ,下流の生産水準と利潤の関係を図示したものが図7-2である。生産水準は,製造業の生産要素,ここでは労働の投入量によって決まる。ここでは,外部性がない場合の製造業の利潤関数には,上流同様に,単峰性を仮定している。

このような状態で超短期の状況を考え,その経済における配分とその最適状態,そして取引費用が無視できる状況で交渉の結果至るであろう配分を示す。上流は下流の意思決定の影響を受けないので,独立に意思決定を行なうはずである。この時,利潤が最大化される点で農業用水の投入量 x が決まる。下流は上流の影響を受けるが,農業用水の投入量を下流はまったく制御することができないので,上流が決めた農業用水の投入量のもと

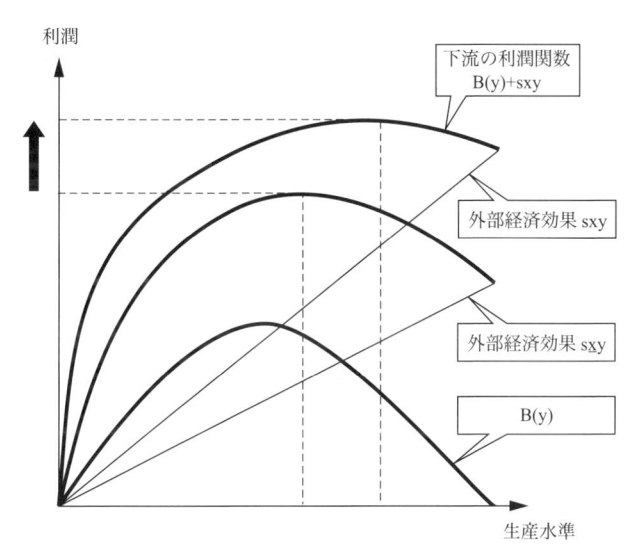

第 7 章
流域連携とコースの自発的交渉

図 7-3 農業用水の利用が増えた場合の ($\underline{x} < x$),下流の製造業の利潤関数

で,利潤を最大化するように行動する。その結果,図 7-1 と図 7-2 で示された生産水準 ($\underline{x}$, $\underline{y}$) が流域で実現する。このような状況がナッシュ均衡となっていることはいうまでもない。

さてこのような状態は最適であろうか。そうでないことは,次のような思考実験からわかる。上流で農業用水の利用が活発化すれば,それが下流で外部経済をもたらす。そこで,何らかの理由でいまよりももっと農業用水を活用するような農法を上流で導入したとする。そのときの下流の状況が図 7-3 に示されている。ここで,農法の変化にあわせて製造業が利潤を最大化するように労働投入を変更すると,利潤は増える。もしこの利潤の増加が農法の変更よりもたらされる上流の利潤の減少を償うことができれば,それがなされた状態は前の状態よりパレートの意味で改善されていることになる。すなわち元の状態は最適ではなかったことになる。そして,さらに思考実験をすすめ,改善の行き着いた先の最適な配分は,このような当事者間の自発的交渉によって実現されうるのではなかろうか。これがコースの議論である。

ガバナンスから流域管理を考える

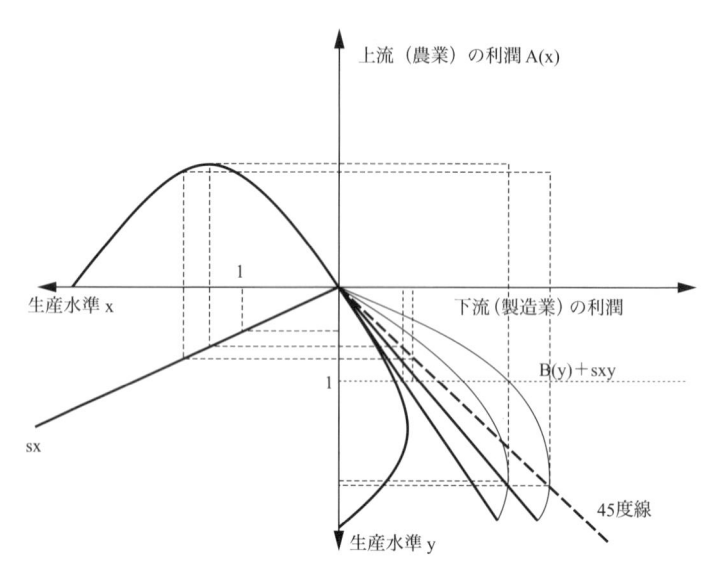

図7-4　上流と下流の最大利潤の組合せの導出

　農業用水の投入量が変わるにつれて，上流と下流で達成可能な利潤の組み合わせが変化する。この上流と下流の利潤の組合せを知るためには図7-1と図7-2を連動させる必要がある。それを試みたのが，図7-4である。図7-1を第2象限，図7-2を第4象限に，第3象限に傾きsの原点を通る直線をそれぞれ描いてある。これを活用することで，第1象限に上流と下流で得られる利潤の組合せを図示することができる。上流の生産水準をまず決め，点線に沿って下方に進むことで，第3象限において外部経済効果を表す直線の傾きが得られ，第4象限においてこの傾きは労働の投入水準が1のときの外部経済効果の水準に移され，ここを通過する直線のもと，下流の生産水準に応じた外部経済効果の大きさが決まり，それと外部性のないときの利潤関数を水平（横軸方向）に加えることで，下流の利潤関数が導出される。

　この利潤関数のもとで，製造業の最適労働投入量と利潤が決まる。これとはじめの農業用水の投入量のもとでの利潤を対応させることで，上流と下流で得られる利潤の組合せが得られる。ここでは二つの農業用水の投入

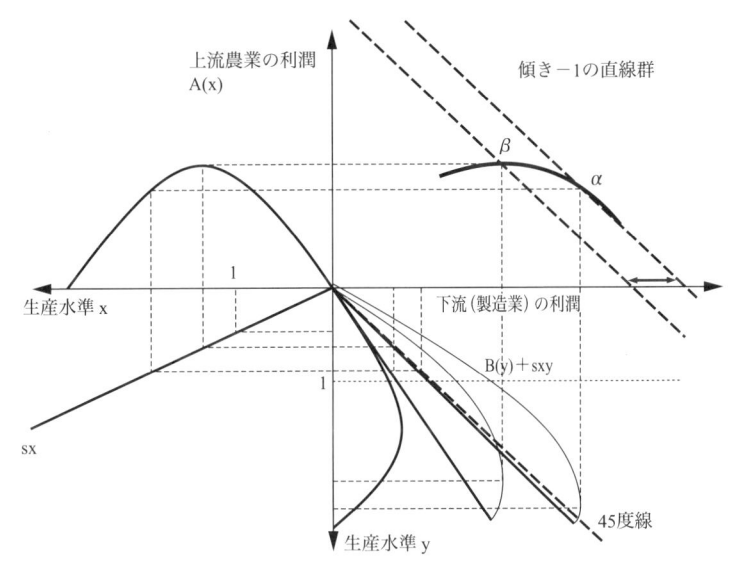

図7-5 上流と下流の最適状態

量を元に作図してみた。

次に，上流と下流の利潤の組合せをすべて描いたものが，図7-5の第1象限の曲線である。流域での総利潤がもっと大きくなっているのは，この曲線と傾き−1の直線の接点αである。このとき，超短期の状況βと比べて，上流の利潤は減少し，下流の利潤は増加しているが，矢印の分だけ総利潤は増加している。すなわち，利潤が減少する上流を償ってもその分だけ余るわけである。この状態が最適の状態である。取引費用がない場合，コースの議論では自発的交渉の帰結としてこの状態が実現すると予想されている[2]。

3 コースの自発的交渉

例示を中心としたコースの議論は複数の解釈を生み出すものであった。

---

[2] パレート最適への誘導は，状況を無限繰り返しゲームに変更することによっても実現できる可能性がある。これは無限繰り返しゲームにおけるフォーク定理の応用である。

第III部
ガバナンスから流域管理を考える

実際の自発的交渉の形にひとつの厳密な定式化を与えたのがシュヴァイツァーである。シュヴァイツァーによって定式化されたコースの自発的交渉は次の通りである。まずは完備情報かつ取引費用がかからない状況を考える。図7-1と図7-2は主体の共有知識となる。

シュヴァイツァーは自発的交渉を次の3段階の非協力ゲームとして定式化した。まず、下流は上流に対して一定額の協力金とひきかえに農業用水の投入量をある水準まで増やす農法の変更を提案するかどうかを決める。次に、上流はこの提案を受け入れるかどうかを決め、農業用水の投入量を決定する。最終的に下流は上流の決定を受けて、自己の労働投入量を決定する。

非協力ゲームの枠組みで、このゲームの均衡を考えてみる。このゲームには部分ゲーム完全ナッシュ均衡が存在する。3段階目から後ろ向きに考える。下流の労働投入量は上流の農業用水の投入量（と協力金の額）を所与として利潤を最大化するように決められる。次に、上流は提案が好ましいものなら、提案を受諾し、そうでなければ拒絶する。受諾すると農業用水の投入量をある水準まで増やす必要があり、一方拒絶すると農業用水の投入量は図7-5のβの水準となる。いま議論を単純にするために上流は提案に対して無差別なら、受諾するものとする。するとβの水準からある水準まで農業用水の投入量を増やすことによって減少する利潤以上の協力金を上流に提示すれば、上流は下流の提案を受諾するはずである。ここで、下流にしてみればそれ以上協力金を増やす理由はないので、協力金はちょうどその額に決まる。その結果、下流はβの水準からある水準まで農業用水の投入量を増やすことによって減少する上流の利潤を協力金として、ある水準の農業用水を投入する農法を上流に提案すればよいことになる。さて農業用水の投入水準はどこに決めるべきであろうか。下流が提案を行なっているので、下流の協力金を差し引いた利潤が最大化されるαの時の農業用水の水準を提案すればよい。最後に、下流は提案を行なうかどうかを決めるのであるが、提案によって利潤が増えなければ意味がないので、農業用水の投入水準をβから提案した水準に変更したおかげで増加する利潤

が協力金をまかなえるときに提案を行なうはずである。図7-5において，矢印の部分が存在すればこの条件は満たされる。そのとき，下流は提案を行ない，上流はその提案を受諾し，最適なαの状態が実現することになる。このとき上流の利潤はβの時に実現する利潤であり，下流の利潤はβの時の利潤に矢印の分を足した水準に決まる。増えた総利潤はすべて下流がとることになるが，これは交渉力が下流にゆだねられた結果である。それぞれがこのような戦略をとると，どの部分ゲームを考えても，逸脱するインセンティブが存在しないので，これが部分ゲーム完全ナッシュ均衡となっている。

　つぎに交渉をまとめるために取引費用がかかる場合を考えてみる。先の推論で変更されるのは，下流の利得である。交渉には取引費用がかかるので，下流の利潤はβの時の利潤に図7-5の矢印の分を加えたものからかかった取引費用を引いた水準となる。取引費用は上流に負担させることはできない。協力金が減ると上流は提案を受諾しないからである。この状況では，二つの可能性が生じる。図7-5の矢印で示される額と取引費用の大小で，下流の提案がなされない可能性がある。すなわち，もし取引費用がその額よりも大きいと提案はなされない。一方，取引費用がその額より小さければ提案はなされ，自発的交渉が成立する。しかし，この状況では主体の意思決定はαを選ぶという意味で最適となっているが，取引費用の分，資源が使われているので，最適とはいえず，次善のものとなっている。しかし，それでも交渉がない状態より改善されており，実行可能な配分では最も望ましいといえる。

　ここまで，完備情報を仮定してきた。もし，図7-1や図7-2が私的情報であったらどうなるであろうか。これについては驚くべき結果が知られている。下流の利潤関数が私的情報であっても，自発的交渉は効率性を改善し，取引費用がかからなければ，効率的な結果をもたらす。このことは，直感的には，提案を行なう下流にとって必要な情報はすべて知られており，上流は自己の利得のみに基づいて諾否を決めればよく，下流がどのような利潤関数を持っているかは知る必要がないということから納得できる。

一方，上流の利得関数が私的情報であれば，自発的な交渉が効率的な結果をもたらさないという数値例がシュヴァイツアーによって示されている。この場合は提案内容を決めるために必要な情報が下流にはないことから理解可能である。

逆に交渉力が上流にゆだねられたらどうなるのであろうか[3]。まず，上流は下流に対して一定額の協力金を求めることとひきかえに農業用水の投入量をある水準まで増やすという農法の変更を提案するかどうかを決める。下流はこの提案を受け入れるかどうかを決める。そのもとで農業用水の投入量が決まり，最終的に下流は自己の労働投入量を決定する。

このゲームにも部分ゲーム完全ナッシュ均衡が存在する。先と同様に後ろ向きに推論していく。下流の労働投入量は上流の農業用水の投入量（と協力金の額）を所与として利潤を最大化するように決められる。次に，下流は提案が好ましいものなら，提案を受諾し，そうでなければ拒絶する。下流は受諾すると協力金が必要となり，一方拒絶すると協力金はいらないものの利潤は図 7-5 の β の水準となる。先と同様に，下流は提案に対して無差別なら，受諾するものとする。ここで β の水準からある水準まで農業用水の投入量を増やしてもらうために，農業用水の投入量の増加によって増えた利潤の範囲内で協力金を要求されるのであれば，下流は上流の提案を受諾するはずである。ここで，上流にしてみればそれ以上協力金を減らす理由はないので，協力金はちょうどその額に決まる。その結果，上流は β の水準からある水準まで農業用水の投入量を増やすことによって増加する下流の利潤の額を協力金として，ある水準の農業用水を投入する農法を行なうことを下流に提案する。さて農業用水の投入水準はどこに決めるべきであろうか。ここでは上流が提案を行なっているので，下流の負担金を加えた利潤が最大化される α の時の農業用水の投入水準を選べばよい。最後に，上流は提案を行なうかどうかを決めるのであるが，提案によって利潤が増えなければ意味がないので，農業用水の投入水準を β から提案した

---

[3] このような自発的交渉は，既に Varian [1995] によって指摘されている。

水準に変更したせいで減少する利潤が協力金によってまかなえるときに提案を行なうはずである。図7-5において，矢印の部分が存在すればこの条件が満たされる。そのとき，上流は提案を行ない，下流はその提案を受諾し，最適な α の状態が実現することになる。このとき下流の利潤は β の時に実現する利潤であり，上流の利潤は β の時の利潤に矢印の分を足した水準に決まる。これは交渉力が上流にゆだねられた結果である。

ここで交渉力の分配のいかんにかかわらず，効率的な配分が達成されていることに注目していただきたい。これが通常コースの定理と呼ばれる結果である。

ここでも取引費用をモデルに入れることによって，二つの状況が考えられる。しかし，これは下流からの提案の場合と類似しているのでここでは繰り返さない。不完備情報はどうなるであろうか。容易に予想できるように，上流の利潤関数は私的情報になってもかまわないが，下流の利潤関数はそうはいかない。

4 流域連携を妨げるもの

これまでの考察で，流域連携の阻害要因は明らかになった。これは水の環境ガバナンスを考える上で重要な留意事項であろう。二つある。取引費用と私的情報である。

実際の社会で，取引費用がまったくないような状況を想像することは難しい。しかし，上流と下流が異なる行政単位に分かれている場合，その間の連携のための取引費用は極めて高くなろうことが予想される。しかし，流域が都道府県などの上位の行政単位に含まれる場合，上位の行政機関による取引費用削減の働きは大いに期待される。流域が広域にまたがる場合，その調整は極めて困難である。その際には国の役割が出てくるのかもしれない。また，同一行政単位内でも，本章のように産業を異にする者同士の連携は難しい。縦割り行政の弊害がそれに拍車をかけることは避けられなければならない。取引費用の削減にはやはり経験の蓄積が急務である。流

域連携のモデル的な取り組みを重ね，その経験を他地域で活用可能な形で整理し，発信することが必要である。

　私的情報については，交渉力の分配に応じて，必要となる情報が異なることが示された。上流と下流の意思決定の条件を相互に理解する必要が流域連携をすすめる上で重要である。その意味で，予算規模としては小さいが，山の現状を知らせるためにその税収を使っている高知県の森林環境税は極めて重要な意味を持ちうるといえるのかもしれない。本章の冒頭で述べたように，本来流域は一つと見なすべき側面を色濃く持っている。地域をよく知ることは一つの地域の環境管理を行なうために活用可能な社会関係資本を蓄積することにつながる[4]。また，外部性は多くの場合，各主体にとって重要であるが市場で捉えられない働きである。それ故，その把握は科学としても不完全な段階にとどまっている。それは主体の評価やその周知を一層難しくしている側面がある。外部性をできるだけ明確にとらえることは極めて重要な仕事であり，公的な仕事であろう。公的試験研究機関での調査研究が求められるゆえんである。

　最後にコースの議論の成立を阻害するもので，本章で取り上げなかったものとして，多数主体間の交渉力の分配の問題がある。主体の数が増えると通常は競争がより効果的になると予想されるが，主体間の規模にあまりにも違いがあり，一部の主体が一定の独占力を行使できると，Maskin [1994] が論じるようにコースの議論は成り立たなくなる可能性がある。公的機関による交渉のお膳立てや監視は取引費用を削減するのみならず，公平な分配の点からも期待される。

　本章の理論的考察からいくつかの水における環境ガバナンスの課題がうかびあがった。それを具体的に地域においてどのように解決するかはそれぞれの事情に規定されようが，大きなバラエティがありうる。そのさらなる考察は別稿に譲りたい。

---

[4] このような観点から高知県の森林環境税の意義をとらえた論文として松下・浅野・飯國 [2004] がある。

文献

浅野耕太 [2007]「流域連携とコースの自発的交渉」『環境科学会誌』vol.19, pp.565-571。
松下京平・浅野耕太・飯國芳明 [2004]「社会関係資本への投資としての地方環境税：高知県森林環境税の現状と課題」『環境情報科学論文集』vol.18, pp.189-194.
Maskin, E. [1994] "The Invisible Hand and Externalities," *American Economic Review*, vol.84 (2), Papers and Proceedings, pp.333-337.
Schweizer, U. [1988] "Externalities and the Coase Theorem: Hypothesis or Result?" *Journal of Institutional and Theoretical Economics*, vol.144, pp.245-266.
Varian, H. [1995] "Coase, Competition, and Compensation," *Japan and the World Economy*, vol.7 (1), pp.13-27.

第8章
流域ガバナンスを支える社会関係資本への投資

大野　智彦

1 はじめに

　1997年の河川法の改正に象徴されるように，日本の流域のガバナンスは，現在大きな転換期を迎えている。河川の流域は物質循環や生態系の観点からは一体的な管理が行なわれることが望ましいが，流域管理のもつ科学的不確実性，地域固有性，空間的階層性といった特徴がその実現を困難なものにしている。例えば流域は巨大で複雑なシステムであり，その挙動を正確に把握した上で管理目標を立て，それに従った管理を行なっていくことは極めて困難である。また，地域固有性が高いために，すべての流域で一律に管理目標やその目標を実現するための手法を定めることも困難である。さらに，全体流域の中にいくつもの支流域が含まれるといった具合に空間的な階層性を有しているため，各層ごとで流域管理の課題に対する認識が異なり，統一的な管理を行なうことが困難となる（谷内2005；脇田2005）。

　こういった流域管理のもつ特徴に対処するためには，実際に管理を行うことから得られる情報によって継続的に管理手法を改善していくという「順応的管理（Adaptive Management）」（Lee 1993）の原則のもと，利害関係者の参加とコミュニケーションによって管理の対象や基準，手法を決定していかねばならない。いわば，従来までのような河川管理者による一元的なガ

バナンスから，協働型のガバナンス（井上 2004）への転換が必要である．そして，いかにして協働型の流域ガバナンスを実現してゆくのか，その道筋について検討していく必要がある．本章では，社会関係資本を協働型流域ガバナンスの実現に向けた 1 つの社会的条件として位置づけた上で，流域を単位とした新たな社会関係資本の形成を促進する公共政策のあり方について具体的な事例研究から検討したい．

1990 年代の後半以降，自然資源管理の制度，組織を考えるうえで社会関係資本[1]への注目が高まっている．後述のように，社会関係資本が自然資源管理において果たす機能について盛んに研究が行なわれている．社会関係資本とは，最も広く引用されているパットナムの定義によれば「調整された諸活動を活発にする信頼，規範，ネットワーク」(Putnam 1993) である[2]．この社会関係資本は，さまざまな制度パフォーマンス[3]を規定する 1 つの要因として，非常に多くの学問分野で盛んに議論されている．自然資源管理との関連では，パットナムに先駆けてオストロムが「共有地ジレンマを解決するための制度調整を可能にするもの」(Ostrom 1990) として社会関係資本に言及している．また，諸富 [2003] は持続可能な発展の基盤として社会関係資本を位置づけ，ガバナンスのあり方を検討する必要性を示唆している．社会関係資本は自然資源管理制度のパフォーマンスを向上させることが期待されており[4]，これまでの実証的な研究からもそのような関係がおおむね肯定されてきている (Ostrom 2000; Lubell 2004; Gibson, Williams and Ostrom 2005)．

---

[1] 本章では，Social Capital の訳語として「社会関係資本」を用いる．この訳語が，社会関係の蓄積という Social Capital の概念を最もよく表していると考えるからである．佐藤寛 [2001] や諸富 [2003] も同様の理由で，「社会関係資本」という訳語を採用している．
なお，論者によっては「ソーシャル・キャピタル」とカタカナで表記したり，「社会資本」(河田訳 2001；猪口 2005) や「人間関係資本」(伊藤・田中・真渕 2000) と訳すものもある．
[2] 社会関係資本の定義を巡る議論については，大野ほか [2004]，三俣・嶋田・大野 [2006] を参照のこと．他に社会関係資本に関するレビューとしては，諸富 [2003]，宮川 [2004] などがある．
[3] 例えば，Putnam [1993] においては，内閣の安定性，予算成立の迅速さ，州の助成による保育所の数，農業支出の規模，官僚の応答性 (responsiveness) といった 12 の指標から作成された合成指標が，州政府の制度パフォーマンスを表す指標として用いられていた．
[4] 例えば諸富 [2006] は，発展途上国における小規模金融とコモンズを円滑に機能させる上で社会関係資本が果たす役割の重要性を指摘している．

社会関係資本の役割の中でも特に注目したいのは，近年の自然資源管理において重視されている利害関係者の参加[5]をより充実させるというものである。パットナムが社会関係資本の1つの形態として「市民的積極参加のネットワーク」に着目したように，自然資源の管理活動や，管理計画策定過程への活発な参加によって，参加者の間では社会関係資本が醸成されていくであろう。同時に，社会関係資本が蓄積されていることによって，より円滑に資源管理を行なうための様々なコミュニケーションを行なう事が可能になるであろう。つまり，参加と社会関係資本には相関関係があることが想定できる。本章で事例として取り上げる流域管理においても，参加の重要性は繰り返し指摘されており[6]，社会関係資本との関係についても考察を深めるべきである。

自然資源管理制度のパフォーマンスを向上させるという点で注目を集めている社会関係資本であるが，どのようにして社会関係資本の形成を促進するのかという点は重要な検討課題である[7]。これまで，社会関係資本の「効果」に関する研究は盛んに行なわれてきた。しかし，どのようにして社会関係資本のストックを維持し，増やしていくのかという点については十分に解明されていない。ダムや道路といった物理的な社会資本の場合と異なって，社会関係資本の場合は，どのような「投資」によってその蓄積が可能となるのか，具体的には解明されてはいない。

特に本章では，公共政策によって社会関係資本の形成を促進する手段，すなわち社会関係資本への政策的投資のあり方について検討したい。その理由は，社会関係資本が「社会的」な関係の蓄積である以上，不可避的に公共政策から何らかの影響を受けることが想定されるからである。であるならば，社会関係資本を減少させず，維持，増加させるような公共政策のあり方について検討を行なう必要がある。この点について検討するために

---

[5] 近年の自然資源管理における住民参加への注目としては，例えば柿澤[2000a]を参照。
[6] 例えば，ILEC[2005]，Sabatier et al.[2005]などを参照。費用負担の問題を通じて流域管理における参加の重要性を指摘した論考として，藤田[2005]がある。
[7] 社会関係資本論の1つの意義は，それを長期的であれ構築可能なものとして捉えている点にある（伊藤・田中・真渕 2000）。

は，社会関係資本の形成を意図した政策として概念化することが可能である実際の取り組みを取り上げて，どのような施策によって社会関係資本の形成が促進されていたのか検討することが必要である。

そこで本章では，滋賀県大津市の流域連携支援施設「ウォーターステーション琵琶」にて国土交通省が河川政策の一環として行なってきた流域連携支援の取り組みを，社会関係資本への政策的投資と位置付けて，そのあり方について具体的に検討を行ないたい。本章の構成は，次のとおりである。まず，第2節で社会関係資本形成を意図した公共政策のあり方について，これまでどのような議論がなされてきたのかを紹介する。次に，流域連携が求められている背景と，社会関係資本概念を導入して検討する意義について第3節で解説する。第4節では事例研究として，ウォーターステーション琵琶にてこれまでどのような流域連携支援が行なわれてきたのか明らかにする。第5節では，流域連携支援の結果生み出された住民団体間の連携や，その要因について明らかにする。最後に第6節では，事例研究の結果にもとづいて社会関係資本形成に有効な政策のあり方とその課題について論じる。

2 社会関係資本形成と公共政策

2-1 社会関係資本形成と公共政策に関する既存の議論

社会関係資本の形成に資する公共政策のあり方について，これまで既にいくつかの考え方が提出されている。まずそれらの考え方を紹介し，その課題を指摘することから議論を始めたい。

社会関係資本と公共政策の関係について前提として認識されているのは，社会関係資本は物理的な社会資本の場合と違って政府による投資が困難である (Ostrom 2000；諸富 2003) という点である。これは，人々が直接的なコミュニケーションを重ねる中で社会関係資本が形成されるという事を

考えれば，当然である[8]。社会関係資本概念の定式化に貢献した社会学者コールマンも，日常的なコミュニケーションによる社会関係資本の形成を重視し (Coleman 1990)，政府の介入についてはむしろ否定的な見解を示していた (権 2005)。

しかし，だからといって政府が何も行なわなくてよいというわけではない (諸富 2003)。例えばイギリスにおける社会関係資本論の代表的論者であるハルパンは，次の5つの理由を挙げて，積極的に公共政策が関わるべきだと主張している (Halpern 2005)。

1. 社会関係資本は，現代社会，政府のほぼ全ての主要な政策目標や，人々の生活満足と関連している。
2. 社会関係資本は公共財的特徴が強いので，「市場の失敗」が起きる可能性がある。
3. 政府の介入がなければ，社会関係資本は人々の間で不均一に分布し，特定のグループを不利な立場におく。
4. 社会関係資本が減耗しつつあるという事実を，そうした影響を受けている国々が最も注目している。
5. 政策形成 (policymaking) においては，具体的方策を示さなければならない。

特に，4番目で挙げられている社会関係資本の減耗の原因については，公共政策が大きく寄与している可能性もある (Putnam 1995)。このような社会関係資本と公共政策の関連の強さを考慮すれば，意図せざる結果として社会関係資本を破壊してしまう可能性を意識しつつも，その形成を促進するような政策手段について解明する必要がある。

これまで，社会関係資本を増加するような公共政策のあり方としては，間接的な方法が主に主張されてきた。まず，最も基本的な政策のあり方として，「何よりもまずは，公共政策において，SC (筆者注：社会関係資本) の概念を明確に位置づけることが第一歩である」(埴淵・西出 2005) という点が主張されている。その上で，既存の社会関係資本を公共政策によって破

---

[8] この点について諸富 [2003] は，「政府は社会関係資本の定義からいって，その投資主体になることはできないという点である。社会関係資本はあくまでも市民同士の相互作用の中から育まれてくるものであり，その役割を政府が代替することはできないからである」と述べている。

壊しないようにすること (Halpern 2005) が主張されている[9]。以上の観点は社会関係資本と公共政策の関連を考えるうえで大変重要であるが，実際の政策手段を考える上では具体性に欠ける。

やや具体的な政策のあり方として論じられているのは，社会関係資本の蓄積を促進するような環境整備を行なうべきであるとする主張 (坂本 2005；西出 2005) である。例えば山内［2005］は，社会関係資本と市民活動の相互補強的な関係 (内閣府国民生活局 2003) に着目して，社会関係資本形成のための政策として，NPOへの補助金や事業委託，教育の充実，情報通信インフラの整備などを挙げている。これらは，公共政策において社会関係資本を重視し，破壊しないようにすべきであるという主張と比較すれば，具体的な政策手段が述べられている点で評価できる。

ところが，これらの政策手段は必ずしも社会関係資本に関する議論，特にその形成過程に関する議論から内在的に引き出されたものではなく，市民活動支援に関する既存の政策を網羅的に集めたものという見方もできる。では，そういった一般的な政策のあり方ではなく，社会関係資本論ならではの公共政策のあり方に対する提言とは一体どのようなものなのだろうか。この点について十分な展望を示す事ができないのであれば，社会関係資本という新たな概念を導入する意義は大きく失われることになるだろう。この課題について議論を深めるためには，概念的な検討のみならず，社会関係資本への政策的投資として概念化できるような具体的事例を取り上げて，検討する事が必要である。

2-2 社会関係資本の類型

ところで社会関係資本には，大きく2つの類型がある。内部結束型 (bonding) 社会関係資本と，橋渡し型 (bridging) 社会関係資本である。この2つの区別はギッテルとヴィダルによって提案されたもので，既に知り合

---

[9] 実際に，ヨーロッパ諸国においては，「それぞれ政策ミッションは違えども，政策担当者はそれぞれ，既にあるソーシャル・キャピタルの破壊防止への留意と醸成への目配りを持っていた」(東・石田 2005) と報告されている。

いである人々をより近づけるものを内部結束型，それまでに知り合いでなかった人々や集団を結びつけるものを橋渡し型であると区別している(Gittell and Vidal 1998)。内部結束型の社会関係資本は，それがいくら豊富に蓄積されていたとしても閉鎖的で非社会的な団体を生み出す恐れがあることから，現在では，双方のタイプがバランスよく存在することが望ましいという点について一定の合意が得られている(諸富 2003)。流域管理を例に考えてみるならば，ある地域に内部結束型社会関係資本が豊富に存在していれば，そこでの水管理は地域住民相互のモニタリングのもとで良好な形で行なわれるだろう。しかし，橋渡し型社会関係資本を全く欠いているとすれば，隣接する地域との調整や，新たな知見を取り入れたうえで管理を改善していくことができないだろう。したがって，内部結束型の社会関係資本が地域に蓄積されていると同時に，橋渡し型の社会関係資本が流域を単位として存在していることが望ましい。

このように，内部結束型と橋渡し型の2つは性質が異なるため，社会関係資本の形成を促進する方法を具体的に論じる際にはその違いを明確にし，論じようとする社会関係資本がどちらの類型にあたるのか整理をしておく必要がある(Vidal 2004)。本章が対象とする流域連携支援といったとき，直接的な対象となるのは後者(橋渡し型社会関係資本)である。なぜなら，内部結束型社会関係資本が蓄積されているのは自治会や既存の市民団体であり，そこに河川管理者が新たに直接的な介入を行なう必要性は低いと思われるからである[10]。むしろ，そのような内部結束型社会関係資本が蓄積されている事を認識し，それを破壊しないような政策のあり方を考えることが必要である。他方，集団と集団をつなぐ橋渡し型社会関係資本は，そのままでは形成されにくく，特に，流域という単位でその蓄積を増やすためには[11]，政策的な取り組みも有効であると考えられる。

---

[10] 社会関係資本への政策的投資については，前述のように既存の社会関係資本を破壊しないよう配慮すること(Halpern 2005)が重要である。
[11] 脇田[2005]は，流域に存在する多様な利害関係者が排除と隠蔽のないコミュニケーションを重ねる事で，公共圏としての流域を創出していくことの重要性を指摘している。このようなコミュニケーションによっても，社会関係資本の蓄積が期待できるであろう。

3 なぜ流域連携が必要か

具体的な事例として流域連携支援の検討に入る前に，(1) 流域連携が求められる背景と，(2) 社会関係資本への政策的投資として流域連携支援を捉える意義について述べておきたい。後述するように実際の流域連携には様々な類型があるが，ここで取り上げる流域連携とは，おもに流域を単位とした住民団体間のネットワークのことを指す。

3-1 流域のガバナンスの転換

そもそも，住民団体間の連携が求められている背景には，流域管理の主体のあり方，つまり，流域のガバナンス[12]が協働型へと転換しつつあることが挙げられる。流域を単位とした管理を実現するためには，流域内に存在する多数の利害関係者間の相互調整が必要である。現在，流域のガバナンスのあり方に大きな影響を与えているのは，河川政策[13]であるが，1964 (昭和39) 年の新河川法の成立以降，多くの河川は1級河川，2級河川に指定され，建設大臣や都道府県知事が「河川管理者」として河川の管理を行なってきた[14]。しかし，「河川管理者」による一元的な河川管理は十分に地域の自然環境や社会環境に配慮したものではなく，流域の自然環境や社会に対して大きな負の影響も与えてきた。特にダム建設を含む大規模河川改修においてその影響は顕著に現れてきており，ダムによる水域生態系の分断や，ダム湖の水質悪化といった自然環境への負荷に加えて，移転を余儀なくされる水没者に対して生活再建まで含めた十分な補償がなされていない (華山 1969) など，社会的にも大きな負荷を強いてきたのである。

こういった河川管理に対する様々な批判を受けて，「地域の特性に応じ

---

[12] ガバナンスという言葉の定義についてはまだ混乱があるが，日本行政学会編 [2004] での各論者の整理が参考となる。ここでは，Easton [1965] を参考に，政府に限定されない統治体系という意味で用いる。
[13] これまでの河川政策の変遷については，帯谷 [2004] などを参照。
[14] そのような一元的な河川管理 (田中 2001) が行なわれてきた背景には，「水系一貫」した河川管理を可能にする体制が必要とされていたことがある。

た河川管理」(佐藤1997)を目指して1997 (平成9)年に河川法が改正された。この改正によって，河川整備計画の策定過程に関係住民意見の反映を行なうプロセスが設けられ，各種事業の実施にあたっても住民参加の機会が制度的に設けられるようになった[15]。しかし，いくら参加の制度が整備され，参加の機会が拡大したとしても，実際に人々が参加をし，有益な結果を生み出すとは限らない。行政が参加の場の設定に消極的であったり，住民が積極的に参加しないことがあるからだ(原科2002)。

3-2 協働型ガバナンスを支える社会関係資本

そこで注目されるのが，流域住民が主体となったネットワーク，すなわち流域連携の存在である。流域という1つの物質循環，生態系の単位に合わせた管理組織の必要性はこれまでも繰り返し指摘されてきた(宇都宮1993；和田プロジェクト編2002；植田2002)。ここでいう流域連携とは，それが具体的な流域管理活動と直結するとは限らないが，環境保全活動やまちづくり活動に取り組む住民団体同士の，あるいは住民団体と行政との交流，協働を目的として近年様々な流域で取り組まれている活動のことである。表8-1に示したとおり，現在取り組まれている流域連携には，様々な類型がある[16]。

このような流域連携の取り組みは，協働型流域ガバナンスを実現するための1つの土台となると考えられる。なぜなら，参加の機会を充実したものにし，協働型の流域ガバナンスを目指すためには，流域住民の参加の機会を保証する制度の充実のみならず，日常的に河川に関連した社会関係，すなわち，社会関係資本が蓄積されていることが重要であると考えられるからである。河川に関する社会関係が地域に蓄積されていることによって，河川に対する関心が高まり，社会関係を重ねる中で成員間での信頼感が醸

---

[15] 新たな制度の実施状況と課題については，大野[2005]を参照。
[16] このほかにも，柿澤[2000b]は，筑後川，北上川，球磨川，緑川，菊池川，宮川，四万十川，相模川の流域ネットワークの事例調査から，(A) 地域交流を主体とした動き，(B) 行政主導による流域保全の動き，(C) 流域保全パートナーシップ形成をめざした動き，の3つの類型を提示している。

表 8-1　流域連携活動の類型

取り組みのパターン		該当流域等	特徴
行政主導型	関連行政間の調整・連携型	宮川	河川管理者や流域自治体等の行政間の調整を図りながら，事業間の連携を行なっていくタイプ
	多様な主体間の調整・連携型	千代川	河川管理者等の行政が懇談会等のテーブルを設け，流域内の市民，行政，企業，NPO 等の対話・調整を図る
民間主導型	NPO による連携型①	霞ヶ浦，北上川，水環境北海道，筑後川，九頭竜川	流域 NPO が，河川管理者や流域自治体等の行政，企業，学校，専門家等との連携を促しながらプロジェクト的な活動を展開
	NPO による連携型②	鶴見川	流域内で個々に活動する市民団体によるネットワークが中心であり，必要に応じ行政や企業等と連携しながら活動を展開する

(出典) 財団法人リバーフロント整備センター [2000]

成され，より多くの主体が流域管理にかかわり，円滑なコミュニケーションを可能にすることが期待される[17]。

3-3　実際の河川政策における社会関係資本への着目

このような流域管理における社会関係資本の重要性は，理論的な考察からのみ導かれるものではない。例えば，国土交通省浜田河川国道事務所長を勤めた石渡幹夫氏は，地域社会との連携を考える際に社会関係資本の考え方を取り入れることを提唱している (石渡 2006)。

流域を単位とした社会関係資本の蓄積の必要性は，実際の河川計画の中にも織り込まれている。例えば，2004 年 5 月に国土交通省近畿地方整備局が作成した「淀川水系河川整備計画基礎原案」[18] では，以下の 2 ヵ所に

---

[17] 例えば，13 の参加型開発援助プロジェクトの事例を定性的に評価した Brown and Ashman [1996] は，草の根を基盤とした協力がうまくいくためには地域組織やネットワークといった社会関係資本が必要なのに対して，NGO が媒介となった協力がうまくいくためには，セクター間の接触という形の社会関係資本が必要であると，社会関係資本の役割を指摘している。

[18] 河川整備計画とは，今後 20 年から 30 年間の具体的河川整備の内容について定めた計画のこ

おいて，流域連携の必要性や，日常的信頼関係の重要性が述べられている。

　河川整備の基本的な考え方 (p.18)

　以上のような環境，治水，利水，利用の課題は，相互に関連していることを十分認識して対応しなければならない。また，これらの課題に対して，河川管理者のみによる河川内での対応には限界がある。従って，流域的視点に立って，<u>流域のあらゆる関係者が，情報や問題意識を共有しながら日常的な信頼関係を築き，連携協力し健全な水循環系の確保に向けた努力を積み重ねることを前提</u>に，以下を基本に据えて淀川水系の河川整備計画を策定する。（下線は筆者）

　河川整備の方針 (p.19)

　今後の河川整備計画の推進にあたっては，計画の検討段階から<u>学識経験者，住民・住民団体との連携を積極的に行なっていく</u>。その際，双方はお互いの責任，役割分担等を常に確認する。また，合意形成を目指して，それらの組織を活かした公正な仕組みを検討するとともに，<u>異なった主体間の意思形成を有効に図るためには，問題が生じた時だけでなく，日常的な信頼関係を築くことが重要である</u>。その際，行政と住民の間に介在してコーディネイトする主体（河川レンジャー（仮称））の役割も期待される。また，科学的知見に基づいた客観的な判断を行なうため，学識経験者と連携してデータの収集や共同研究を行なう。（下線は筆者）

　もともと，河川に関する技術的な計画であった河川整備計画の案に，連携や日常的信頼関係の必要性が記されていることは注目すべき事である。河川管理の現場において流域連携の重要性が認識されるようになり，連携を支援する取り組みが河川管理者によって実際に行なわれている。流域連携を橋渡し型社会関係資本ととらえれば，そのような支援の取り組みは，社会関係資本の形成を意図した政策的投資として，概念化することが可能である（図8-1）。

　このような概念化によって，社会関係資本と公共政策の関連を具体的に論じる事が可能になる。そして，流域連携支援のあり方について社会関係資本形成という立場から，評価をする事が可能になる。連携支援として具体的にどのような取り組みを行なうのかという点については，現在試行錯

とである。河川法第16条の2などにおいて，詳細が定められている。

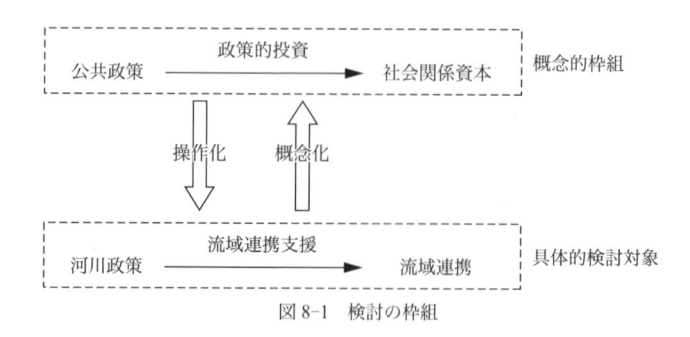

```
┌─────────────────────────────────────┐
│              政策的投資              │
│  公共政策  ─────────→  社会関係資本  │   概念的枠組
│              ↓  ↑                   │
│            操作化 概念化             │
│              ↓  ↑                   │
│            流域連携支援              │
│  河川政策  ─────────→  流域連携      │   具体的検討対象
└─────────────────────────────────────┘
```

図8-1 検討の枠組

誤が行なわれている状況であり，一定の理論的枠組の下で検討を行なうことは，何らかの指針を導出するという点で有意義であろう。

4 流域連携支援の実際

4-1 施設の概要

以下では，流域連携支援の具体的事例としてウォーターステーション琵琶の取り組みについて取り上げる。ウォーターステーション琵琶は，流域連携の支援を目的として，2003年7月に滋賀県大津市に設立された。場所は瀬田川洗堰の左岸であり，国土交通省近畿地方整備局の琵琶湖河川事務所に隣接する土地に建設された。

当初は，建設行政全般において「コミュニケーション型行政」がうたわれていたこともあり，流域の情報を収集，公開する「IT情報館」として構想されていた。しかし，淀川水系流域委員会の提言などをうけて，住民連携拠点へと位置付けが変更された。ウォーターステーション琵琶のウェブサイト[19]によれば，設立の目的は以下のとおりである。

　平成9年の河川法改正において，河川整備の具体的な計画（河川整備計画）を策定するにあたっては，公聴会等により関係住民の意見を反映する手続きを導入することとなりました。

　このため，今後の河川整備計画の策定や推進にあたっては，住民や地域に

---

[19] http://www.water-station.jp/ws/ws.php?serv = ws_ws （2006年5月15日取得）

表8-2 ウォーターステーション琵琶の施設利用頻度

	施設利用件数		施設利用人数	
	月別平均	標準偏差	月別平均	標準偏差
2003年度	21.8	9.6	178.8	84.6
2004年度	35.7	6.6	326.0	162.6
2005年度	58.6	14.1	369.2	121.3

密着した組織との連携を積極的に行ない，それぞれが河川に関する情報の提供と収集に積極的に努めること，また，その上であらゆる人達との意見交換が必要と考えています。

流域内のいろいろな方々が河川に関する情報をお互いに収集・交換する場として，また人々が交流を図る場として設けられたのが，「ウォーターステーション琵琶」です。

施設は2階建てであり，1階には多目的サロン，会議室が，2階にはパソコンが設置してある電子図書室や，簡単な実験や調理が可能な実践室が設けられている。1階には流域連携支援事務局があり，2～3名のスタッフが常駐している。日常的には，市民団体による写真展などの展示場所，工作教室などの会場，市民団体の打ち合わせ場所などの用途に利用されている。表8-2は，ウォーターステーション琵琶の施設利用の頻度を示したものである。2005年度の場合，平均するとひと月に58.6件，369.2人が利用している。

4-2 これまでの支援内容

流域連携支援業務は，琵琶湖河川事務所の職員が直接行なうのではなく，広報・企画会社に対して国土交通省が業務委託をする形で行なわれていた。年度によって人数は若干変わるが3人～5人程度のスタッフが，流域連携支援事務局として常に業務にあたる体制であった。事務局の中で，中心的な役割を果たしているのはA氏（男性）である。支援策の具体的内容は，A氏と琵琶湖河川事務所の担当者の間で決められている。

A氏によれば，これまで行なってきた支援活動は次の3つの段階に区分する事ができる。まず，開館当初（2003年7月）から2004年4月ごろまで

の間は河川や琵琶湖に関する活動を行なう住民団体に対して，(1) 施設提供や施設利用に伴う広報支援を行なってきた。これは，各団体に対して打ち合わせや展示の場所として施設の利用を呼びかけたり，団体か開催する行事の告知ビラを作成したりするという支援である。告知のビラは，デザインにも趣向を凝らした質の高いもので，住民団体からも好評であった。施設提供や広報支援は，いずれも無償での支援であった。

次に，2004年5月から2005年3月ごろには，(1) の支援内容に加えて，(2) 交流・連携，協働のコーディネートを行なってきた。A氏はその具体的な内容を，「様々な活動に参加し，団体の活動士気を高める役目だけでなく，団体の生の声を入手し，連携協働に向けたコーディネート企画の情報源として活用している」と説明している。流域連携支援事務局のスタッフが，各住民団体の行なう活動に実際に参加してみたり，その中で生まれたネットワークを生かして，異なった活動をしている複数の団体同士での共同でのイベントを提案したり，その運営を支援するといったことが行なわれてきた。

さらに，2005年4月からは，(3) 協働によってネットワークができ始めたことから，そのネットワークを中心に住民運営による流域連携拠点づくりへの呼びかけを行なっている。具体的には，施設利用者を対象にワークショップを開催して5つのテーマについてグループを作り，それぞれのグループが住民運営による施設のあり方について検討や，試行を行なっている。それらのワークショップや会合には，A氏や琵琶湖河川事務所の担当者が出席した。その中でA氏はファシリテーター役として，住民グループの会合の際に議論の整理や提案を行なっていた。

では，以上のような支援の内容を，社会関係資本への政策的投資と概念化した場合，どのような点が明らかになるのだろうか。まず1点目は，投資主体の問題である。第2節でみたように社会関係資本への政策的投資にあたっては，政府は直接的投資主体になれない (諸富2003) と考えられてきた。ウォーターステーション琵琶の場合においても，河川管理者が設置した施設ではあるが，支援策の具体的内容は民間企業の担当者が検討をして

おり，組織としての行政が直接的に連携の支援を行なっているわけではなかった。むしろ，民間企業の担当者が精力的に支援活動を行なっていた。このような取り組み体制が可能であったがために，支援内容を柔軟に検討し，実施に移すことができたといえるだろう。

次に，支援として行なった諸施策の内容である。第3節で紹介したように，これまで社会関係資本形成を意図した政策のあり方としては，それを促進するような環境整備が主張されてきた。例えば，市民活動を活発化させるような支援である。ウォーターステーション琵琶の事務局が当初，力を入れて行なってきた無料での施設提供，広報支援はこれにあたる。しかし，ウォーターステーション琵琶が行なってきた支援内容は，それにとどまらなかった。事務局のスタッフ自らが住民団体の活動に参加し，住民主体の運営を呼びかけるなど，これまで社会関係資本への政策的投資のあり方として提唱されてきた手法よりも，より直接的に関係形成に踏み込んだ取り組みが行なわれてきた。

5 「支援」の効果：聞き取り調査から

以上のような流域連携支援が関係する住民団体にどのような影響を与えたのか明らかにするために，2005年4月から5月にかけて聞き取り調査を行なった。「支援」の効果が現れるのには長い時間を要する場合もあると考えられるが，今回の調査では初期の段階でどのような影響が起きているのかを確認するために，ウォーターステーション琵琶がオープンした2002年7月から聞き取り調査を行なった2005年5月までを主な考察の対象とした。したがって，2005年4月以降にウォーターステーション琵琶事務局が取り組みを始めた「住民運営による流域連携拠点づくりへの呼びかけ」は，今回の調査においては考察の対象外とする。

今回の調査で対象者としたのは，2004年度にウォーターステーション琵琶を継続的に（年間2回以上）利用した14の団体の代表者（場合によっては，事務局などの中心的人物）である。また，流域連携支援の影響を探索的に調査

することが目的であったので，明確な作業仮説を立てず，大まかな質問項目を決め，それに沿って各調査対象者へ聞き取り調査を行なった。調査項目は，(A) 主に代表者本人に関する事，(B) 主に団体に関する事，(C) 団体と他の団体，行政とのネットワークに関する事，の3つの部分からなる。

5-1 団体の概要

まず，今回調査の対象とした団体の概要は，表8-3のとおりである。数十人程度で活動を行なっている団体が多く，活動内容は地域での里山整備や環境教育を行なう団体が多かった。直接聞き取り調査を行なった各団体の代表者の平均年齢は59.6歳（標準偏差14.5）と高く，定年退職後の男性が多かった[20]。また居住地は，京都市1人，安土町1人，近江八幡市1人，草津市2人，大津市9人となっており，ウォーターステーション琵琶のある大津市に居住する人が最も多かった。

5-2 形成された団体間ネットワーク

「支援」の効果について検討するため，各団体がウォーターステーション琵琶をきっかけとして新たに形成したネットワークについての質問を行なった。具体的には，新たに形成されたネットワークを「ウォーターステーション琵琶を通じて新たに知り合ったり，一緒に活動をするようになった団体」と定義し，その有無について質問を行なった。これは，流域連携支援，つまり，社会関係資本への政策的投資の結果として新たに形成された橋渡し型社会関係資本であると位置付ける事ができる[21]。まず，どれだけ新たなつながりが生み出されたのかという，形成されたネットワークの全体量について整理する。

表8-4は，質問に対して挙げられた団体の数をまとめたものである。グループA～Nまでの回答を合計した団体数は，26団体であった。平均

---

[20] 各団体への参加者についても，同様の傾向がみられた。
[21] ここでは社会関係資本を基本的に「ネットワークの体系」と捉え，信頼や規範から区別するDasgupta [2003] の整理に沿って，ネットワークについての考察を主とする。

表 8-3　調査対象団体の概要

	主な活動内容	会員数
グループ A	大津市内の里山整備	41 人
グループ B	ヨシを使った工作，ヨシ笛の演奏活動	50 人
グループ C	琵琶湖の貝の調査，環境教育	10 人程度
グループ D	水に関わる催しの開催，参加	20 人程度
グループ E	コハクチョウの観察，えさやり，ゴミ拾い，写真展の開催	70 人程度
グループ F	地域での教育実践	46 人*
グループ G	水の音を聞くことを通じた環境学習	1 人**
グループ H	里山の整備，木材工作	20〜30 人
グループ I	琵琶湖の水質データの分析	40 人
グループ J	防災教育	3 人
グループ K	ヨシ笛の演奏	2 人
グループ L	ヨシ刈り，清掃活動，外来漁駆除，植物観察	43 人
グループ M	東近江地域の水環境保全活動	257 人
グループ N	魚の調査，保全活動	60 人程度

＊職員，ボランティアを合わせた数
＊＊全国的な環境教育に関する団体のメンバーであるが，個人的な活動が主であるため
 1 名とした

すると，一団体あたり 1.86 団体（標準偏差 1.51）と新たにウォーターステーション琵琶を通じてネットワークを形成したことになる。名前が挙がった 26 団体のうち，グループ A〜N，すなわち，ウォーターステーション琵琶を継続的に利用していた団体は，16 団体（61.5%）であった。このことから，ウォーターステーション琵琶を中心とした利用団体間のネットワークと同時に，ウォーターステーション琵琶とのかかわりが強くない団体とも新たなネットワークが形成されていることがわかる。

　例えば，ヨシ笛の演奏活動を行なうグループ K の代表者は，大津市内でヨシ笛のコンサートをした際にグループ C の代表者と出会い，ウォーターステーション琵琶を知り，何度かウォーターステーション琵琶を会場としてコンサートを行なった。さらにグループ C の代表者と共同でヨシ笛演奏サークルを新たに立ち上げ，ウォーターステーション琵琶を主な活

表8-4 新たに知り合った団体の数

	総数	内訳	
		継続的利用団体	その他の団体
グループA	2	1	1
グループB	4	3	1
グループC	1	1	0
グループD	0	0	0
グループE	2	0	2
グループF	4	4	0
グループG	3	2	1
グループH	1	0	1
グループI	1	0	1
グループJ	0	0	0
グループK	4	3	1
グループL	1	1	0
グループM	0	0	0
グループN	3	1	2

動場所として30名程度で新たに活動を開始している。グループKの代表者は,「他の団体さんとの連携によって成果が生まれてくるということは確実にある」「団体間の連携は本当に大事」との認識を持っており,その連携を実際に行なう活動場所をウォーターステーション琵琶が提供していた。これは,連携支援のなかでも,無償での施設利用という環境整備が有効だったことを示すものであろう。

最も多くのネットワークを新たに形成したグループの1つであるグループFは,地域の教育NPOとして子供に関わる様々な課題に取り組んできた。2003年に行なわれた第3回世界水フォーラムで行なった展示をウォーターステーション琵琶のオープニングイベントでも行なって欲しいという依頼をきっかけに,ウォーターステーション琵琶とのかかわりが始まった。グループFの代表者にウォーターステーション琵琶からのどのような支援が有益であったのか訊ねたところ,まず,簡単な調理や実験ができる部

屋を利用できるという点と，イベントのチラシを作成してくれるという点が挙げられた。これは，連携支援のなかでも施設提供・広報支援が有効だった事を示すものであろう。さらに，「『こんなことをしたいんです』というときに，コーディネーターのAさんが『こんな人がいますよ』とつないでくれました」との回答を得た。このAさんとは，第4節で紹介したウォーターステーション琵琶の事務局のA氏のことである。このことからは，連携支援のなかでも「協働・コーディネート」が有効に働いていたことがわかる。

以上の分析から，(1) ウォーターステーション琵琶を通じて新たに橋渡し型社会関係資本が形成されていること，(2) その形成促進には，「施設提供・広報支援」と，「協働・コーディネート」が有効に働いていた事が示唆された。

次に，(2)で示唆された点を確認するために，各団体のウォーターステーション琵琶に対する認識を探りたい。具体的には，①各団体がどのようなきっかけで施設を利用するようになったのかという点と，②各団体が今後ウォーターステーション琵琶事務局にどのような事を期待しているのかという点について明らかにしたい。この2点について，①「施設提供・広報支援」と②「協働・コーディネート」が多くの団体から挙げられていれば，流域連携支援としての2つの方策の妥当性が検証されたことになるといえよう。

5-3 利用の契機

各団体の代表者に対して，「どのようなきっかけでウォーターステーション琵琶にかかわるようになったのか」という質問を行なった。その質問に対する回答を，類似するもの同士集約した結果，「施設利用・広報支援型」「オープニングイベント型」「ネットワーク型」の3つに整理することができた(表8-5)。

「施設利用・広報支援型」とは，「無料で場所を借りる事ができる」や，「きれいなビラを作ってくれる」ことをきっかけに利用を始めたことを意

表 8-5 団体ごとの施設利用の契機

	施設利用・広報支援型	オープニングイベント型	ネットワーク型
グループ A	○		
グループ B		○	
グループ C		○	
グループ D		○	
グループ E		○	
グループ F	○	○	
グループ G		○	
グループ H		○	
グループ I		○	
グループ J	○		
グループ K			○
グループ L		○	
グループ M	○		
グループ N		○	

味する。4つの団体が，これに該当した。

　次に，「オープニングイベント型」とは，2003年7月に行なわれたウォーターステーション琵琶のオープニングイベントの際に，団体として展示したり，催し物を行なったことをきっかけに，利用を始めたことを意味する。また，オープン当時設けられた琵琶湖倶楽部という組織への参加を呼びかけられたことを挙げる団体も多かった。これに該当する団体は，10団体であった。

　さらに，以上のどの類型にも当てはまらなかったものとして，他の団体からの紹介によってウォーターステーション琵琶の利用を始めたというケースが1つあった。これは，「ネットワーク型」と分類した。

　分類の結果，継続的にウォーターステーション琵琶を利用する団体は，施設利用のみを当初から目的としていた団体よりも，何らかの形で施設関係者や，施設利用団体と直接的な接触を行なった団体のほうが多いことが明らかになった。

5-4 期待される支援のあり方

次に，各団体がウォーターステーション琵琶に今後どのようなことを期待しているのかについても質問を行なった。この質問に対する答えは，ウォーターステーション琵琶がこれまで行なってきた支援策との対応が明らかになるように，「施設利用・広報支援」に該当するもの，「協働・コーディネート」に該当するもの，その他に該当するものに区別して表8-6にまとめた。その結果，今後期待する支援として「施設利用・広報支援」に該当するものが9件，「協働・コーディネート」に該当するものが5件，その他に該当するものが2件挙げられた。

「施設利用・広報支援」に関する期待としては，機材の充実や各団体に対する金銭的支援があった。最も多かったのは，施設の利用促進を求める声である。より多くの人がこの施設を利用するようになって欲しいという希望が，4つの団体から聞かれた。

「協働・コーディネート」に対する期待としては，さらなるネットワークの拡大があった。具体的には，ウォーターステーション琵琶事務局が中心となって，各団体が一同に会するようなイベントを企画して欲しいといった希望があった。

その他の希望としては，「自由に面白い事ができる場にして欲しい」という意見と，「(琵琶湖)河川事務所の連携支援に対する方針を明確にして欲しい」という意見があった。

以上の意見をまとめると，設備の充実を求める声よりも，施設の利用促進や，さらなるネットワークの形成を求める声が多かった。全体的な特徴は，機材や金銭といった物理的な支援を望むよりも，ネットワークやそれを形成するための場を望む声が多いことである。例えば，「施設利用・広報支援」に区分した利用促進を望む声であるが，これは物理的な支援を求めているというよりも，より多くの人がウォーターステーションを利用するようになる事で，新たな交流，ネットワークを望んでいるものと理解する事ができる。

表 8-6　ウォーターステーション琵琶に今後期待すること

	今後期待すること	支援1の充実 施設利用 広報支援	支援2の充実 交流・連携, 協働のコーディネート	その他
グループ A	利用促進のための広報	○		
グループ B	施設の運営費必要		○	
グループ C	印刷機の充実	○		
グループ D	交通の便の改善	○		
グループ E	常勤の事務局スタッフ		○	
グループ F	機材の充実	○		
グループ G	各種組織とのつながり		○	
グループ H	利用促進 河川事務所の方針の明確化	○		○
グループ I	自然体験スクールの充実		○	
グループ J	利用促進のための広報	○		
グループ K	利用促進	○		
グループ L	自由に，面白い事ができる場にしてほしい			○
グループ M	同様の目的を持つ組織との緩やかなネットワーク		○	
グループ N	財政面の支援 各グループが一同に集まる場を	○	○	

5-5　利用の契機，施設への要望と新たに形成されたネットワーク

さて，これまで本節ではウォーターステーション琵琶における流域連携支援の効果として，形成された団体間ネットワーク，利用の契機，期待される支援のあり方の3点についてそれぞれ考察してきたが，各項目間の関連はどのようになっているのだろうか。表8-7は，利用の契機や，各団体のウォーターステーション琵琶への要望への回答と，ウォーターステーション琵琶で新たに知り合った団体数との関連を示したものである。例えば，利用の契機として，施設利用・広報支援を挙げた団体は4団体あり，その4団体がウォーターステーション琵琶にて新たに知り合った団体数の平均値が1.5であったという具合である。

表8-7 利用の契機，要望と新たに知り合った団体数の関連

項目		該当団体数	新たに知り合った団体数の平均値	標準偏差
利用の契機	施設利用・広報支援	4	1.5	1.91
	オープニングイベント	11	2.18	1.47
	ネットワーク	1	4	
要望	施設の充実	8	1.88	1.47
	コーディネート	6	2.17	1.47
	その他	2	1	0

平均値を比較すると，「利用の契機」と「（ウォーターステーション琵琶への）要望」のそれぞれの項目において，単なる施設利用を意図していた団体よりも，直接的なコミュニケーションをきっかけに施設を利用するようになった団体や，コーディネートの充実を要望する団体のほうが高い値となった。統計的な検定を行なったところ群間での平均値に有意な差は認められなかったが，今後の連携支援において直接的なコミュニケーションの場を設け，連携のコーディネートを行なうことの有用性を示唆する結果といえるだろう。

6 考　察

ウォーターステーション琵琶にて行なわれていた流域連携支援の具体的内容を調査したところ，「施設利用・広報支援」と「協働・コーディネート」，「住民主体の拠点づくり」の3つの類型を抽出することができた。聞き取り調査の結果から，ウォーターステーション琵琶においては「施設利用・広報支援」と「協働・コーディネート」という連携支援策が，市民団体間の橋渡し型社会関係資本の醸成に有効に働いていた事が明らかになった。特に，「協働・コーディネート」は連携を促進する上で有効な方策であることが，施設を利用する契機や，施設に対する期待を調査する事で明

らかになった[22]。

　事例研究から得られたこれらの知見は，本章の主題である社会関係資本への政策的投資についての議論に対してどのような意味を持つのであろうか。第2節で紹介したように，現在社会関係資本への政策的投資のあり方としては，物理的，制度的な環境を整えることが提唱されている。しかし，先に述べたように社会関係資本が形成される過程を考えれば，形成支援策として不十分な点もあるだろう。例えば本章で取り上げた事例に即して言えば，施設利用のみを目的とする団体は，他団体との間で新たに形成されたネットワークが少なかった。したがって，物理的，制度的環境を整えると同時に，新たな団体を紹介したり，協働での活動を提案するといった適切なコーディネートが橋渡し型社会関係資本形成にとって有効であるといえるだろう。そういった社会関係資本が豊富に存在することによって，流域についての情報が共有され，流域のあるべき姿について多くの関係者が関わった議論がなされていくことが期待される。そのためには，拙速に流域連携のための拠点施設や組織を作り上げるだけではなく，長期的な視野から流域連携を促進していくにあたって，コーディネート[23]を行なう能力を持った人材の確保やその育成を，社会関係資本への政策的投資として行なうべきである。これは，第4節で述べたように連携支援の直接の主体が行政担当者でなかったということもふまえた議論である。長期的に社会関係資本の形成を図るという視点を欠いた短期的な連携支援策は，かえって既存の社会関係に混乱をきたし，連携を阻害してしまう可能性をはらんでいることを十分認識しなければならない。

　さらに，行政が流域連携支援を進める上での課題もいくつか指摘することができる。一つは，流域連携という場合に面的な拡大をどのように進め

[22) 宮本ほか［2001］では，流域圏を単位とした取り組みに関連する7名の学識・有識者に対するヒアリングなどから明らかになった流域連携の課題に対応するかたちで，9つ（①調査・研究・提案機能，②市民活動活発化機能，③コーディネート機能，④恒常的な対話の場，⑤情報受発信機能，⑥人材育成機能，⑦資金・人材・分配機能，⑧監査機能，⑨流域連携総合運営機能）の支援機能の必要性が述べられている。本研究ではこれら9つの機能のうち，②市民活動活発化機能と③コーディネート機能についてその有効性を確認することができたと考える。
23) 例えば，世古［2000］を参照。

ていくのかという点である。琵琶湖を含む淀川流域のような広い流域を考えた場合，一つの連携支援拠点による取り組みではカバーできる範囲に限界がある。特に琵琶湖流域では，様々な形で環境保全活動を行なう団体が既に多数存在している（木村ほか 2003）。したがって，いくつかの連携支援拠点が流域内に存在し，それらがさらにネットワークを形成している状態が望ましい。実際に，淀川流域にはウォーターステーション琵琶以外にもすでにいくつかの連携支援の取り組みが行なわれている。例えば，国土交通省は淀川流域内の琵琶湖，淀川，木津川上流，猪名川の各河川事務所で流域連携の取り組みを行なっている。また，各府県も独自に連携支援の取り組みを行なっている。例えば滋賀県では，河港課が「川づくり会議」を，農村振興課が「みずすまし協議会」を，環境政策室が「流域協議会」をそれぞれ立ち上げて，さらにそれらを統合する取り組みとして「琵琶湖流域ネットワーク委員会」という組織を立ち上げている。だが問題は，それらの取り組み間の連携が取られていない点である。そのため，流域の市民団体からすれば，同様の取り組みに，国，県とそれぞれ参加しなければならず，それが負担となっている。この点ではむしろ，流域での行政連携を促進していく必要がある。

　同時に，流域連携の垂直的拡大をどのように行なっていくのかという点も課題である。一つは，行政との関係性である。本章では，河川管理者による連携支援に積極的な意義を見出したわけであるが，パットナムが垂直的な社会関係資本の悪影響（Putnam 1993）を指摘したように[24]，慎重になるべき面もある（権 2005）。例えば，特定の団体に対する助成金の支給は，その他の団体を排除することになり，既存の社会関係資本を破壊してしまう可能性が指摘されている（内閣府経済社会総合研究所 2005）。このような事態を防ぐためには，できうる限り連携支援活動を公開し，透明性を高めることが必要である。

　もう1つは，地縁的団体との関係性である。琵琶湖流域でのこれまでの

---

[24] このパットナムの指摘に対しては，佐藤仁［2001］の批判がある。

研究では，地縁団体が地域環境保全において果たしている役割の大きさが繰り返し指摘されている[25]が，今回取り上げた連携支援の取り組みでは，そのような地縁団体にたいしては特別な働きかけは行なわれていなかった。また，継続的利用団体に対する調査からは，それらの団体も地縁団体とは特にネットワークを形成していなかったことが明らかになった。

このように，行政や地縁団体という，住民団体と性格を異にする団体間の連携をどのように進めていくのか，今後理論と実証の両面からさらなる検討が必要である[26]。

最後に，今後の研究遂行上の課題を3点述べて論を閉じたい。まず，社会関係資本への投資としての流域連携支援を評価するためには，より長期間にわたる観察が必要である。今後も，ウォーターステーション琵琶における流域連携支援の取り組みや，その結果について継続的に調査をしていく必要がある。さらに，より多様な関係者の意見を把握する必要がある。今回の調査では，連携支援業務を行なう担当者や，継続的利用団体の代表者を対象として聞き取り調査を行なったが，より全体像を明確にするためにはリーチの指摘するように団体の構成員や，団体に参加していない人々も調査の対象とすべきである (Leach 2002)。そのためには，アンケート調査などの手法が考えられる。

また，今回はウォーターステーション琵琶を中心とした流域連携支援の一事例を取り上げた事例研究を行なったが，第3節で紹介したように他流域でも様々なタイプの流域連携の取り組みが行なわれている。したがって，他事例も含めた比較研究を行なうことによって，流域連携支援において有効な要因を明確にしていく必要がある。

文献

東一洋・石田祐 [2005]「安全・安心コミュニティの実現：ソーシャル・キャピタル醸成の視点より」『計画行政』vol.28 (4)，pp.3-10.
石渡幹夫 [2006]「公共事業と地域社会の連携のあり方：ソーシャル・キャピタルを地域の元

---

[25] 代表的なものとして，鳥越・嘉田 [1984] がある。
[26] この課題について主に理論的な立場からアプローチした研究成果として，宮永 [2005] がある。

気アップに活用した事例紹介」『土木学会誌』vol.91 (5), pp.64-67.
伊藤光利・田中愛治・真渕勝 [2000]『政治過程論』有斐閣.
井上真 [2004]『コモンズの思想を求めて：カリマンタンの森で考える』岩波書店.
猪口孝 [2005]「アジアの10カ国における社会資本：社会資本はアジアの民主化, 経済発展, 地域統合のトレンドを予測するための有用な概念か」『日本政治研究』vol.2 (2), pp.214-229.
植田和弘 [2002]「環境政策と行財政システム」寺西俊一・石弘光編『講座環境経済・政策学第4巻 環境保全と公共政策』岩波書店, pp.93-122.
宇都宮深志 [1993]「広域的環境管理の行政組織のあり方」人間環境問題研究会編『環境法研究』有斐閣, pp.15-34.
大野智彦・嶋田大作・三俣学・市田行信・太田隆之・清水万由子・須田あゆみ・礪波亜希・鷲野暁子 [2004]「社会関係資本に関する主要先行研究の概要とその位置づけ：概念整理と流域管理への示唆」プロジェクト3-1 ワーキングペーパーシリーズ WPJ No.11, 総合地球環境学研究所・プロジェクト3-1事務局発行.
大野智彦 [2005]「河川政策における'参加の制度化'とその課題」『環境情報科学論文集』vol.19, pp.247-252.
帯谷博明 [2004]『ダム建設をめぐる環境運動と地域再生：対立と協働のダイナミズム』昭和堂.
柿澤宏昭 [2000a]『エコシステムマネジメント』築地書館.
── [2000b]「水辺管理域設定に関する社会的・制度的課題」砂防学会編『水辺域管理：その理論・技術と実践』古今書院, pp.258-307.
木村俊司・山本佳世子・笹谷康之・嘉田由紀子 [2003]「琵琶湖をめぐる環境パートナーシップの展望」『環境科学会誌』vol.16 (3), pp.239-248.
権慈玉 [2005]「政府の介入によるソーシャル・キャピタルの形成可能性に関する理論的考察」『一橋論叢』vol.134 (2), pp.306-317.
財団法人リバーフロント整備センター [2000]『流域圏における施策の総合化に向けた体制整備についての事例調査 報告書』平成12年度国土庁地域活性化施策推進調査.
坂本治也 [2005]「ソーシャル・キャピタル論の構図」『生活経済政策』vol.102, pp.18-24.
佐藤寛 [2001]「社会関係資本概念の有効性と限界」佐藤寛編『援助と社会関係資本：ソーシャルキャピタル論の可能性』アジア経済研究所, pp.3-10.
佐藤仁 [2001]「共有資源管理と'縦の'社会関係資本」佐藤寛編『援助と社会関係資本：ソーシャルキャピタル論の可能性』アジア経済研究所, pp.65-82.
佐藤直良 [1997]「河川法の改正と今後の河川行政」『土木学会誌』vol.82 (11), pp.38-40.
世古一穂 [2000]「市民・行政・企業・NPOのパートナーシップの時代：新しい職能としての'協働コーディネーター'論」『都市問題研究』vol.52 (11), pp.109-117.
田中滋 [2001]「河川行政と環境問題：行政による＜公共性の独占＞とその対抗運動」舩橋晴俊編『講座環境社会学 第2巻 加害・被害と解決過程』有斐閣, pp.117-143.
鳥越皓之・嘉田由紀子 [1984]『水と人の環境史：琵琶湖報告書』御茶の水書房.
内閣府経済社会総合研究所編 [2005]『コミュニティ機能再生とソーシャル・キャピタルに関する研究調査報告書』(http://www.esri.go.jp/jp/archive/hou/hou020/hou015.html) 2006年4月24日取得.
内閣府国民生活局 [2003]『ソーシャル・キャピタル：豊かな人間関係と市民活動の好循環を求めて』独立行政法人国立印刷局.
西出優子 [2005]「ソーシャルキャピタル形成政策の国際比較」(第62回日本財政学会報告要旨).
日本行政学会編 [2004]『年報行政研究39 行政学とガバナンス論』ぎょうせい.
華山謙 [1969]『補償の理論と現実』勁草書房.

埴淵知哉・西出優子［2005］「NPO とソーシャル・キャピタル：NPO 法人の地域的分布とその規定要因」山内直人・伊吹英子編『日本のソーシャル・キャピタル』大阪大学大学院国際公共政策研究科 NPO 研究情報センター，pp.5-18。

原科幸彦［2002］「環境計画と市民参加」寄本勝美・原科幸彦・寺西俊一編著『地球時代の自治体環境政策』ぎょうせい，pp.28-42。

藤田香［2005］「持続可能な流域管理のための費用負担と参加：日本における水源環境税の導入過程からの示唆」『アジ研ワールド・トレンド』vol.11 (11), pp.31-35。

三俣学・嶋田大作・大野智彦［2006］「資源管理問題へのコモンズ論・ガバナンス論・社会関係資本論からの接近」『商大論集』vol.57 (3), pp.19-62。

宮川公男［2004］「ソーシャル・キャピタル論：歴史的背景，理論および政策的含意」宮川公男・大守隆編『ソーシャル・キャピタル』東洋経済新報社，pp.3-53。

宮永健太郎［2005］「環境 NPO と環境パートナーシップに関する政策論的研究」京都大学大学院経済学研究科博士論文。

宮本善和・道上正規・喜多秀行・檜谷治［2001］「流域連携に関する課題点の構造分析による連携支援機能に関する研究」『土木計画学研究・論文集』vol.18 (1), pp.41-47。

諸富徹［2003］『思考のフロンティア　環境』岩波書店。

── ［2006］「環境・福祉・社会関係資本：途上国の持続可能な発展に向けて」『思想』vol.983, pp.65-81。

山内直人［2005］「ソーシャルキャピタルと NPO・市民活動」『NIRA 政策研究』vol.18 (6), pp.15-21。

谷内茂雄［2005］「流域管理モデルにおける新しい視点：総合化に向けて」『日本生態学会誌』vol.55 (1), pp.177-181。

脇田健一［2005］「琵琶湖・農業濁水問題と流域管理：'階層化された流域管理' と公共圏としての流域の創出」『社会学年報』vol.34, pp.77-97。

和田プロジェクト編［2002］『流域管理のための総合調査マニュアル』京都大学生態学研究センター。

Brown, L.D. and Ashman, D. [1996] "Participation, Social Capital, and Intersectoral Problem Solving: African and Asian Cases," *World Development,* vol.24 (9), pp.1467-1479.

Coleman, J. [1990] *Foundation of Social Theory,* Cambridge, Mass.: Harvard University Press.

Dasgupta, P. [2003] "Social Capital and Economic Performance: Analytics," Ostrom, E. and Ahn. T.K., (eds.) *Foundations of Social Capital,* Cheltenham: Edward Elgar Publishing, pp.309-339.

Easton, D. [1965] *A Framework of Political Analysis,* Prentice-Hall.

Gibson, C.C., Williams, J.T. and Ostrom, E. [2005] "Local Enforcement and Better Forests," *World Development,* vol.33 (2), pp.273-284.

Gittell, R. and Vidal, A. [1998] *Community Organizing: Building Social Capital as a Development Strategy,* SAGE Publications.

Halpern, D. [2005] *Social Capital,* Polity Press.

ILEC [2005] *Managing Lakes and their Basins for Sustainable Use: A Report for Lake Basin Managers and Stakeholders,* International Lake Environment Committee Foundation.

Leach, W.D. [2002] "Surveying Diverse Stakeholder Groups," *Society and Natural Resources,* vol.15, pp.641-649.

Lubell, M. [2004] "Collaborative Watershed Management: A View from the Grassroots," *The Policy Studies Journal,* vol.32 (3), pp.341-361.

Ostrom, E. [1990] *Governing the Commons,* Cambridge: Cambridge University Press.

── [2000] "Social Capital: a Fad of Fundamental Concept?," Dasgupta, P. and Serageldin, I. (eds.) *Social Capital: a Multifaceted Perspective,* World Bank, pp.172-214.

Putnam, R.D. [1993] *Making Democracy Work: Civic Traditions in Modern Italy,* Princeton University Press. (河田潤一訳 [2001]『哲学する民主主義：伝統と改革の市民的構造』NTT 出版。)
—— [1995] "Bowling Alone: America's Declining Social Capital," *Journal of Democracy,* vol.6 (1), pp.65-78.
Sabatier, P.A., Focht, W., Lubell, M., Trachtenberg, Z., Vedlitz, A., and Malock, M. (eds.) [2005] *Swimming Upstream: Collaborative Approaches to Watershed Management,* Cambridge: MIT Press.
Vidal, A.C. [2004] "Building Social Capital to Promote Community Equity," *Journal of the American Planning Association,* vol.70 (2), pp.164-168.

第9章
流域水管理における主体間の利害調整：
矢作川の水質管理を素材として

太田　隆之

1 はじめに

　現代における環境ガバナンスの課題の1つに，ガバナンスの対象となる環境に関わる複数のアクター間による相互の利害調整という課題がある。本章が注目する愛知県矢作川流域での水質保全活動は，この課題を扱う上で興味深い事例の1つである。同流域では，高度経済成長期に深刻化した水質汚濁により被害を受けた農業者と漁業者が，中・下流域の自治体と共に矢作川沿岸水質保全対策協議会（矢水協）を結成して水質保全活動を行ない，更に上流の自治体にも参加を呼びかけながら流域規模の組織にまで拡大して今日まで活動を行なっている。この矢水協の活動は平成8年度の環境白書に取り上げられ，またパートナーシップによる水質保全事例として紹介されるなど，広く知られている（環境庁編1996；依光2001など）。農業者，漁業者が自治体を巻き込みながら活動を行ない，更に流域規模に拡大して活動を行なっている矢水協が，その中でどのように利害調整を行ない，問題を克服しながら組織を形成して拡大し，活動を行なったかを検証することは，協働型環境ガバナンス（本書第1章・第8章）を実現する上で，意義あることと考える。

　本章は次の内容で進める。第2節で矢作川の水質汚濁の発生要因と矢作川を含めた当時の政府の水質汚濁に対する対応について述べ，それを受け

て結成された矢水協の目的と組織的特徴に触れる。第3節では，矢水協内の利害調整を検証する上での理論的フレームワークとして集合行為論に注目し，その内容と，利害調整を行なう上での理論的・実証的な知見からの問題を議論する。第4節では，第3節の内容を踏まえて矢水協の結成と拡張，費用負担に注目し，主体間の利害調整を明らかにする。第5節では，検証の結果を踏まえた矢水協による水質管理の特徴と，矢作川の事例から得られる環境ガバナンスへの示唆について議論する。

2 矢作川の水質汚濁と矢水協

2-1 矢作川の水質汚濁問題

矢水協による水質保全活動が行なわれるきっかけになったのは，高度経済成長期前後で進行した工業化・都市化による水質汚濁である。当時行なわれた水質調査(明治用水1968；原1975)によると，中・下流域における機械工業，および上流域における窯業の原料や山砂利の採取といった地場産業の活動による未処理状態の排水が，そのまま川に流されていた。こうした工業化と並行して進められた都市化による生活廃水と下水道の未整備も，汚濁の原因として指摘されている。当時の汚濁はこれらの要因が複合して発生したため，川の水が白濁化し，深刻な状況であったという。更に，その後これらの産業活動に加えて過疎や林業不振といった問題を抱えていた上流を中心に，ゴルフ場造成などの大規模開発が1980年代頃までに活発化し，これらの活動から生ずる廃水も汚濁要因になった。

こうした汚濁によって大きな被害を受けたのは，農業者，漁業者であった。当時の資料によると，矢作川では1970年に泥水によってノリ養殖や農業に対し被害試算額6億4,000万円に上る被害が生じ，1984年に建設中のゴルフ場の土砂が豪雨の影響で川へ流れ込み，河口付近で行なわれていたアサリの養殖に10億円程度の被害が出たという(矢水協1999，上巻p.36, 190)。更に，これらの汚濁は流域住民の水道水の水質に対する懸念も生じさせた。1976年には，刈谷市内でカドミウムが流出する事態が生じてい

る[1]。

　工業化や都市化による水質汚濁とそれによる農業などへの被害や生活への影響の懸念は，矢作川だけではなく全国の河川流域で起こり，問題となっていた。漁業の立場から中楯興が，農業の立場から農林省農地局が，各地で深刻化した水質汚濁による被害を報告しながら，汚濁が生じた原因についてそれぞれ考察している（中楯 1960；農林省農地局 1969）。両者は共に，汚濁が深刻化した背景には日本における資本主義経済の発展のあり方が深く関わっていることを指摘しながら，加害者側である企業や都市汚水を流す自治体は汚濁防止のための技術を採用しないなど汚濁防止のための費用を負担せずに被害者である農業や漁業が一方的に負担していること，そして政府から実効性ある政策が打ち出されていないことを指摘している。

　これらの指摘は，公害問題や環境政策の研究者からもなされている。宇井純は戦後の国レベルの水質保全政策を形成プロセスも踏まえて検証している（宇井 1986）。その中で，1958 年の水質保全法と工場排水規制法や 1967 年の公害対策基本法では，制定過程とその後の実施において加害者側の産業界の代表者が参加し，企業に対する負担を回避するように働きかける活動を行なっていたことを述べている。また，宮本憲一はこれらの法における環境基準は企業免責の基準であり，国も企業と共に加害者の役割をしていたことを指摘している（宮本 1981）。当時，全国の自治体においても産業基盤を整備しながら工場誘致条例を制定して工業を中心に地域経済を活性化しようとする動きが盛んであり，国と同様の姿勢をとっていた[2]。このように，高度経済成長期頃に産業公害や都市公害によって発生した水質汚濁は，資本主義経済の発展と工業を重視する政府の姿勢を背景としている。

---

[1] NHK 制作の TV 番組「白い川の 8 年」（1977 年 4 月 27 日放送）を参照。
[2] 阿部［1968］によると，当時愛知県内矢作川流域の自治体のうち，12 市町村が同条例を制定している。

2-2　矢水協

前節で述べた水質汚濁問題を受け，被害者であった農業者，漁業者が中心となり矢水協が結成される。以下，矢水協結成と組織の概略について述べる。

水質汚濁によって被害を受けていた農業者,漁業者は 1962 年頃より個々の団体で独自に水質調査を行なうなどのパトロールや愛知県の農業，漁業行政，公害防止行政などに陳情をするなど，水質汚濁防止のための活動を始めていた (矢作川同人 1979 など)。しかし，汚濁は変わらず，行政による対応も引き出せずにいた。この状況で，当初から水質汚濁防止の活動をしていた農業団体の職員らが中心となって活動を行なっていた流域の農業，漁業団体に呼びかけるとともに，矢作川の水を水道水として利用していた自治体にも参加を呼びかけ，大きな組織を作って水質の改善を図ることを目指して，1969 年に中・下流域の 13 の農業，漁業団体と 6 市町村 (岡崎市，豊田市，西尾市，碧南市，一色町，吉良町) によって矢水協が結成された (杉山 1975；矢作川同人 1979, p.7)。その後，更に中・下流の漁業団体や自治体が参加して 1976 年までに 35 団体になり，翌年に上流の 2 町村 (藤岡村，岐阜県明智町) が加わって以降，愛知県企業庁や長野県や岐阜県の上流町村が参加し，1987 年に県を含む流域自治体 26，農業団体 4，漁業団体 20 による流域規模の組織に至った。以上のプロセスを表 9-1 に示した。現在，市町村合併や漁業の合併が生じる一方で新たに上流の漁協が加わり，全流域自治体 18，農業団体 4，漁業団体 18 の 40 団体となったものの，流域規模の組織は維持している。

矢水協は法や制度を根拠とせず，参加団体の合意に基づく任意の組織である。規約によると，矢水協は矢作川流域の水質保全のために必要な調査・対策及び運動を行なうことを目的とし，流域の水質基準や関係官庁との連絡・陳情・指導援助などを行なうことが規定されている。これについて，矢水協事務局長であった内藤連三は，矢水協の水質保全活動が農業，漁業の生産活動の保全を目的として行なっていると述べている (内藤 1988)。矢水協は，主として農業，漁業の生産活動のための水資源を守り，

表9-1 矢水協への加入団体の推移

年次	新規加入団体	総会員団体数
1969	農6, 漁7, 中下自6	19
1970〜76	農4, 漁13, 中下自5	35
1977	上自2	36
1978〜86	上自8, 愛知県	48
1987	上自4	52
―	―	―
2006	上漁3	40

(出典)明治用水［1979］,矢作川環境技術研究会［2002］及び矢水協事務局ヒアリング (2006年9月13日実施) より筆者作成。表中の記号について農＝農業団体,漁＝漁業団体,自＝自治体を示し,上中下はそれぞれの立地を示す。新規加入団体と総会員団体数が合わないのは,矢水協加入後に農業団体間の合併,漁協間の合併,市町村合併が生じたことによる。

これらの生産活動を営む上で必要となる良好な水質の水を確保するために行なわれているのである。なお,これまでに矢水協は水道水へ影響をもたらすような事故などに対しても活動を行なっていることから,農業などの生産者としてのみならず,矢作川の水を水道水源として生活を営む流域住民としても活動を行なっている。

矢水協には,専任機関として事務局が設置されており,事務局には会員団体である明治用水土地改良区から職員が出向している。更に,会員団体は一口5000円で会費を負担しており,予算を構成して活動を行なっている。合意形成機関として役員会と総会が設置されており,それぞれ前年度の活動報告や当年度の矢水協の活動方針,予算額が決定されている。

こうした組織形成の経験と組織構造を持つ矢水協には,2つの特徴がある。第1に,汚濁の被害者である農業者,漁業者と自治体で構成されている。このことは次のことを意味している。まず,工業活動や開発行為を行なう事業者といった加害者側の主体が入っていない。また,第2節で述べた水質汚濁問題を踏まえて会員団体の立地に注目すると,上流の主な会員団体は産業活動を推進していた自治体であり,中・下流側はこうした活動によって生じた水質汚濁の被害者であった農業者,漁業者の団体が含ま

れている。したがって，矢水協内では上流対中・下流の利害対立関係がみられる。そして第2に，任意の組織であるものの専任機関として事務局が設置され，会員団体から会費を徴収して予算を構成して水質保全活動を行なっている。後述するように，住民運動組織は専任機関や予算を持つことが難しく，矢水協がこれらを可能にした点が興味深い (宮本 1989, pp.313-314)。

3 矢水協を検証するための理論的フレームワーク

第2節では，矢水協が汚濁の被害者であった農業者，漁業者が中心となって住民運動を行ないながら自治体に働きかけてできた水質保全を目的とする任意の組織であり，更に上流の自治体にも参加を呼びかけて流域規模の組織として活動を行なっていることを述べた。こうしたプロセスを経て成立した矢水協を捉えるにはどうすればよいか。本章では，矢水協が複数の主体が集まって結成され，今日まで維持されている組織であることに注目し，集合行為論から検証を行ないたい。

社会科学では集団の議論は今日まで多く蓄積されているが，今なお大きな影響を与えているのは，マンサー・オルソンによる集合行為論である (Olson 1965)。オルソンは，人々が集まって形成された集団を分析する上で，いくつかの前提に基づいて行なっている。まず，合理的個人を想定して議論を進めることを述べた上で，人々がつくる様々な集団に共通する唯一の目的はそれに所属するメンバーの便益を増やすことにあり，集団を共通の利益を有する何人かの個人の集まりであると定義している。そして，国家や利益集団など，ある共通の目的をもった人々が集団を結成し，活動を行なった結果得られる共通の便益，集合的な便益を「集合財」(collective goods) と呼び，集合財は集団内の人々に広く行き渡ることから公共財の性質があることを指摘している[3]。ただし，集合財は公共財ではなく，集団

---
[3] 集合財と類似する財として，ブキャナンが議論したクラブ財を挙げている (Buchanan 1965)。オルソンによる集合財の議論は，ここで述べた内容の限りではクラブ財と違いが分かりづらい

外の人々には便益は帰属しないことから，彼らにとっては私的財として評価される財だとしている。

これらの前提を踏まえ，オルソンは従来の集団理論に対して批判を展開する。彼はこれまでの理論が大集団と小集団を区別することなく，必要となれば小集団でも大集団でも関係なく結成されるという仮定で議論をしていることに疑問を提示する。集団を構成するメンバーは，通常，集団を結成して活動した結果得られる便益と，人々と交渉を行なう際に費やす時間や金銭といった組織化のコスト（いわゆる取引費用）[4]を含む集合財供給のコストを比較して集団に貢献するか否かを判断する。このとき，大集団はメンバーが多いことから集合財供給のコストが大きくなる一方，メンバーが多いことから個々に帰属する便益が希薄化し，負担したコスト以上の便益が得られないと判断する。その結果，集団の規模が大きくなると個々のメンバーは集合財供給のための費用を負担しないことから，集団ができて集合財が供給されるのはごく少数の人々から構成される小集団のみであり，

が，オルソンは集合財について更に議論を展開している箇所で両者の違いについて論じている。彼は集合財を「排他的集合財」(exclusive collective good) と「包括的集合財」(inclusive collective good) に分けている (Olson 1965, p.38)。前者は，ある集団内で排除不可能であり，かつ供給の結合性が全くなく，集団のメンバーは他のメンバーが排除されることを望んでいるような財であり，後者は，特定集団内で排除は不可能であるが，供給の結合性はかなりの程度認められ，更に別のメンバーの利用が他のメンバーの消費を減少させることがない性質を持つ財であると説明している。オルソンは，クラブ財の前提は厳しい制約を伴う供給の結合性があるものの，排除可能性を認めていると指摘している。このように，集合財とクラブ財は財の性質で違いが認められるものの，集合財を享受する集団の利益 (interests) はその財を消費する人々の増減によってどのように影響されるかというアプローチはオルソンもブキャナンも共通しており，更にブキャナンの方がより一般的なモデル展開をしていることをオルソンは指摘している (Olson 1965, p.38, note58)。

[4] オルソン自身はこうした組織化の費用を「取引費用」とは述べていない。しかし，オルソンが提示する組織化の費用は，少なくとも公害問題や環境問題に対して働きかけることを目的とする組織を考える場合，コースが提示した取引費用とみなすことができる。コースが議論した取引費用は，関連する諸価格を見つけるための費用や交渉する際の費用など，市場を利用するための費用である (Coase 1937, 1960)。その後，ダールマンは取引費用と外部性を結びつけた議論を展開した。彼は外部性とは取引費用が存在することでパレート効率的な状態と乖離している状況を生むものであるとし，外部性が生ずる根源には取引費用があることを議論した。そして，探求，情報のコストや情報，意思決定のコストなどが取引費用であるとしている (Dahlman 1979)。ダールマンの議論に依拠すれば，外部不経済である公害，環境問題を克服するためにかかる費用は取引費用とみなすため，公害反対の住民運動などの組織化にかかる費用は，取引費用とみなすことができる。なお，本章における取引費用の定義は，ダールマンの議論に従う。

大集団は結成されず集合財も供給されないことから、従来の集団理論の仮定には誤りがあるという結論に達している。

このように、理論上は大集団が結成されないにもかかわらず現実に大きな労働組合や農業団体などの大集団が存在するのは、その集団がメンバーに対して負担を回避したことに対する罰などの強制や制裁的な手段を用いて組織化を図っているか、もしくは目的の集合財とは異なるサービスや財を供給することでインセンティブ（動機付け）をもたせていることに理由があるとしている[5]。オルソンは、このインセンティブはメンバーに対して個別に選択的に適用されるものであるとして「選択的インセンティブ」(selective incentive)と呼んでいる。これによって大集団ができることから、当初の集団の目的は「副産物」(by-product)として達成されると論じている。

一方、小集団の場合はモデル分析を通じて大集団のような事態が生じないために集合財供給がなされることを明らかにしているが、小集団においては、集合財を高く評価して大きな負担をする者とそれほど集合財を評価せず必要以上に費用負担をしない者が生じることを指摘している。その結果、メンバー間の費用負担が恣意的になることで、わずかしか負担しない者が大きな負担をする者を「搾取」(exploitation)することにより、集合財が過小供給されるとしている。

このように、オルソンは経済理論から集団形成を検証し、公共財の性質を持つ集合財の供給におけるフリーライダーの発生によって大集団が形成されないこと、小集団において集合財が過小供給されることを結論として提示した。こうしたオルソンの議論は多くの人々に受け入れられて広く利用される一方で、批判もなされている。これらの議論のうち、本章は次の2つに注目する。

まず、集合財供給で発揮されるはずのリーダーシップの軽視という批判

---

[5] オルソンは、当時アメリカで活動していた農業団体などの大集団が、メンバーに対する保険料の軽減やメンバーだけが利用できる諸々のサービスを提供していたことを例として挙げている。なお、彼は選択的インセンティブについて経済的なインセンティブだけではなく、名声や友情などの「社会的インセンティブ」も含まれるとした上で、これらも経済的インセンティブにおける選択的インセンティブと同様に機能するとしている (Olson 1965, pp.60-65)。

である。これについてはフローリッヒらがいち早く本格的な議論を提示している (Frohlich et al. 1971)。彼らはオルソンの問題意識を受け継ぎながら，リーダーが集合財供給による便益が負担するコストよりも大きいことを判断した上で，選択的インセンティブを利用する手段や強制的な手段を用いて組織を形成し，集合財を供給するように働きかける機能を果たすことを論じている。近年リーダーは集合財供給において重要な主体として位置づけられていることから，矢水協について検証する際にもリーダーシップに注目する[6]。

次に，選択的インセンティブに対する批判である。ハーディンやヘクターは，オルソンの議論で大集団の形成要因として提示された選択的インセンティブに対して批判を行なっている (Hardin 1982, Hecther 1987)。彼らは，本来集団のもつ目的以外のインセンティブが選択的インセンティブであるが，それを通じてメンバーに働きかけること自体が組織化にかかる費用と同様に費用のかかることであり，このこと自体を集合財供給であると考えるべきであると主張している。更に，西村友幸はオルソンの議論は選択的インセンティブの提供と集合財生産の関係が不明確であることを指摘しながら，オルソンが本来の集団の目的を「副産物」として扱っていることに疑問を提示している (西村 2005)。選択的インセンティブに対するこれらの批判は十分なものではないが，集団形成や維持を考える上で重要な視点を提供している点で評価できる。

こうしたオルソンの選択的インセンティブに対して批判がなされる理由の1つには，選択的インセンティブがフリーライダーの発生によって理論上存在し得ない大集団が存在することを示す理由にとどまっていることがあろう。実際，オルソンは誰によってどのように選択的インセンティブが用いられることで大集団が形成されるのか，そのプロセスについて議論を展開していない[7]。集団形成プロセスにおいては，先述したように，フロー

---

[6] Ueda [2003] などを参照。オルソンも『集合行為論』の1971年補筆版の中で，集合財供給におけるリーダーの重要性に言及している。
[7] その後，オルソンは1982年に再び集合行為論を議論しているが，大集団の形成プロセスは論じていない (Olson 1982)。

リッヒらによってリーダーが重要な機能を果たすことが理論的に示されている。しかしハーディンらの議論を見る限り,集合財供給におけるリーダーシップについては言及がない。他方,リーダーシップが集合財供給に果たす機能がハーディンらの議論に対する反論となりうるが,フローリッヒらの議論では選択的インセンティブに対する人々の評価があることが前提となっている。この評価が不安定な場合はリーダー自身が得られる便益よりも負担するコストが大きいことから,選択的インセンティブを用いて集団を形成することができない可能性がある (Frohlich et al. 1971, pp.32-44)。したがって,リーダーと選択的インセンティブの双方に注目して議論する場合,選択的インセンティブの内容とそれに対する評価を明らかにし,更に選択的インセンティブを通じて集団形成を働きかけるリーダーの活動を支える基盤は何かを検証する必要がある。

　以上,オルソンによる集合行為論とそれに対する批判について述べた。オルソンの議論は,経済学からある目的をもって形成される集団とその中で生ずる利害調整や問題を考える上で1つの軸となりうる議論である。そして,オルソンを批判するその後の議論も,集団形成について興味深い論点を提供している。水質汚濁防止とその後の水質保全を目的として複数の団体から結成され,更にその後組織を拡大しながら流域規模の組織となった矢水協の形成過程と利害調整を検証する上で,集合行為論は有益な議論である。

4 矢水協の結成と活動による費用負担問題

4-1　組織形成とインセンティブ

(1) 農業者,漁業者のねらい

　第3節で提示した集合行為論から,矢水協の結成と拡張,今日までの流域規模の組織の維持を検証する。まず,矢水協の結成に焦点をあてる。これについて,筆者がこれまでに集めた資料より次のことが分かっている。まず,矢水協の組織化を担った農業者,漁業者は,矢水協を結成する上で

いくつかのねらいをもっており，それに基づいて活動をしていたということである。次に，参加を呼びかけられてそれに同意した流域自治体は，彼らからの参加の呼びかけに応じてこれを受け入れる理由があったということである。

　農業者らには次の3点のねらいがあった。第1に，水質保全活動の一定の成果を得られるまで矢水協のメンバーを被害者の立場に立つ団体に限定して呼びかけていくというねらいである (明治用水 1979, pp.366-369; 矢作川同人 1979, p.8)。農業者らがこのねらいを持ったことには，矢水協結成の前に神奈川県で彼らと同様の目的をもって活動をしていた組織を訪ね，行なっている活動や組織を直に見た経験が反映している。その組織の規約や会費によって活動費用を賄っていたことなどを学ぶ一方，加害者側の団体も参加していたことで会の目的や活動そのものが妥協的だったと判断した。農業，漁業のための水資源を確保し，水質保全を行なうにあたり，上流の団体や工業側の団体が参加することでその組織のようになることを案じた結果，被害者団体でまず組織化し，活動を行なっていく方針をとった。矢水協の会長に就いていた人物は初期の矢水協を「利水者の自主防衛組織」と評したが，その背景にはこの方針を重視していたと考えられる (矢作川同人 1979, p.7)。その後今日に至るまで，矢水協には工業側の団体が会員団体として参加していないことから，現在も利水者の自主防衛組織という一面が認められる。

　第2に，自治体に矢水協への参加を呼びかけ，それを実現しようとするねらいである。長く矢水協事務局長に就いていた内藤連三は，自治体の参加について次の発言をしている (清水 1994, p.74)。

①「役所を巻き込まなければ問題の現実は無理と思った」
②「役所はどうしても政治家や企業に弱い。しかし，それは彼らがそう考えてなっているわけではないから，われわれが弱点を補って，行政本来の仕事をさせればいい」

　矢水協結成以前に汚濁の被害を受けていた農業者らは，愛知県行政に汚濁防止を陳情していたが (本章第2節)，①の発言とこうした農業者らの活

動から,汚濁防止を実現するためには法規制などの自治体行政が必要不可欠であり,大きな期待をしていたと推察される。実際,矢水協の水質保全活動の1つである「矢作川方式」は,行政による流域での経済活動に対する事前審査過程に矢水協が参加する形で行なわれている[8]。他方,当時自治体は工業などの産業振興を重視していたが(前同),②の発言とこうした自治体の姿勢から,彼らは自治体が工業側を向いて行政を行なっていたのを理解していたと推察される。その上で,自治体を参加させることで農業者らが自身の立場を主張し,自治体に対して働きかけを行なっていくことによって汚濁の防止と水質保全に取り組ませ,不十分な点があれば働きかけようと考えていたことが分かる。こうした農業者らの理解とそれに基づいた運動に基づく活動は,工業の振興と水質保全を軽視する自治体の政策に対し,農業,漁業の活動のための水資源の確保する水質保全を行なうべきであるという対案ともいうべき水質保全のスタンスを提示しており,行政の監視も視野に入れた活動であった。

こうしたねらいを持ちながら,彼らは自治体に水道水供給主体というもう1つの側面があることも理解していた。農業者らは,矢水協を結成する上で大口の利水者であった自治体水道部局に対して参加の働きかけを行なうことを決めており,これに水道部局が同意したことで自治体が参加したという経緯がある。実際,矢水協が結成された1969年当時,矢作川に水道水の水利権を持っていた自治体は深刻化する汚濁を懸念しており,汚濁防止活動には熱心に取り組んでいた(矢作川同人1979, p.7)。こうした呼びかけは,矢水協が汚濁の被害者である利水者による自主防衛組織であったという指摘と合致する。このように,農業者らは行政と利水者の両方から自治体に注目し,参加を呼びかけていた。

第3に,上流,中流,下流が協力し,流域一帯で汚濁防止と水質保全を行なうというねらいである(毎日新聞社1980;内藤1987;清水1994など)。ここでは特に,上流による汚濁防止に注目する。先に述べたように,上流は

---

[8]「矢作川方式」の詳細は,毎日新聞社[1980]や太田[2006]などを参照。

中・下流の農業者らにとって汚濁主体であった。矢水協結成からしばらくは，農業者らは上流企業や自治体に対して対決姿勢で臨み，強い抗議を行なっていたことから，この時期の「上流の協力」とは，一方的に上流に汚濁をやめるよう求めることを意味していたと考えられる[9]。その後こうした交渉を繰り返す中で，農業者らは上流が過疎などの問題を打開するために大規模開発を受け入れることなどを知る一方，上流側は中・下流の漁業への被害を知ることで，対立的な関係が徐々に融和して双方の問題を考える方向に進んでいった。こうした上下流間の交渉がきっかけとなって，矢水協事務局を介した住民交流も行なわれるようになり，対決姿勢で臨んでいた農業者らも汚濁防止のための技術的知見を積極的に提供するなど，協調型の関係になったという[10]。このように，農業者らは一貫して流域一帯での汚濁防止と水質保全をねらいとしているが，その姿勢が対立型から協調型に変化していることが分かる。

これら3つのねらいには，農業，漁業のための水資源の確保と保全を行なうという目的を達成するための方法が明確に示されている。矢水協の特徴は，この目的を達成するために広い視野を持って組織化を行ない，活動を展開した点にある。行政主体として自治体に注目しながら，自治体が水道供給主体でもあり，農業者らと共通の利害を持っている点に注目をして参加を働きかけている。また，流域一帯による水質保全を目指す中で，上流に対して抗議活動を行なうだけではなく，交渉を通じて生じた住民交流をきっかけとして対立関係が協力関係に変わり，更に共に水質保全に取り組んでいく方向へと変わっている。こうした矢水協の組織化とこれに関する活動の展開のプロセスには，複数の内容と意義が含まれていて興味深い。

(2) 流域自治体が参加する理由・背景

次に，農業者らに呼びかけられて矢水協に参加した流域自治体の理由や

---

[9] 実際，こうした矢水協の活動は上流側にとって非難対象になっていたという。
[10] こうした相互理解と同時進行で，矢水協はパトロール活動を行なっていた。相互理解がなされた背景の1つには，この活動による影響もあったと考えられる。当時のパトロールについては，矢作川同人［1979］および毎日新聞社［1980］，134-136ページなどを参照。

背景に注目する。流域自治体が矢水協に参加する理由として，中・下流の自治体には3点の理由，上流の自治体には2点の理由があった。

中・下流の自治体が参加した第1の理由は，水道供給主体として水質汚濁による水道水への影響を懸念していたことにあった。矢水協は，1973年に流域住民向けの科学物質の用語解説を内容とする『水質保全のしおり』という冊子を発行したが，これには岡崎市水道局が協力して作成に参加している（矢水協1973）。第2に，水質汚濁に起因して発生する水不足とその回避である。矢作川は，歴史的に形成された農業水利中心の水利秩序に工業用水や都市用水が加わったことで高度に水が利用されている（伊藤2002など）。大矢らは，この状況で大きな水利権を持つ農業用水が，水質汚濁によって汚濁の激しい地点からそうでない地点に取水ポイントを変えたことにより，他の用水の水不足が発生したことを報告している（Oya and Aoyama 1994）。このように水質汚濁と水不足が結びつく矢作川流域では，自治体にとって水質汚濁を防止することの意義は非常に大きい。第3に，公害防止や環境保全のための行政の推進である。明治用水の記録によると，矢水協が結成される1969年から1973年にかけて，中・下流の市町村に次々と公害担当課が設置されている。この背景には，1970年の「公害国会」や，1960年代後半から1970年代にかけて盛んになされたメディアによる公害報道も反映していたと考えられる[11]。こうした自治体の環境に加えて，矢水協事務局を中心とする流域一帯のパトロールや告発，「矢作川方式」による事前協議を中心とする矢水協の水質保全活動が水質汚濁の防止に効果的であり，行政を行なう立場として地域の事情を踏まえて行政を行なえる点で都合が良かったことも指摘できる。このように，自治体が矢水協の一員として行政を行なうことは，流域で経済活動を行なう企業に対して矢水協の存在が無視することができないという影響をもたらしたと考えられる。

---

[11] 当時の流域自治体における公害担当課の設置状況については，明治用水［1979］，382ページを参照。また，当時のメディアの報道について，矢水協［1999］上巻は矢作川流域，中澤ほか［1998］は全国の状況を知らせている。明治用水［1979］の371-372ページによると，当時矢水協が積極的にメディアに対して働きかけている。

上流自治体が参加した第1の理由は，中・下流の自治体と同様に，公害防止や環境保全のための行政を推進することである。第2に，地域経済の活性化の問題である。先に述べたように，上流は大規模開発行為を受け入れることにより，上流で地域の活性化を図ろうとしていた。これを知りつつ上流も含めて流域で水質保全を行なうことを目指していた農業者らは，上流自治体に対して「いずれ経済的に発展している下流が，上流を助ける時も来るから，まずは互いに協力をして」と矢水協への参加を呼びかけたという (清水 1994, p.81)。当時，1977年に三全総で「流域定住圏」が提唱され，1979年に矢作川流域はそのモデル調査地区に指定された。地域経済の問題を抱えていた上流側はこうした動きに期待をしていたことから，矢水協の呼びかけは上流自治体に対してインパクトを与えるものであったのではないかと考えられる (毎日新聞社 1980, pp.190–192, pp.201–203)。呼びかけを行なった矢水協事務局長はその後流域の自治体に働きかけ，1991年に明治用水と自治体の出資によって，川を介しての共生と地域振興を目的とする財団法人矢作川流域振興交流機構が設立されている (清水 1994, pp.77–79)。

以上，流域自治体の矢水協への参加の理由や背景について述べてきた。農業者らが水資源の確保と保全を目的とするねらいで一貫していた一方，流域自治体には行政や水量問題，地域経済問題という複数の理由や背景があったことが分かる。農業者らの活動とは関係ない公害防止・環境保全制度の整備といった行政上の理由や，水利秩序と利水状況という地域的条件が矢水協の結成に作用していたことは矢作川流域の特徴であるが，農業者らが自身の求める目的だけではなく，これらのことを視野に入れて活動を行なっていた点は興味深く，矢水協を結成する上で有効であったといえる。

(3) 会員団体に対する集合財とインセンティブ

これまでに述べてきた矢水協の結成をめぐる農業者らのねらいと，それに同意する流域自治体の理由や背景を，集合行為論から検証する。まず，矢水協の会員団体全てに共通しているのは，水質汚濁の防止と水質保全という目的であり，それぞれの立場からこれが達成されることを望んでいた

表9-2　会員団体の矢水協への参加に関する集合財とインセンティブの内容

会員団体	集合財	インセンティブ
農業者・漁業者	水質汚濁の防止とその後の良質な水質の保全	生産活動を行なうための水資源の確保 安全な飲料水の確保 工業重視であった自治体に対し農業者，漁業者の主張を反映させること 交流を通じた社会的インセンティブ（選択的インセンティブ）
中・下流の自治体		安全な飲料水の確保 公害防止行政，環境行政の推進 水質汚濁に起因する水量不足の回避（選択的インセンティブ）
上流の自治体		公害防止行政，環境行政の推進 交流を通じた社会的インセンティブ（選択的インセンティブ） 地域経済の活性化へのきっかけ（選択的インセンティブ）

（出典）　筆者作成

点である。したがって，矢水協の目的である汚濁防止と水質保全は，各会員団体にとって集合財であった。しかし，各会員団体にとってこの集合財の意義は同じではなく，それぞれ異なっていることが分かる。まず，農業者，漁業者は農業，漁業を営む上での水資源の保全を達成しようとして活動を行なっていた。更に，流域住民の立場から安全な飲料水を確保するための活動も行なっていた。次に自治体について，中・下流の自治体は利水者の立場から農業者らと同様に安全な飲料水を確保しようとしていたとともに，汚濁に起因する水不足を回避することを望んでいた。ここから，水質汚濁防止と水質保全という集合財は，それ自体で各会員団体に対してインセンティブを働かせていたことが分かる。

　このように，集合行為論から矢水協の結成と拡大を検証すると，農業者，漁業者，流域自治体の矢水協への参加とそれによって得られる集合財と参加へのインセンティブは表9-2のようにまとめられる。農業者らによるねらいが複数の側面を持ち，それぞれの自治体の状況と合致する内容であっ

た点で，これらのねらいが有効であったと評価できる。矢水協が1969年に結成されて以降組織を拡大しながら今日まで活動を続けている理由の1つは，集合財供給とそれを行なう上での選択的インセンティブを含む各種のインセンティブでうまく機能しており，それらが会員団体に高く評価されていることにある。そして，これに加えて指摘しなければならないのは，当時全国的に公害問題が深刻化する中でメディアによる報道と彼ら自身これを利用して自治体に対する参加などを含む活動を行なっていた点である。こうした活動も，矢水協の組織化と活動がうまくいった要因として挙げられよう。

4-2 費用負担問題とその克服
(1) 費用負担問題

ここまで，矢水協の組織化について検証を行ない，組織形成のインセンティブと参加するインセンティブを明らかにした。次に，オルソンが指摘した組織化と水質保全活動に伴う費用負担の問題を検証する。

これまでに，矢水協の結成と水質保全活動は，会員団体の1つである明治用水土地改良区に所属する人物が率先して行なったことが分かっている[12]。この人物は，1969年以前から水質汚濁に懸念を抱いて独自に水質調査などをしており，漁業団体や自治体などに呼びかけ，中・下流の19団体による矢水協の結成を行なっている。さらに，彼は上流自治体にも参加を呼びかけ，上・下流の住民交流の仲介も行なっている。このように，彼は組織形成から活動に至るまで矢水協を引っ張るリーダーシップを発揮しており，彼が矢水協結成と拡張，活動に関わる取引費用を主に負担していた。

リーダーがこうした活動を行なう背景として，彼自身強い信念を持っていたことが挙げられるが，リーダーの活動を支える経済的基盤がどうなっていたかは検証すべき問題である(本章第3節)。これについて矢水協は，

---

[12] 筆者はかつて，この人物の発揮するリーダーシップに注目して研究を行なった。詳しくは太田［2005］を参照。

表 9-3　矢水協事務局が専任機関になるまでの経緯

1969 年	明治用水土地改良区企画課と会員の諸団体職員が兼任する。
1970 年	明治用水用水課が担う。
1973 年	明治用水職員 1 人が出向し，専任職員になる。

(出典) 明治用水 [1979]，368 ページより筆者作成。

内部で水質保全活動に関わる費用負担問題を克服し，会員団体の合意形成を通じてリーダーに水質保全活動に特化できる体制を生み出している。以下，この動きを検証する。

矢水協では 1969 年に結成された際に，会員団体による会費負担と事務局の創設が決定されている。第 2-2 節で述べたように，神奈川県の団体を参考に 1 口 5000 円の会費を 19 の会員団体が負担して成立した矢水協は，予算額 22 万 8000 円で活動を始めている。以降，会員団体が増える毎に予算も大きくなるが，活動を支える予算としては十分ではなかった。このことは事務局の活動に如実に現れる。結成時に設けられた事務局を主に担っていたのは明治用水である。明治用水の記録によると，事務局は表 9-3 の経緯を経ている。

1969 年から事務局は流域のパトロール活動を行ない，リーダー格の人物と明治用水の企画課や用水課を中心に，事務局を担っていた諸団体，そしてそれ以外の会員団体の有志も参加して行なわれていた。しかし，パトロールを行なう分担などはなされなかったため，最終的に明治用水職員のリーダーらが活動をする事態になった。こうした事態を受けて，明治用水内では矢水協の活動を行なう上での明治用水の負担が大き過ぎることを指摘する意見が出ている[13]。その後，リーダーが明治用水内の人事異動で用水課から離れると，精力的に行なわれていたパトロールが単に見て回るだけになるなど活動の形骸化と停滞が生じ，水質も悪化していった。これを受けて，1972 年に会員団体は明治用水にリーダーの復帰を求めるととも

---

[13] 当時，明治用水内には「沿岸全体の利水者の利益のための活動に，なぜ明治用水だけが人件費まで背負って犠牲にならなければならないのか」という議論が出たという (矢作川同人 1979, p.11)。ここで議論されている「犠牲」には，水質保全活動についての取引費用も含まれているのは明らかである。

に，会費を倍にして事務局体制を改善し，専任職員を置いて活動費用と人件費を負担することを提案した。これが翌年の総会で合意を得，明治用水から出向という形でリーダーを事務局専任職員とし，人件費と専用の自動車購入などの活動費が予算から支出されたという（矢水協 1999，上巻 p.103, pp.118-119；矢作川同人 1979, p.11）。

矢水協内におけるこうした費用負担問題は，オルソンによる小集団内の集合財供給における費用負担の不平等と同様の問題である。事務局を担い，活動を行なっていたリーダーが属していた明治用水は，人件費と活動費ともに他の会員団体よりも大きな負担をすることで「搾取」されていた状態であった。それに対して，他の会員団体は水質の悪化もあって会費負担を大きくすることで事務局を専任機関化し，活動費用を矢水協全体で負担することで合意を形成している。矢水協では，各会員団体からの会費を倍にすることで事務局の活動を支える経済的基盤を持ち，専任機関を設けることに会員団体で合意形成をしながら，費用負担の問題が克服されている。

(2) 会員団体間での会費割当の原則

では，矢水協内の費用負担問題を克服する手段として用いられた会員団体間の会費の割当はどのように行なわれているのであろうか。そこで次に，会員団体間での会費の割当とそれに適用されていると考えられる費用負担原則について検証する。

図 9-1 に矢水協の予算と会員団体数の推移を示した。結成した 1969 年には 19 団体で 22 万 8000 円であった矢水協は，全流域自治体が参加して 52 の会員団体になって以降 90 年代は 2400 万円，2001 年以降は 2800 万円台になっている。矢水協の予算のうち，会費による収入は 2001 年において 1473 万円で最も大きく，その他は外部からの受託金や前年度からの繰越金で構成されている。2006 年に会員団体が 52 から 40 にまで減っているが，これは市町村合併に加えて農業団体，漁協の一部も合併したことが影響している。しかし会員の脱退は起こらず，全流域自治体と従来の農業団体，漁業団体はそのまま参加しており，予算規模も大きな変化はな

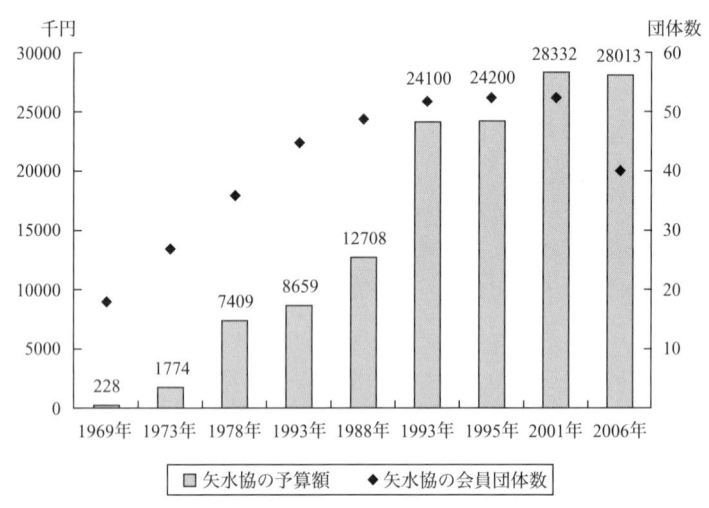

第Ⅲ部
ガバナンスから流域管理を考える

図9-1　矢水協の会員団体数と予算額の推移
（出典）　明治用水［1979, 1997］及び矢水協資料より筆者作成。

い[14]。なお，こうした矢水協の予算は，前節の最後で触れたように事務局の人件費や活動費を中心に支出されている。

　次に，会費の割当状況を検証する。ここでは，矢水協が52の会員団体を抱えて流域規模の組織となり，昨今の市町村合併などの変化が生じる前のまだ安定した状況であった2001年における会費割当に注目する。2001年における会員団体の会費の割当状況を図9-2に示した。図9-2において農業団体は4団体で29%（418万円）を負担しており，明治用水は全体の24%（349万円）を負担している。農業団体の負担はほぼ明治用水が行なっている状況である。次に，漁業団体は20団体で15%（217万5000円）を負担している。そして，流域自治体は2001年に28団体で56%（812万円）を負担している。矢水協の予算は農漁業団体で4割程度，流域自治体で5割強を負担している[15]。

---

[14] 2006年9月13日に実施した矢水協事務局ヒアリングより。
[15] 市町村合併などが一通り終わった2006年においては，農業団体は4団体で31%を負担し，明治用水は26%を負担している。漁業団体は19団体で16%を負担している。そして，流域自治体は18団体で53%を負担している。

216

第 9 章
流域水管理における主体間の利害調整

図 9-2 矢水協における会費の配分 (2001 年)
(出典) 矢水協資料より筆者作成．

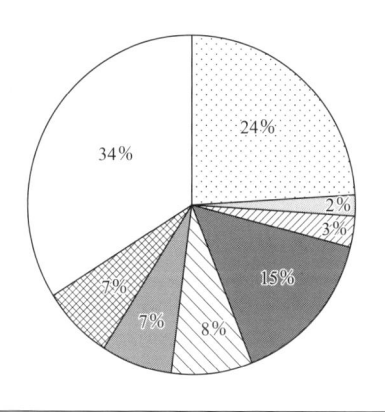

凡例：明治用水　枝下用水（現豊田用水）　他の農業団体　漁業団体　愛知県企業庁　岡崎市　豊田市　流域自治体

　矢水協事務局によると，こうした会費の割当について現在判明しているのは流域市町村の会費の割当であり，自治体の人口数をベースに会費を割当しているという．実際，人口の多い豊田市や岡崎市は流域市町村の中で最も多く会費を負担しており，それぞれ 7-8％ (100 万円前後) を負担している．上流自治体は個々の人口が少ないため，会費負担も小さい．しかし，農業者，漁業者，自治体の割当については資料がなく不明ということだった．そこで本章では，この 3 者の割当について，1 つの視点として矢作川からの利水量に注目し，検証を試みたい．

　流域の水源である矢作ダムに設定された水利権の配分を表 9-4 に，近年の矢作ダムの農業用水，工業用水，上水道の利水量を図 9-3 に示した．

　水利権の配分では，特に明治用水に大きな水利権が設定されており，実際の利水量も農業用水が大きい．次いで工業用水，上水道の順に水利権が設定されて利水されている．愛知県内の流域自治体の上水道は全ての自治体で県営水道から供給を受けている．しかし，矢作川の表流水に水道用の水利権を持っているか否かで異なっている．流域自治体において利水量の大きい豊田市と岡崎市の県営水道からの受水量を表 9-5 に示した．両市

217

表9-4 矢作ダムにおける各種用水の利水状況

農業用水…41.79t/s　そのうち明治用水は30.0t/s、枝下用水（現豊田用水）は8.69t/s
工業用水…6.69t/s、上水道…4.43t/s

（出典）国土交通省中部地方整備局矢作ダム管理所［2005］、14-15ページより筆者作成。この数値は最大取水量を示している。

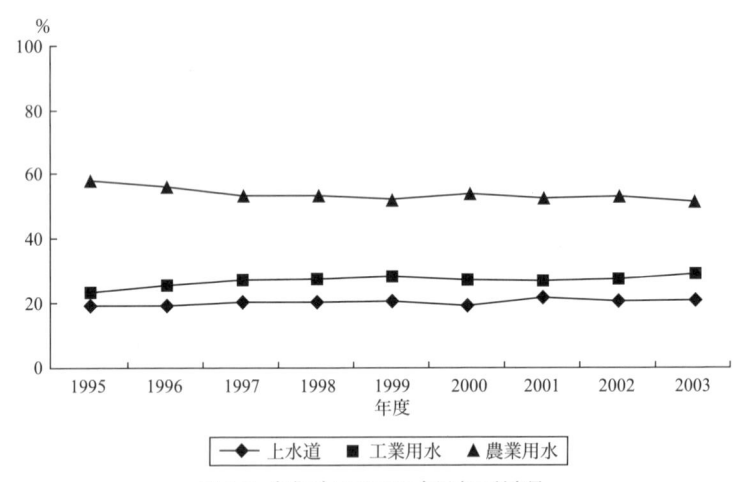

図9-3　矢作ダムにおける各用水の利水量
（出典）　愛知県岡崎農業開発事務所、愛知県西三河農林水産事務所『矢作川利水管理年報』（各年度版）より筆者作成。

とも人口規模はさほど変わらないが、水利権を有する岡崎市などは県営水道の利用量は小さく、矢作川の表流水に水道水用の水利権のない豊田市は市の水道の約7割を県営水道に依存している[16]。

　水がきれいになることによって、安全な飲料水や生産活動を行なう上での水資源が確保されるという便益を得るのは、利水団体である。したがって、利水という視点から矢水協の会費負担を捉えると、大きな水利権をもつ明治用水、自治体に上水道を供給する愛知県企業庁、豊田市、岡崎市な

---

[16] 愛知県土木部［1991］、神谷［2000］、および両市のホームページを参照。

表9-5 愛知県企業庁より上水道の供給を受けている流域自治体の受水量

受水団体名		豊田市	岡崎市
年度	1989年	31022	8344
	1990年	33170	9015
	1991年	35529	9508
	1992年	35564	10722
	1993年	33466	11803
	1994年	31731	10422
	1995年	34306	11629
	1996年	35113	10926
	1997年	36299	10389
	1998年	36486	10532

(出典) 愛知県西三河水道事務所［1999］，5ページの「受水団体別給水量」より抜粋。
単位は千 t。

ど人口の多い自治体の費用負担が他の会員団体よりも大きく設定されているのは，矢水協の活動によって達成される水質保全による受益が大きくこれらの団体に帰属することに理由があると考えられる。これらの団体に限らず，中・下流の自治体全てと漁業団体の会費負担についても，水質保全による受益を根拠としていると考えられる。矢水協が利水者による自主防衛組織という特徴を持ち，工業者らの代表を除いて結成されている経緯から考えても，受益者負担原則が会員団体間の会費割当の原則として適用されているのではないかと考えられる。

しかし，利水量だけで考えると，農業者の利水量が上水道よりも大きいにも関わらず自治体が矢水協の予算の半分を負担していることが説明できない。ここで注目したいのは，自治体の会費割当が人口数をベースにしており，水質汚濁の要因の1つに下水道の未整備や都市化に伴う生活廃水などが含まれていた事実である。下水道が十分整備されない限り，人口が大きくなればなるほど生活廃水による汚濁は一層強まる[17]。このことから，

---

[17] 明治用水［1979］には次の記述がある。「人口の増加は，直ちに生活汚水の増加につながり農業用水を汚濁している。各市の (筆者注：昭和) 51年の統計資料から試算すると，農業用水に流

表9-6　自治体の人口と会費割当

	総数（2001年10月現在：人）	会費負担（2001年度：円）
豊田市	345133	1045000
岡崎市	343150	990000
安城市	163122	560000
一色町	24523	270000
幡豆町	13295	170000

（出典）矢水協資料，「2001 西三河の統計」（碧南市ホームページ），「西三河6都市の地域基礎データ」（西尾市ホームページ）より筆者作成。

　矢水協結成時には，汚染者負担原則に基づいた会費の割当がなされたのではなかろうか。もしそうだとすれば，流域の全自治体が矢水協の会費を負担し，人口の多い自治体ほど多く会費を負担している理由が理解できる。参考までに，表9-6に愛知県内の流域自治体の人口と会費の割当を示した。流域で最も人口の多い豊田市や岡崎市（中流域）は流域市町村において最も大きい費用を負担しており，比較的人口の少ない一色町や幡豆町（下流域）の約4～6倍の会費を負担している。

　以上，矢水協内における会員団体間の会費の割当を検証した。矢水協では，主としてリーダーを中心として行なわれた組織化や水質保全活動を支えるために予算を持っており，会員団体間で費用負担の不均衡の問題を克服する際に会費を調整する合意形成を通じて予算を増やすことが決まったという経緯があることが分かった。そのようにして行なわれた会費の割当には，利水量を反映する受益者負担原則と人口（組織規模）の大きさを反映する汚染者負担原則が適用されていると推察される。むろん，このことをより確実に把握するためには，更なるデータや資料をもって検証することが必要となる。しかし，これまでの検証で分かったことは，会員団体間の合意を通じて成立している水質保全を目的とする任意の組織である矢水協は，費用負担においても会員団体間で利害調整をしながら合意形成を通じ

入する世帯は，…全域では27105世帯の生活汚水が流入している」（明治用水1979, p.348）。

て問題を克服しているということである。

5 むすび

　本章は，矢作川流域で水質保全活動を行なう矢水協に注目し，組織形成のプロセスと活動における費用負担を集合行為論からアプローチし，会員団体である農業者，漁業者，自治体間の利害関係と調整を検証した。集合行為論から矢水協を検証すると，組織化と活動を積極的に行なうリーダーを中心に農業者，漁業者が中心となって組織形成を進めており，彼らは自身の利害を保持し，ねらいを達成するべく流域自治体に参加を呼びかけながら，上流自治体，中・下流自治体それぞれの利害関係を把握した上で巧みに調整や働きかけを行なっていることが分かった。そして，水質保全という共通の目的に直に結びつき，かつ各々にとって意義のあるインセンティブをもたらすことで流域規模の組織を実現して今日まで組織の規模と活動を維持している。以上のことから，矢水協の組織化は集合行為問題を克服する事例として高く評価することができる。

　また，組織形成における費用負担問題について，矢水協は利水者の自主防衛組織という特徴を保持しながら組織化を行なっており，会員団体間の利害調整と合意形成を通じて受益者負担原則と汚染者負担原則に基づいて会費の配分を行なっているであろうことが推察された。このように費用負担問題を克服してきた点も，矢水協が今日まで活動を続けている要因の1つである。以上，矢水協による組織化と水質保全活動の費用負担問題の克服は，協働型環境ガバナンスを実現する上で示唆に富む事例であろう。

　最後に，本章で理論的フレームワークとして用いた集合行為論は，下からの自治を内包する協働型環境ガバナンスを考える上で有益な視点と論点を提供しており，意義ある議論を展開していることが分かった。しかし，この議論は集団一般を考察対象とし，集団が形成されるメカニズムを明らかにしている一方，集団の目的や活動の意義は捨象する側面がある。集合行為論では，本章が扱った公害反対の住民運動の目的やそれに基づいて行

なわれている活動の特徴や意義を捉えることができない。こうした地域における公害反対の住民運動は，同様の事例を多く検証しながら議論が構築されている住民運動論から検証されなければならない。実際，本章で触れた住民運動を基礎とする矢水協の水質保全活動は，流域で深刻化した水質汚濁の克服において何らかのインパクトを与えたのではないかと考えられる。関連して，こうした活動を取り巻くメディアの報道なども行なわれていた。住民運動を中心に，それを取り巻く外的状況も踏まえながら考察することが必要となる[18]。

文献

愛知県岡崎農業開発事務所，愛知県西三河農林水産事務所『矢作川利水総合管理年報』各年度版。
愛知県土木課［1991］『平成3年度水利権一覧表』。
愛知県西三河水道事業所［1999］『平成11年度にしみかわの水道』。
阿部昌夫［1968］「企業誘致条例の現状：地方自治体と誘致条例」『工業立地』vol.7 (4), pp.4-23。
伊藤達也［2002］「矢作川水系における河川水利秩序と水利用形態の変化」『金沢大学文学部地理学報告』vol.10, pp.1-16。
宇井純［1986］「戦後水質政策の経過」『公害研究』vol.15 (2), pp.2-12。
太田隆之［2005］「資源管理における制度構築問題とリーダーシップ」環境経済・政策学会編『環境再生』東洋経済新報社，pp.102-117。
―――［2006］「矢作川における水質管理：水質汚濁克服の経験と管理の本質的特徴」『水』vol.48 (4), pp.34-39。
―――［2007］「環境資源の自治的管理：管理組織と財政」京都大学博士論文。
神谷健市［2000］「豊田市水道水源保全基金について」『公営企業』vol.32 (6), pp.72-77。
環境庁編［1996］『平成8年度環境白書　総説』。
国土交通省中部地方整備局矢作ダム管理所［2005］『矢作ダム管理所30年のあゆみ』。
清水協［1994］「矢作川水源の森」銀河書房編『水源の森は都市の森』銀河書房，pp.33-95。
杉山寛夫［1975］「矢作水系に広がる川を守る住民運動」『住民運動』vol.10, pp.5-9。
内藤連三［1987］「心くばりの原理原則」内藤連三編『環境と開発』矢作川環境技術研究会，pp.11-31。
内藤連三編［1988］『水は生きている：共存の条件を求めて・矢作川方式』風媒社。
中澤秀雄・成元哲・樋口直人・角一典・水澤弘光［1998］「環境運動における抗議サイクル形成の論理：構造的ストレーンと政治的機会構造の比較分析」『環境社会学研究』vol.4, pp.142-157。
中楯興［1960］「漁業における水質汚濁の社会・経済的考察」『産業労働研究所報』vol.20, pp.9-19。
西村友幸［2005］「集合行為論の再考：自発的協働の理解に向かって」『釧路公立大学地域研究』

---

[18] 筆者はこの問題意識から，矢水協の農業者・漁業者が中心となって行なった運動を検証した。詳しくは，太田［2007］の第3章を参照。

vol.14, pp.177-196。
農林省農地局編［1969］『農業と公害』地球出版。
原昭宏［1975］「矢作川の水質汚濁」『地理学評論』vol.48 (2), pp.136-142。
毎日新聞社編［1980］『地域をひらいて1世紀　明治用水』
宮本憲一［1981］『増補版日本の環境問題』有斐閣。
―――［1989］『環境経済学』岩波書店。
明治用水土地改良区［1968］『明治用水の汚濁をめぐって』
―――［1997］『明治用水土地改良区活性化基本構想』
明治用水百年史編さん委員会編［1979］『明治用水百年史』明治用水土地改良区。
矢作川沿岸水質保全対策協議会［1973］『水質保全のしおり』
―――［1999］『浄化運動30年報道集（上・下）』
矢作川環境技術研究会［2002］『水は生きている 2002』
矢作川同人［1979］「汚濁と闘って10年」『月刊矢作川』vol.28, pp.6-15。
依光良三［2001］『流域の環境保護』日本経済評論社。
Buchanan, J.M. [1965] "An Economic Theory of Clubs", *Economica* vol.32, pp.1-14.
Coase, R.H. [1937] "The Nature of the Firm", *Economica*, No.4 (16), pp.386-405. (Coase [1988] に再録)
―――[1960] "The Problem of Social Cost", *Journal of Law and Economics*, vol.3, pp.1-44. (Coase [1988] に再録)
―――[1988] *The Firm, The Market, and The Law*, The University of Chicago Press. (宮沢健一・後藤晃・藤垣芳文訳『企業・市場・法』東洋経済新報社，1992年)
Dahlman, C.J. [1979] "The Problem of Externality", *Journal of Law and Economics*, vol.22 (1), pp.141-162.
Frohlich, N., J. A.Oppenheimer and O. R.Young [1971] *Political Leadership and Collective Goods*, Princeton University Press.
Hardin, R. [1982], *Collective Action*, Johns Hopkins University Press.
Hechter, M. [1987], *Principles of Group Solidarity*, Berkeley: University of California Press. (小林淳一・木村邦博・平田暢訳『連帯の条件』，ミネルヴァ書房，2003年)
Olson, M. [1965] *The Logic of Collective Action*, Harvard University Press. (依田博・森脇俊雅訳『集合行為論』，ミネルヴァ書房，1983年)
―――[1982] *The rise and decline of nations*, Yale University Press. (加藤寛監訳『国家興亡論』，PHP研究所，1991年)
Oya, K. and S.Aoyama [1994] "Water Use Conflicts Under Increasing Water Scarcity: The Yahagi River Basin, Central Japan", Nickum, J.E. and Easter, K.M. (ed.), *Metropolitan Water Use Conflicts in Asia and the Pacific,* Westview Press, pp.169-186.
Ueda, Y. [2003] "The 'Hold-up' Problem with Political Entrepreneurship for Collective Action: An Incomplete Approach to Collective Goods", *The Hiroshima Economic Review*, vol.27 (1), pp.71-88.

第IV部
都市のガバナンスを改善する

西宮市での市民参加型環境まちづくり（提案と議論）の様子
2005年11月12日，現地にて撮影（撮影者：吉積巳貴）

第10章
サスティナブル・シティづくりのための
ガバナンス

吉積 巳貴

1 はじめに

　都市は持続可能な発展 (Sustainable Development) を実現するために大きな役割を担っている。それは，都市における問題，そして都市を起因として生じる問題が，地球の持続可能性の実現を阻んでいるからである。例えば，都市における大量消費活動によるエネルギーや資源の過剰な使用，自然浄化作用を超える人間による汚染物質の排出などの環境問題，また都市生活における経済格差や失業問題等の経済問題，そして経済問題に伴う犯罪や自殺等の社会問題によって，地球全体の持続可能性は危機に陥っている。つまり，地球全体の持続可能な発展を実現するためには，都市の持続可能性を実現することが不可欠である。この様な背景の中，誕生した概念が「サスティナブル・シティ (Sustainable City)」である。都市の諸問題を解決し，都市の持続可能性を実現するために，「サスティナブル・シティ」という概念は注目され，世界的に普及した。
　サスティナブル・シティの概念は世界中に普及し，その実現を目的にした取り組みが世界中で行なわれるようになった。それにもかかわらず，依然として，サスティナブル・シティは達成されていない。その理由として，以下の事が挙げられる。
　第一に，サスティナブル・シティ概念の理解の不十分さがある。持続

可能な発展という用語が世界中に普及し，その実現を取り組みとして「サスティナブル」という単語が付いた様々なプログラムやプロジェクトが数多く存在している。その結果，サスティナブル・シティという用語が先行してしまい，その概念の十分な理解がないままに，取り組みが行なわれているという問題がある。日本を例にすればかつて，1992年にリオ・デ・ジャネイロで開催された国連環境開発会議（通称，リオ・サミット）を「環境サミット」と呼び，ローカルアジェンダ21（LA21，第11章で詳述）として環境基本計画のみの策定に終わったりする等，サスティナブル・シティについての誤った概念，もしくは偏った理解によって，結局はサスティナブル・シティを実現不可能にしているという問題である。

　第二に，サスティナブル・シティづくりのための政策の未整備である。サスティナブル・シティの概念が普及している中でも，依然として行政システムは変わらず，縦割り行政の問題が顕著である。サスティナブル・シティづくりにおいて不可欠なことは政策統合であると言われているが（EC 1996；植田2004），経済発展が発展の指標と位置づけられている今日，経済，社会，環境の三つの側面の中では，特に環境面の政策の優先順位が低い。そのため環境政策を担当している環境部局の権限や予算が不十分なこともあり，十分な環境政策が実行されず，都市計画・経済開発分野における環境配慮は不十分なものとなっているのが現状である。この問題を打破するためにも，環境配慮を他分野の政策に統合する必要性がある。

　第三に，サスティナブル・シティの主体とその役割の不明瞭さである。サスティナブル・シティづくりでは，国際機関，国，地方行政，民間企業，NGO／NPO，研究機関，市民など全てのステークホルダーがサスティナブル・シティづくりに参加する必要がある。特に，都市生活の主要なアクターである市民の役割が大きく，サスティナブル・シティづくりにおいて，市民の参加が重要視されている。

　このような課題を受けて，サスティナブル・シティづくりのためのガバナンスにおいて，関係する各主体がサスティナブル・シティの概念を共有しながら，関係する諸分野の政策を統合し，全ての利害関係者，特に市民

が参加してサスティナブル・シティづくりを行なうことが重要であるといえる。そこで本章では，サスティナブル・シティづくりの潮流を整理し，サスティナブル・シティづくりに必要不可欠な要素である「政策統合」と「市民参加」の方法を検討しながら，サスティナブル・シティづくりのためのガバナンスの方法を明らかにする。

2 サスティナブル・シティづくりの潮流

2-1 サスティナブル・シティの概念

「持続可能な発展 (Sustainable Development)」という用語の普及は，1987年に出版された「環境と開発に関する世界委員会 (WCED)」報告書である *Our Common Future* (我ら共有の未来) を起点としているが，「持続可能な発展」の概念の起源は，中世の時代にさかのぼると言われる (Held 2000)。ヘルドによれば，持続可能性は，ドイツの林業において植林して成長する以上に伐採をすべきでないという原理を「Nachhaltigkeit (持続可能性)」と名付けたときにその起源がある (Held 2000; Schmuck and Schultz 2002)。人間にとって安全で健全な社会を建設するために必要な自然資源を持続的に確保しようという考えは，「持続可能性」「持続可能な発展」の根本的な考えである。しかし，技術開発によって人間の消費活動が拡大することで自然の浄化作用を超え，そして人間の技術力を過信し，経済発展のみに関心を抱く事で，環境問題，貧富の格差等の人類存続の危機を引き起こした。この危機を克服し，人類の持続可能性を実現しようという考えが国際的に主流となった発端は，WCED報告書の定義である。同報告書によれば「持続可能な発展」とは，「将来の世代が自らのニーズを充足する能力を損なうことなく，今日の世代のニーズを満たすこと」(WCED 1987) と定義されている。この定義を基に，世界中で「持続可能な発展」の概念や理論について議論されるようになった。その後，持続可能な発展をどのように実現するかが議論の中心となっていき，1992年に開催されたリオ・サミットにおいて，持続可能な発展のための行動計画であるアジェンダ21が発行された。アジェ

ンダ21では、幅広い分野における持続可能な発展との関わり、そして各ステークホルダーの行動計画が提示されている。また、持続可能な発展を実現する主体として市町村レベルでの自治体が挙げられている。

サスティナブル・シティの定義は、持続可能な発展の定義をベースにして数多くの定義があるが、依然として世界中で共通の定義がないのが現状である。その多数の定義の一つである、サスティナブル・シティ論の論文をまとめたサタートゥワイト (Satterthwaite 1999) によるサスティナブル・シティの定義は、WCEDの定義をベースに、現在世代と将来世代のニーズの充足という二つの要素に分けて以下のように定義している。

サスティナブル・シティは、

「現在世代のニーズを満たす」

① 経済的ニーズ：失業と病気で生活がおびやかされないような適切な生活や生産的な財産づくり。
② 社会的,文化的,環境的,健康的ニーズ：水供給,衛生,排水路,交通,医療,教育,子育ての施設を近隣地区で提供することで、生活環境を健全で安全で手頃な価格で安定したものにする。また、職場や住居を災害 (公害、天災) から守る。
③ 政治的ニーズ：政治に自由に参加し、市民に政策決定権を与える。

「将来世代が自らのニーズを満たす能力を損なうことなく」

④ 再生不可能資源 (化石燃料,鉱物,文化・歴史的遺産,自然景観) の使用と廃棄・破壊の最小化。
⑤ 再生可能資源の持続可能な使用：水、土地、農業、森林、バイオマスエネルギーの持続可能な使用。
⑥ 環境容量内における生物分解可能物の廃棄。
⑦ 悪影響がない程度で、吸収、もしくは希薄化できる環境容量内 (有限) で生物分解不可能物を廃棄。

と定義する。

またサスティナブル・シティづくりの基点ともなったヨーロッパでは、1993年から「ヨーロッパ・サスティナブル・シティ・プロジェクト」を

開始しており，1994年にはサスティナブル・シティの具体化のために，オールボー憲章を採択している。またEC, EUは1996年に*European Sustainable Cities*（「ヨーロッパのサスティナブル・シティ」）を出版し，サスティナブル・シティの政策体系をまとめている。その中で，最上位の政策目標として，市民の生活の質 (quality of life) の持続的な発展を挙げている (EC 1996; 植田 2004)。

その他，アメリカのシアトル市やサンタ・モニカ市などが，自治体による独自のサスティナブル・シティの定義を構築している。ここで挙げたサスティナブル・シティの定義は一部であり，その定義は数百以上あると言われる (Schmuch and Schultz 2002)。以上のように，世界各地でサスティナブル・シティの定義があるが，共通するサスティナブル・シティの定義は以下のようにまとめることができよう。

一つは，環境収容量内に人間の消費活動を制御することである。資源の持続可能な使用，人間の消費活動による汚染物質や廃棄物の制御をすることによって，環境的持続可能性や循環型社会が実現することを目的とする。二つめは，経済的側面であり，大きく2つの概念がある。一つは，基本的なニーズの確保である。健康で安心して生活できるための食料，仕事による収入，住居，交通整備や上下水道設備等のインフラ整備，そして病院や学校などの公共サービスの整備を目的とする。この目的は，いわゆる発展途上国におけるサスティナブル・シティ論の中心となっている。もう一つは，経済の安定性，持続可能な生産と消費，外部不経済の内部化によって実現する，長期的視野をもつ健全な経済活動を目的とする。二つめは，公平な生活の質 (Quality of life) を実現し，精神的に豊かな生活を達成することを目的としたものである。「生活の質」は，都市，または個人によってその考えが異なり，やや抽象的な概念であるが，重要なのは「市民の生活の質を構成している要素は何か」を多くの人々が集まって検討していくことである。このプロセスにおいて，社会的持続可能性が実現できることが指摘されている (植田 2004)。サスティナブル・シティを実現するためには，以上の3側面を達成することが必要である。そしてこの概念を基に，

各市町村で多くの人々が集まって個別的政策目標を構築していくことが必要不可欠であるといえる。

以上のように，数多くあるサスティナブル・シティの概念を踏まえ，サスティナブル・シティづくりの目標と取り組み目標についてまとめたものが表10-1である。これが示すような多岐にわたる目標を達成する時に，サスティナブル・シティは実現できる。つまり，目標達成に必要な政策統合と，都市生活の主要なアクターである市民のまちづくりへの参加が不可欠である。

2-2 サスティナブル・シティづくりの取り組み：欧州の取り組みを事例に

サスティナブル・シティづくりは，都市問題が深刻であったヨーロッパを中心に展開されるようになり，欧州委員会が始めたサスティナブル・シティ・プロジェクトによって，世界中に広まっていった。ヨーロッパにおけるサスティナブル・シティに関する動きをまとめたのが表10-2である。1990年に，『都市環境に関するグリーン・ペーパー』を欧州委員会が公表し，欧州において都市の環境問題が注目されはじめた。これ以降，サスティナブル・シティ戦略の提起と都市のあり方が環境と結びつけられて議論されるようになる。そして1992年のリオ・サミット後，「持続性にむけて：環境と持続的発展のためのECの指針と行動」を発表し，五つの環境行動プログラムを開始した。翌年の1993年には，欧州委員会のプロジェクトであるサスティナブル・シティ・プロジェクトを開始している。このプロジェクトで欧州委員会は，アジェンダ21で示された自治体レベルでの持続可能な発展を推進するため，欧州サスティナブル・シティ＆タウンキャンペーンを開始し，1994年5月に第一回会議がデンマークのオールボーで開催され，「持続可能性へむけて」と題されたオールボー憲章が採択された。現在では，34カ国700以上の欧州各都市が加盟している。「欧州サスティナブル・シティ＆タウンキャンペーン」は，これまでに計4回の全ヨーロッパ会議（オールボー，リスボン，ハノーバー，オールボー）と4回の地方

第 10 章
サスティナブル・シティづくりのためのガバナンス

表 10-1　サスティナブル・シティの政策目標

	目標	取り組み目標
環境	環境収容量内に人間の消費活動を制御	・再生可能自然の過剰使用の回避
		・再生不可能資源の使用の最小化
		・生物多様性と生態系機能の保全
		・大気の安定
		・自然体系（大気，水，廃棄物）を破壊しないレベルに汚染を制御
経済	基本的なニーズ（食料，仕事，住居，インフラ整備等）の確保	・持続的食料確保
		・雇用の確保
		・手ごろな値段の住宅，交通アクセス，健康管理，教育施設等公共サービスの提供
	長期的視野をもつ健全な経済活動	・国，地域経済の安定
		・効率的な資源使用と廃棄物管理
		・外部不経済の内部化，経済成長目標の修正
		・農業や産業生産に被害を与える分野間の極端なアンバランスの回避
		・企業の社会責任の促進
社会	公平な生活の質（Quality of life）を実現し，精神的に豊かな生活を達成する	・性別・年齢・人種・民族において，公平な権利，文化的多様性の促進
		・安全（防災・防犯・交通）と平和な生活の提供
		・政治の透明性，参加的民主性
		・社会貢献，コミュニティ活動の充実
		・家族間や社会の結束，地域社会内外のパートナーシップ
		・地球規模の協力の促進
		・持続可能な発展実現のための教育・意識啓発
		・文化的活動
		・休息，やすらぎ，気分転換，レジャー

(出典) 吉積 [2004] を加筆

第IV部
都市のガバナンスを改善する

表10-2　ヨーロッパにおけるサスティナブル・シティに関する動き

1990年	『都市環境に関するグリーン・ペーパー』EC委員会が公表
1991年	マーストリヒト条約締結……EC統合へのプログラム 『ヨーロッパ2000』報告書 欧州委員会に都市環境専門家グループを設立
1992年	欧州委員会が環境行動プログラムを起草「持続可能な発展へ向けて：環境と持続可能な発展のためのECの指針と行動」
1993年	マーストリヒト条約発効 都市環境専門家グループがサスティナブル・シティ・プロジェクトを起動
1994年	デンマークのオールボーにおいて第一回欧州諸都市会議（Conference of European Cities and Towns Towards Sustainability） サスティナブル・シティキャンペーン始動（インターネットを通じた情報の共有） 『ヨーロッパ2000＋』……ヨーロッパ地域計画の連携
1995年	アムステルダム条約締結：全ての政策について持続可能な発展に焦点を合わせる
1996年	都市環境専門家グループによる欧州サスティナブル・シティレポート発行 ポルトガルのリスボンにて第二回サスティナブル・シティ欧州諸都市会議
1997年	アムステルダム条約発効 『EUにおける都市アジェンダにむけて』
1998年	ブルガリアのソフィアにて第三回サスティナブル・シティ欧州諸都市会議 『EUにおけるサスティナブルな都市開発：行動計画骨子』
2000年	ドイツのハノーバーにて第四回サスティナブル・シティ欧州諸都市会議

（出典）岡部［2003］を基に筆者作成

会議（トルク：健康と持続可能性，ソフィア：東欧都市の課題，セビリア：文化・社会的側面，ハーグ：多様なアプローチの統合）を開催した。「欧州サスティナブル・シティ＆タウンキャンペーン」の主要な活動は，地域レベルでの持続可能な発展に関わるあらゆる側面についての情報を提供し，また各地の経験と知識を交換する媒体となることで，そのために各種の発行物の出版と各国語への翻訳，セミナーや国際会議の開催，加入都市拡大（とりわけ東欧諸国の都市）のための活動，ウェブサイトの運営などの活動を行なっている。

　1996年には，『ヨーロッパ・サスティナブル・シティ・リポート』を出

版し，ヨーロッパ各国における，持続可能性の実施進捗状況に関する報告をしている。その中で，持続可能な開発の4つの原則①都市経営，②政策統合，③エコシステムへの配慮，④資源，交通，土地利用，市街地再生，観光，レジャー，文化遺産分野での協力とパートナーシップを挙げている。その後欧州委員会は，1997年に，『EUにおける都市アジェンダにむけて』をまとめている。この報告書では，貧困，女性の社会進出，失業問題，近隣コミュニティの改善，都市間のアンバランスなど経済，社会問題に重点を置いている。その他に，サスティナブル・シティを目標とした，様々なネットワークが形成され，活発に取り組まれている。

以上のように，ヨーロッパでサスティナブル・シティづくりが実施されてきたが，その取り組み内容は環境，経済，社会面の政策にわたって実施されており，一律ではない。各都市においてそれぞれの都市における環境，経済，社会面の問題に対処するための取り組みが実施されている。多岐にわたる取り組みに共通しているのは，環境，経済，社会面の取り組みがパッケージ的に実施されていることである。つまり，ヨーロッパのサスティナブル・シティ・プロジェクトにおいて，サスティナブル・シティの基本理念が，今までばらばらに実施されていた取り組みに共通の理念的な裏づけを与え，縦割り政策を横断する軸として戦略的に位置づけられ，既存の都市政策領域を包み込む傘のような役割となって，地域政策など複数分野の政策に多大な影響を及ぼすことになったことがうかがえる（岡部 2003）。

3 サスティナブル・シティづくりのための政策統合

3-1 政策統合の意義

持続可能な発展の多様で多次元の概念をバランスよく統合した政策を実施することが，サスティナブル・シティづくりにおいて不可欠であるが，GNPなどの経済発展指標が生活の豊かさ指標として位置づけられている今日，環境政策の優先順位は低く，そのため環境政策を担当している環境

部局の権利や予算が不十分なこともあり，十分な環境政策が実行されず，都市計画や経済開発分野における環境配慮は，不十分なものとなっているのが現状である (吉積 2006)。この問題を打破するためにも，環境配慮を他分野の政策に統合する必要性がある。つまり，サスティナブル・シティが実現していない理由は，環境政策と他の政策との統合が実現していないことにあり，環境政策統合を可能とする都市政策システムを構築することが必須となる。サスティナブル・シティへ先駆的に取り組んでいるヨーロッパは，この「環境政策統合 (Environmental Policy Integration: EPI)」に早くから注目し取り組みを行なってきている。

そこで本節では，ヨーロッパにおいて，環境政策統合がどのように進められてきたか，特に市町村のまちづくりにおいてどのように環境政策統合を実施してきたかを明らかにしながら，日本におけるサスティナブル・シティづくりにおいてどのように環境政策統合を実施することができるかについて検討する。

3-2 欧州の環境政策統合

1972 年のストックホルムで開催された，人間環境国連会議では，環境保全が経済成長や社会発展と同等な重要課題に位置づけられ，開発と環境の相互関係が言及された。この会議での議論に影響を受け，欧州では 1973 年に最初の欧州環境行動計画 (Environmental Action Programme; 以下，EAP) が策定された。その中で，環境保全の重要性が言及されたが，他の政策との環境保全政策の統合についての必要性については十分に言及されていなかった。1983 年の第三次 EAP 以降から，環境政策を経済活動に関する他の政策と統合する方向を模索すべきであることを述べ，環境政策統合に言及するようになった。1986 年の第四次 EAP では，環境政策統合について多くの省庁で議論し，環境政策統合を実施するための EC 内の諸手続きの仕組みを改革するよう主張した。その結果，1992 年の第五次 EAP においては，環境的配慮を他の政策に統合すべきことをさらに強調し，特に農業 (漁業・林業を含む)，エネルギー，産業，交通，観光分野における環

第 10 章
サスティナブル・シティづくりのためのガバナンス

境の視点を統合する必要性を訴えた。

　環境政策統合の概念は環境計画だけではなく，EU 全体の政策においても，重要なテーマとして位置づけられた。1986 年の単一欧州議定書 (Single European Act) において，政策統合が法律上の義務となり (Lenschow 2002)，環境に関する新しい事項として，全レベルでの環境政策と他の政策とを統合する目的が記載された。1992 年のマーストリヒト条約においては，経済活動に関係する政策における環境配慮を統合することを明示した。また，マーストリヒト条約の中で創設された結束基金 (Cohesion Fund) は，地域間格差を是正するための構造政策の実施スキームの一つで，運輸と環境の分野でスペイン，ポルトガル，ギリシャ，アイルランドを対象に支援を行なうようになっている。さらに，EU はリオ・サミットを受けて持続可能性をいかに政策に導入するか活発に議論し，特に深刻な都市環境問題から，EU レベルから都市の持続可能性を重視するようになり，1993 年からはサスティナブル・シティ・プロジェクトを開始した。都市環境専門家グループにより，サスティナブル・シティの基本的な考え方を EU レベルで確立し，1996 年にヨーロッパ・サスティナブル・シティ・プロジェクトを出版した。そして，1997 年のアムステルダム条約では，持続可能な発展を EU の目的と位置づけし，その目的を達成するためには環境の観点を他の政策と統合すべきであることを言及している。

　このように，1970 年代前半から欧州では持続可能な発展を目的と位置づけ，その目的を果たすためには環境政策統合が必要であることを認識し，EU 諸条約や環境計画においてそのことが明示されてきた。しかしながら環境政策統合の重要性は認識されていたにもかかわらず，1990 年代終わりまでにそれが実行にうつされることはなかった (Lenschow 2002)。環境政策統合の実施が進まないのは，環境を他の政策に統合するという以外に，具体的にどのように各政策において環境政策統合を実施すべきかどうかわからないという問題があった。そのことから，EC は 1997 年のルクセンブルク・サミットにおいて，環境政策統合を実施するための方法を明示する作業を開始することを決めた。

第IV部
都市のガバナンスを改善する

　そして,後に環境政策統合の実施名称の基になった,カーディフ・サミットが1998年6月に開催された。そこでは,交通,エネルギー,農業を中心とした各政策分野において環境政策統合の戦略を作成し,同年12月に開催されるウィーン・サミットで提出する努力をすることを宣言した。そして,ウィーン・サミットにおいて,交通,農業,エネルギー局が最初の環境政策統合の実施報告書を提出した。そして翌年のヘルシンキ・サミットに向け,さらに開発協力,マーケット,産業分野においても環境政策統合報告書の作成を促した。また,1999年6月に開催されたケルン・サミットにおいては,さらに漁業,総務局,財政局においても環境政策統合報告書を作成することを求めた。そして1999年12月のヘルシンキ・サミットにおいて,最終的にエネルギー,交通,農業,開発協力,域内市場,産業,総務,財政,漁業の9つの部門において環境政策統合の実施計画を作成し,その報告書を2001年6月までに提出することを要求した。またヘルシンキ・サミットに向け,1999年11月24日に環境政策統合の指標に関するレポートを作成するようにと訴えた。基本的に,それぞれの分野で目的になっているのは,大気・水・土壌等の環境汚染防止,温室効果ガス排出量の減少,資源の持続性,そして指標を設けたモニタリングが挙げられている。

　2002年には,第六次EAPが作成され,環境政策統合の重要性を再度強調し,特に重要なテーマとして,気候変動,生物多様性保全,環境と健康,資源の持続可能な使用と廃棄物管理についての各環境政策統合戦略のレポートを作成することが必要であると明示された。そして,2004年6月に,環境政策統合についてのカーディフ・プロセスのレビューレポートが作成され,9つの分野ごとの環境政策統合の進捗状況について分析,公表されている。

　その結果,再生可能エネルギーやエネルギー効率,2003年から2004年における共通農業政策 (the Common Agricultural Policy: CAP) 改革においてカーディフ・プロセスの目的がある程度達成されたとし,さらにカーディフ・プロセスによってEUで環境政策統合が重要な議題として位置づけられた

ことを評価した。しかし，各分野における環境政策統合の実施レベルの格差，カーディフ・プロセスが受動的で形式的なものになっていること，レビューされず継続性もなく一回限りの実施に留まっている分野の存在，環境配慮の優位が不明確であることなど，環境政策統合は依然実現されておらず，さらなる努力を要する事を指摘している。

　以上のようなヨーロッパの環境政策統合の取り組みにおいては，その実現に向けていくつかの成果が見られる。一つは，サスティナブル・シティづくりの計画を策定し，サスティナブル・シティのビジョンを共有化することで，計画を基に担当を割り振り，従来の部局ごとの縦割り行政的思考に是正を試みたことである。二つ目は，サスティナブル・シティ指標を開発し，その指標によってモニタリングし，政策パフォーマンスのバランスを把握できたことである。環境指標としてほぼ定着しているのは，大気汚染濃度と水汚染濃度，騒音，廃棄物量である。近年では，二酸化炭素排出量を指標として設定している都市が多くなっている。そして三つ目は，パートナーシップ組織を設立することで，環境，経済，福祉，交通，エネルギー等の分野横断的，そして市民，企業，行政間の意見交換，協働型取り組みが可能となったことである。

　しかしながら，2004年に出版された報告書（FC 2004）によれば，環境政策統合は依然として実現できておらず，さらなる努力の必要性が訴えられている。またEUの補助金による誘導によって，環境政策統合の実施が進んだかのように見えたが，プロジェクト期間が終了すると，その取り組みも終わりを迎えてしまう結果に陥っているケースが多い。この問題の背景となっているのは，都市の財政的問題と計画，指標，パートナーシップ組織が政策決定プロセスに制度として組み込まれていないことによる。特に，従来の縦割り行政型予算編成システムが改革されない限り，真の環境政策統合は促進されないといって過言ではない。例えば，現在でこそ環境省はどの国でも存在しているものの，歴史の浅い部局ということもあって，環境関連の部局の政治的力も弱く，結果として予算も少ない状況であり，他の部局への影響力は小さい。また，いくらサスティナブル・シティ計画や

指標が策定されたとしても，その拘束力は小さいため，政策の優先が環境配慮ではなく依然として経済中心である現在においては，環境政策の実施が後回しにされる傾向にある。つまり，環境政策統合のためには，計画，指標，パートナーシップ組織がツールとして必要であるが，そのツールの機能を果たすためには，予算編成や制度の中に政策統合を実現するシステムを構築することが不可欠であるといえる。

3-3　多治見市の環境政策統合の取り組み

　名古屋市の北東に位置している多治見市は，古来，陶磁器を地場産業として，陶磁器の産地，集積地として発展してきた。1970年代後半から1990年代の初頭にかけて急速に住宅団地の開発が進み，名古屋市のベッドタウン化した。しかし，バブル経済が崩壊すると地場産業の急速な落ち込みと地価下落による開発圧力の低下が起こった。さらに，地場産業である「陶磁器産業」もバブル経済崩壊後，売り上げを落としており，さらには中国からの輸入品に押され，陶磁器産業の廃業等が相次いでいる。また，名古屋市にゴミ処理を依存していたが，藤前干潟の廃棄物処理場建設計画が頓挫したことにより，廃棄物処理場の確保が急務となった。このように多治見市は，廃棄物処理場の確保，少子高齢化対策，行政予算の確保，産業の活性化等の課題を同時に解決する必要性に迫られていた。その解決方法の一つとして，多治見市は，環境政策統合を2001年に実施した。その方法は，予算編成に企画課や財政課に加えて，環境課が加わり，全ての事業が環境配慮されているかチェックし，それによって予算配分を行なうシステムである。この取り組みについては，NPO法人の環境市民が主催している環境首都コンテストで，総合第1位を受賞し（第3回），全国的に評価されている。

　多治見市の政策統合の取り組みは，多様な問題に陥っていたピンチをチャンスに変えて，環境政策を主軸にした行財政改革を実行し，さらに予算と計画を関連付けることで計画を実現可能にしている。この手法は，サスティナブル・シティづくりの一つの成功例として評価できる。図10-1

は従来の行財政システムから，多治見市の行財政改革（多治見モデルと名称）を通して構築したシステムを表している。予算編成に環境課を加えることで全ての事業計画に環境配慮を導入することを可能とし，さらに予算編成と総合計画を密に関連付けることで，計画の実施を確実なものとしたこの方法は，ヨーロッパの環境政策統合において課題とされていた実効性の問題に対応した先駆的なサスティナブル・シティづくりの政策統合を実現するための行財政システムのあり方として位置づけられる。

4 サスティナブル・シティのための市民参加

4-1 サスティナブル・シティづくりにおける市民参加の意義

　市民参加の意義についてライデンとペニングトンが明示しているが (Rydin and Pennington 2000)，彼らによると市民参加の意義は大きく二つあるという。一つめの市民参加の意義は，民主主義の権利である。市民は政策において意見を表明する権利を持っており，専門家のみの政策では，社会における価値観と政策選好との間にギャップが生じているが，市民参加によりこのギャップがなくなると述べている。二つめは，市民参加により効果的な政策結果が期待できるという。一つは，市民参加によって政策決定プロセスにおいて情報が入り，地域の知識を得られることにより，市民の選好だけでなく，政策がより市民の要求に応えることになるということである。もう一つの市民参加の意義は，市民参加は政策決定過程における衝突の回避を助けることになるという指摘である。早い段階で市民参加を実施しておけば，プロジェクトの最終段階になって反対されることはないということである。

　サスティナブル・シティづくりにおいて重要な点は，市民参加によって水平方向，垂直方向に政策を統合する必要性に応え，それを達成できることである。分野の隔たりがない市民が政策決定に参加することで，縦割り行政的な分野ごとの議論に陥ることを避けることができる。要するに，政策統合を実現するための市民参加が，サスティナブル・シティづくりに必

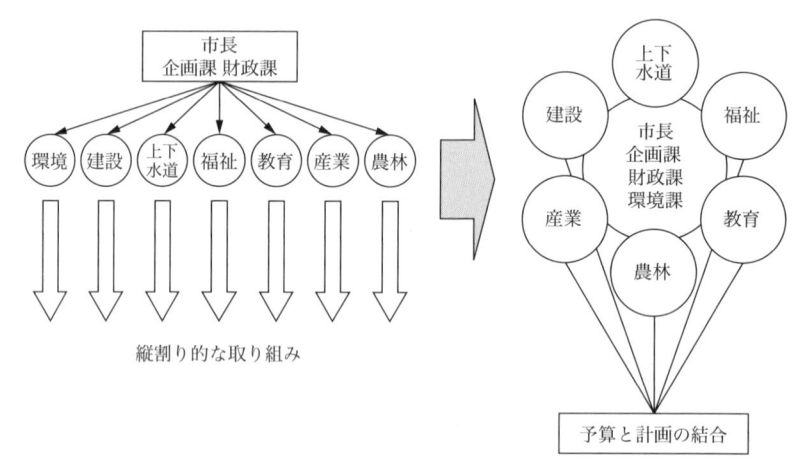

第IV部
都市のガバナンスを改善する

図 10-1　多治見市の行財政改革の仕組み
(出典) 筆者作成

要であるといえる。

4-2　市民参加の形態

　市民参加の形態は，様々な研究者等によって提示されているが，全ての基になっているのは，アメリカの社会学者アーンスタインの「市民参加の八階梯」である (Arnstein 1969)。図 10-2[1]が市民参加の段階を 8 つのレベルに分けて模式化した「はしご」である。一番下位の，行政の建前のみのレベルから，上位では行政が権限を委譲することや，市民が自主管理するレベルまでが位置づけられている。

　また篠原 [1977] によれば，「市民参加」[2]という言葉は，欧米を中心として 1960 年代初頭から急速に普及したものであり，学生運動から「市民参加」の言葉が生まれた (篠原 1977)。まちづくりの分野では，公害問題を中心とする住民運動が起源となっている。そのため，市民参加の形態とし

---
[1]　「市民参加の八階梯」の訳は，篠原 [1977] による訳を採用した。
[2]　日本語では「市民参加」以外に「住民参加」という言葉があり，英語では「Public Participation」「Citizen Participation」等があるがこれらを含めて「市民参加」という言葉に本研究では集約する。「市民」とは住民だけではなく，地域にある企業や労働者も含む。

第 10 章
サスティナブル・シティづくりのためのガバナンス

```
┌─────────────┐
│ 自主管理      │ ┐
│ Citizen control│ │
├─────────────┤ │ 市民権力の段階
│ 権限委譲      │ ├ Degrees of citizen
│ Delegated power│ │ power
├─────────────┤ │
│ パートナーシップ │ │
│ Partnership   │ ┘
├─────────────┤
│ 宥和         │ ┐
│ Placation    │ │
├─────────────┤ │ 形式参画の段階
│ 相談         │ ├ Degrees of
│ Consultation │ │ tokenism
├─────────────┤ │
│ 情報提供      │ │
│ Informing    │ ┘
├─────────────┤
│ 治療         │ ┐
│ Therapy      │ │ 非参加
├─────────────┤ ├ Nonparticipation
│ 操作         │ │
│ Manipulation │ ┘
└─────────────┘
```

図 10-2　アーンスタインの市民社会の八階梯
(出典) Arnstein [1969]，篠原 [1977] より筆者作成

ては，行政に対する抵抗運動型と，行政と一緒に模索する参加型とに分けられる。日本での市民参加の多くは，公害問題やマンション建設による日照権の侵害などで住民運動が起源となっている。

　市民参加の手法については，高橋 [2000] により紹介されている。図10-3は高橋による分類をまとめたものである。形式的参加，諮問的参加，部分的参加，実質的参加の大きく四種類があり，実質的参加には更に，役割分担型，ワークショップ型，市民自主運営型の四種類がある。

　以上のように，市民参加の形態はいくつかあるが，市民参加の形態とそれぞれの方法，効果，そして課題について整理すると，表 10-3 のようになる。

　サスティナブル・シティづくりの市民参加の形態は，協働型であるといえる。ここでいう協働とは，アーンスタインの参加の八階梯でいうパートナーシップの段階であり，単に一緒に働く事を指しているのではなく，市民と行政が同等の権力を保持することをいう。パブリックコメントや，公

```
・実質的参加 ──┬── 役割分担型
               ├── ワークショップ型 ──┬── 継続型
               │                      ├── イベント型
               │                      └── 継続型とイベント型
               │                          のバリエーション
・形式的参加   │
・諮問的参加   └── 市民自主運営型
・部分的参加
```

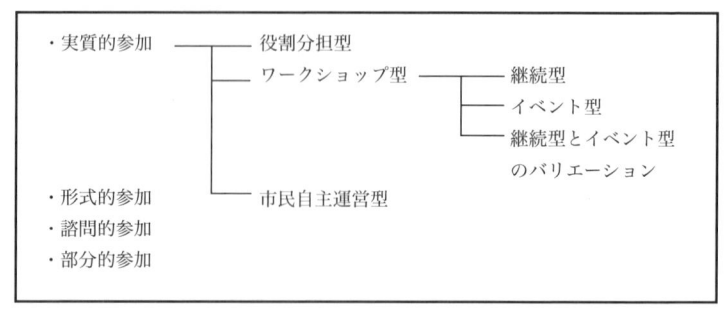

図 10-3　市民参加の形態
(出典) 高橋 [2000]

募市民の審議会の参加などにおいて，市民の意見が反映されるという保障がなければ，政策決定への市民参加は実現できない。そして，その保障はすべての市民が同等の権利を保持することを意味する。

　田中 [2004] によれば，「行政の働きかけ」と「市民の自立性」との間には高い正の相関があるという。つまり，行政の働きかけがなんらかのきっかけとなり，活動のサポートとなることで，市民活動力が向上し，市民が主体的となる。さらに発展した市民の能力によって行政も成長していくといった，相乗効果を生み，結果としてサスティナブル・シティづくりの持続的な取り組みへとつながる。

　このように，権力を2分する協働型で，行政と市民の活動力を相乗効果で高めるような参加の形態が縦軸の統合であり，サスティナブル・シティづくりに必要な市民参加のあり方であるといえよう。本節では以上の議論を踏まえ，市民参加の具体的実態につき，ヨーロッパと日本の事例に即して検討する。

4-3　ヨーロッパにおける市民参加の取り組み

　ヨーロッパにおいて取り組まれている市民参加には，いかに様々な人々が参加するかといった課題がある。その課題を克服するためには，市民参加の利点が目に見えて理解できることが重要である。一つは，イギリスで発展したナショナルトラスト，シビックトラストの手法である。個人やコ

表 10-3　市民参加の形態ごとの方法，効果，課題

	方法	効果	問題
住民運動型 (住民主体)	・街角での訴え活動 ・訴訟 ・署名活動 ・リコール	・政策への影響 ・問題改善	・行政と市民の対立関係の確立 ・市民の責任がない ・裁判結果に依存 ・解決が長期にわたる
市民参加型 (行政主体)	・アンケート調査 ・審議会の参加 ・パブリックコメント	・市民の意見への行政の対応の必要性 ・政策への市民の意見の反映（部分的）	・市民の意見の政策への反映度の曖昧 ・市民の責任がない
協働型 (両者同等)	・ワークショップを通した地区計画の共同作成 ・まちづくり協議会の設立 ←行政と同等の権限を保持	・各々の役割と責任を自覚 ・政策への市民の意見が必ず反映 ・行政と市民の絆の強化	・積極的市民の参加の必要性 ・合意形成の困難 ・行政の労力負担増
自立型 (住民単独)	・まちづくり会社の設立 ・エコビレッジ等の独立型コミュニティの設立	・制度に囚われず，市民の意見が直接まちづくりに反映 ・面倒な手続もなく短期的に目的達成可能 ・市民の責任を自覚 ・やりがいを感じる ・住民・家族間の絆の強化 ・新しいビジネスとして確立	・住民の負担増 ・小規模 ・行政の役割の希薄 ・活動の限度がある。

（出典）　Arnstein［1969］，篠原［1977］，高橋［2000］を基に筆者作成

ミュニティがそれぞれの価値観で重要であると考える環境保全や改善に関する取り組みにおいて，購入し，寄付をすることで，その環境を利用できる特権を得るメリットで，取り組みへの広い参加を促す方法である（Rydin and Pennington 2000）。またイギリス，ハダスフィールドによる文化活動などの創造的なコミュニティによる都市再生事業である。市民が実施する文化活動を都市再生事業の原動力にすることで，市民参加を促し，そして行政とのパートナーシップを構築し，地域活性化の取り組みを展開していった。

これは，EU の都市パイロット・プロジェクトから始まった取り組みではあったが，プロジェクトが終了した後も，政府や非営利セクターによって新しくビジネスへの支援が継続的に行なわれることで，持続的に取り組みが行なわれている (後藤 2005)。市民参加型まちづくりをコミュニティビジネスとして地域の雇用の場の一つとし，参加する時間的，金銭的余裕がないという理由で参加できない問題 (吉積 2004) を解決することができている。

市民参加における，形式的な参加や市民の行政批判的な姿勢に関する課題であるが，イギリスのグラウンド・ワークによる都市再生事業が参考になる。イギリスのグラウンド・ワークの取り組みは，地域住民，行政，企業の三者が協力して地域の専門組織 (トラスト) を作り，その組織が中心となって地域の環境を改善するといった取り組みである。これらの取り組みにおいて，市民が責任をもって主体的に実施していくことで，行政による形式的な参加や市民の受身的態度はなくなっている。

最後に，多くのコミュニティ団体が存在しているにもかかわらず，縦割り行政が影響して，全体としてサスティナブル・シティづくりにつながらない問題に対処するために，都市レベルで政策統合の取り組みがいくつか行なわれている (本章第3節)。例えば，イギリス，デンマークや北欧の都市でローカルアジェンダ 21 を都市計画として位置づけることで，市民参加型まちづくりを実現しようとした試みである。ローカルアジェンダ 21 によって，環境，経済，社会面へ同時に取り組んでいく必要性が認識され，それに関係する全ての組織が参加することで課題解決ができるようになっている。

4-4　西宮市の市民参加の取り組み

西宮市は兵庫県の東南部，大阪湾北部沿岸に臨み，阪神地域の中央部に位置している。古くから西国街道と中国街道の交流地であるところから交通の要衝として栄えた。明治以降には，阪急電鉄神戸線や阪神電鉄が整備され，交通至便により大阪や神戸へ通勤・通学するのに便利な住宅地とし

て鉄道駅を中心に都市化が急激に進んだ。地理的な条件に恵まれている西宮市は，高度成長期の時期に，堺市や尼崎市のように工業化の波に襲われ，海岸を埋め立て，石油コンビナートを建設する計画がおこった。しかしながら，地場産業者や住民の運動により，その計画は廃止となり，阪神間の都市で唯一自然の海岸を持つ都市となっている。さらに西宮市は1989年より市民参加型の環境学習事業を実施しており，この事業は環境省の事業モデルにもなっている。2003年に西宮市は「環境学習都市宣言」を行ない，環境学習を通した持続可能なまちづくりを進めている。2005年には，西宮市では市民，行政，企業によって構成されるパートナーシップ会議を設立し，このパートナーシップ会議においてサスティナブル・シティづくりを展開しようとしている。このような西宮市の市民参加の取り組みは以下の点で，サスティナブル・シティづくりとして評価できる。

　第一に，市民が環境問題に関心をもち，環境保全活動を実施する土台づくりである。西宮市は，1990年初頭から，環境学習の重要性を認識し，様々な環境学習プログラムを実施してきた。この西宮の環境学習プログラムとは，単なる環境問題に関する情報を一方的に提供して，市民が受動的に環境学習するのではなく，自発・能動・積極的に環境学習を行なえるような仕組みをつくっている。市民による西宮市自然調査を行なうことで，市民が自然環境の価値を理解し，その価値ある自然環境を保全しようと意識が生まれ，やがて積極的な人を中心に，市民活動へとつながっている。また，西宮モデルとして日本全国に普及しているエコカードによる環境活動への動機付けである。環境問題解決に貢献するあらゆる活動をすることで，ポイントが集まり，そのポイントによって，エコレンジャーになったり，ラジオ番組で活動紹介権を取得したり，活動資金が得られるなどがある。当初は，小・中学校生が中心であったが，2005年度からは大人版のエコカードが作られ，ポイントによって，未来基金を貯められるようになり，その基金は将来世代のためのサスティナブル・シティづくりに使われる仕組みとなっている。このように，市民一人一人が，楽しみながら自然環境に関心を持ち，市民活動力を促すことで，自発的に市民が環境保全活動するこ

とを促進する仕組みとなっている。

　第二に、市民がまちづくりで主体的に活動するための仕組みづくりである。西宮市を中学校区で分類し、各中学校区で、エココミュニティを形成する。そのエココミュニティにおいて、タウンウォッチングやワークショップを通して、地域の問題を議論し、持続可能なまちづくりをするためにどうすればいいか、また将来ビジョンを計画、そして実施するようになっている。このエココミュニティで導き出されたビジョン、計画が政策に反映される仕組みづくりである。その仕組みとして、西宮市は市民、企業、行政のパートナーシップ組織として、環境計画推進パートナーシップ会議を設立している。このパートナーシップ会議は環境分野のみに偏りすぎないように、都市計画、福祉、コミュニティ関係の組織代表者が参加している。住民によるエココミュニティ会議、企業によるエコネットワーク会議での議論を、このパートナーシップ会議で集約させ、ここで決まったことは各組織に持ち帰って実行にうつすような仕組みとなっている。

　近年、市民参加のまちづくりの重要性が認識されはじめており、どの自治体も市民参加を促している旨をアピールしている。しかし多くは、パブリックコメントの募集、計画の縦覧、説明会、審議会への参加等、行政が主体として行なっているまちづくりに、申し訳程度に市民が数人参加しているに過ぎない。市民の意見がどこまで政策に反映されるかは行政の判断に任されるのみである。しかし、西宮市のエココミュニティの取り組みは、市民が主体的にまちづくりを実施していく仕組みづくりの一つであるといえる。

　第三に、市民参加活動を継続するための仕組みづくりである。西宮市のサスティナブル・シティづくりの企画、事業実施のファシリテーター役としてのNPOのLEAF（こども環境活動支援協会：Learning and Ecological Activities Foundation for Children）の存在である。市民を中心として、企業や行政と連携を組む構成となっているLEAFにより、西宮の取り組みを、市民を中心として持続的に実施することを可能にしている。さらに、LEAFを中心とする環境学習都市の取り組みが革新的で全国的に注目されたことから、

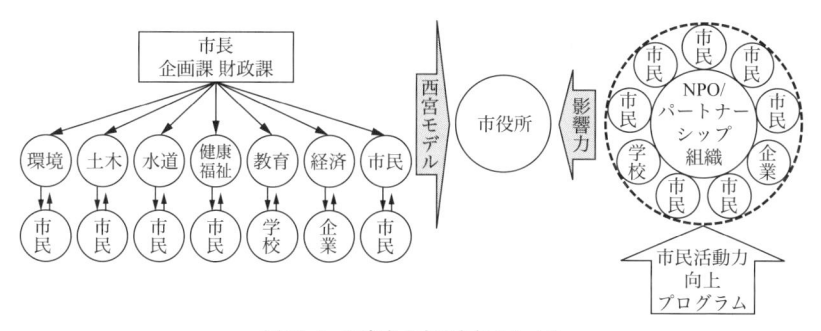

図 10-4　西宮市の市民参加のしくみ
(出典) 筆者作成

他部局も環境学習の理念に関心をもつようになり，環境局に支援を求めることもあるなど，環境局の取り組みが起爆剤となって，他部局に環境への関心を浸透させていっている。このように LEAF がファシリテーター役となって，市民参加によるサスティナブル・シティづくりが促進される仕組みをつくっているところに，西宮市のサスティナブル・シティづくりの大きな成果がある。

図 10-4 は，近年日本で見られる市民参加の取り組みと西宮市の市民参加の仕組み (西宮モデルと名称) を比較したものである。自治体における市民参加の必要性は認識されてきており，各部局においてパブリックコメントや計画の縦覧，説明会の実施，審議会への公募市民の参加等を通して実施されてきている。これらの市民参加は，行政から市民への一方向のみで，市民からの意見が政策に影響を及ぼすかは不明の状態である。一方，西宮市では環境学習プログラムを通して，市民が環境活動を主体的に実施する仕組みづくりを行なった。さらに行政と市民活動を結ぶ，NPO やパートナーシップ組織を設立することで，ばらばらに存在していた市民団体，企業，学校等の連携を可能とし，行政に市民の意見が反映できる仕組みを構築しているところに，サスティナブル・シティづくりに不可欠な市民参加を実質的で持続的なものにするシステムであるといえる。

第IV部
都市のガバナンスを改善する

4-5 サスティナブル・シティづくりに必要な市民参加のあり方

　以上，市民参加について議論してきたが，市民参加で注意すべきことは，それが形式的なものではなく，主体的なものであり，その市民参加によってまちづくりが実施されている，もしくは市民参加によって作成された計画に基づいて政策が実施されることである。そしてこれらのプロセスの中で，政策統合が実現できるシステムが必要である。サスティナブル・シティづくりに必要な環境政策統合を実現するためには，環境学習を通した，十分な環境問題に関する情報を提供する事が不可欠である。西宮市の取り組みのような，環境学習事業に市民が参加しながら，行政とのパートナーシップ組織で政策決定を行なえるようなシステムが，サスティナブル・シティづくりに必要な市民参加の一つのモデルとなるであろう。

5 おわりに

　本章では，サスティナブル・シティづくりの先行研究と事例の分析を通して，サスティナブル・シティづくりの概念や取り組みについて整理した。特に，サスティナブル・シティづくりにおいて，環境政策統合と市民参加の重要性，そしてそのあり方について明らかにした。政策統合については，先駆的に環境政策統合の取り組みを進めるヨーロッパの事例分析を通して，その実現方法について検討した。特に多治見市の事例分析を通して，環境政策統合を実現可能にするためには予算編成に環境配慮を行ない，さらにそれを都市計画と結びつけることが有効であることが明らかになった。市民参加については，行政主体の形式的な市民参加ではなく，縦軸の統合と環境政策統合を実現する協働型市民参加がサスティナブル・シティづくりにおいて重要である。また西宮市の事例分析の結果から，制度的な市民参加の実施だけではなく，サスティナブル・シティづくりにおける市民の役割や責任など市民の意識啓発を行ない，市民活動力が増加するような市民参加のシステムが有効であることが明らかになった。

　これらの分析を通して，サスティナブル・シティづくりのためのガバナ

第 10 章
サスティナブル・シティづくりのためのガバナンス

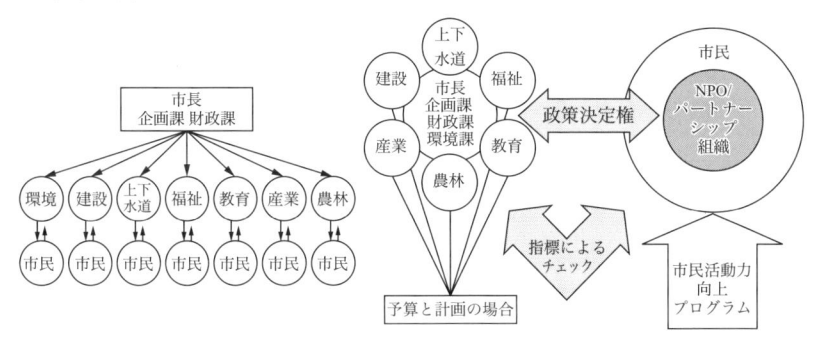

図 10-5　サスティナブル・シティづくりシステム
(出典) 筆者作成

ンスのモデルとして，従来の縦割り行政や形式的な一方通行型の市民参加を是正し，多治見市の行財政システムと西宮市の市民参加の取り組み，さらにヨーロッパで実施されているようなサスティナブル・シティづくりの指標を開発することで，取り組みの評価を可能とするシステムが提案できる。

　図 10-5 は，提案するサスティナブル・シティづくりのためのガバナンスのモデルである。行政側は，予算編成の決定権に環境課が参加し，計画に合わせて，部局間の隔たりなく，全庁的に取り組む。予算と計画を連携させることで，行政の活動を推進する役割を果たしている。一方，市民側においては，NPO やパートナーシップ組織が市民の活動力の推進者となり，政策決定を調整する役割を果たす。さらに，取り組みの成果を把握するための指標を構築して，指標が取り組み内容の目安となり，チェック機能を果たすことが必要である。

　以上のように，サスティナブル・シティ実現のガバナンスの方法について検討し，サスティナブル・シティづくりのためのガバナンスのモデルを提示した。しかしながら，これを実行するためには，市民や行政の意識改革，意見の合意形成，指標の開発，行政システムの改革など数多くの課題がある。これらの課題を解決し，サスティナブル・シティづくりが実行可能となる具体的な方法を提示することが必要である。

第IV部
都市のガバナンスを改善する

文献

植田和弘[2004]「持続可能な地域社会」植田和弘・森田朗・大西隆・神野直彦・苅谷剛彦・大沢真理編『持続可能な地域社会のデザイン：生存とアメニティの公共空間』(講座新しい自治体の設計3巻) 有斐閣, pp.1-16。

岡部朋子[2003]『サステイナブル・シティ：EUの地域・環境戦略』学芸出版社。

後藤和子[2005]「環境と文化のまちづくり」植田和弘・神野直彦・西村幸夫・間宮陽介編『岩波講座都市の再生を考える5』岩波書店, pp.155-183。

篠原 一[1977]『市民参加』岩波書店。

高橋秀行[2000]『市民主体の環境政策(上)：条例・計画づくりからの参加』公人社。

田中 充[2004]「環境政策過程における市民参加」川崎健次・中口毅博・植田和弘著『環境マネジメントとまちづくり』学芸出版社, pp.80-103。

吉積巳貴[2004]「持続可能な発展のための指標」『環境科学会2004年発表概要集』環境科学会, pp.100-101。

吉積巳貴[2004]「Sustainable Communityの創造をめぐる実践と課題 ―― 神戸のコンパクトタウン・エコタウン構想の検証を通して」都市計画学会関西支部。

吉積巳貴[2006]「政策統合と市民参加によるサステイナブル・シティづくり」(京都大学大学院地球環境学舎博士論文)。

Arnstein, S.R. [1969] "A Ladder of Citizen Participation," *Journal of the American Institute of Planning*, vol.35 (4), pp.216-224.

Commission of the European Communities [2004] *Commission Working Document: Integrating environmental considerations into other policy areas - a stocktaking of the Cardiff process*, European Commission.

Expert Group on the Urban Environment [1996] *European Sustainable Cities*, European Commission.

Held, M. [2000] "Geschichte der Nachhaltigkit (History of sustainability)." *Natur und Kultur-Transdisziplinäre Zeitxchrift für ökologische Nachhaltigkeit*, vol.1, pp.17-31.

Lenschow, A. (ed.) [2002] *Environmental Policy Integration: Greening Sectoral Policies in Europe*, London: Earthscan.

Rydin, Y. and Pennington, M. [2000] "Public Participation and Local Environmental Planning: the collective action problem and the potential of social capital," *Local Environment*, vol.5 (2), pp.153-169.

Satterthwaite, D. [1999] *The Earthscan Reader in Sustainable Cities*, London: Earthscan.

Schmuck, P. and Schultz, P.W. [2002] "Sustainable Development as a Challenge for Psychology," *Psychology of Sustainable Development*, Massachusetts: Kluwer Adademic Publishers, pp.3-18.

World Commission on Environment and Development. [1987] *Our Common Future*, Oxford: Oxford University Press.

第11章
途上国の都市の環境ガバナンスと環境援助：タイのLA21プロジェクトを素材として

礪波 亜希・森 晶寿

1 なぜLA21プロジェクトに注目するのか

1992年の国連環境開発会議で採択されたアジェンダ21では，第28章「地方自治体によるアジェンダ21支援 (Local authorities' initiatives in support of Agenda 21)」で，1996年までに各国の地方自治体が住民と協議の上地域のアジェンダ21（ローカルアジェンダ21, LA21）に合意すべきであるとされた[1] (Sandbrook and Quarrie 1992)。LA21は「持続可能な発展を地域レベルで進めるための課題や将来像の設定，行動メニューを提示したもの」と定義される（中口2004）。ここでいう持続可能な発展は，自然環境のみならず社会や経済を同等に扱い，「生活の質」や「住みやすさ」を念頭に置いた具体的な発展の質の向上を意味する (Selman 2000)。アジェンダ21・LA21を通じて，地球規模の環境保全にも地域規模の住民参加が不可欠であることが明言されたのである。

ところが多くの途上国では，全国の環境汚染や自然環境破壊の状況を定量的に把握する等アジェンダ21を策定するために求められる能力を十分に持っていなかった。地方自治体においても，LA21を作成するのに必要な能力を備えている自治体は少ないのが現実であった。この状況に鑑み，

---

[1] 中口 [2004] によれば，リオ会議の直前にブラジルのクリチバで自治体の会議が開かれ，ここでアジェンダ21の地域版としてLA21の作成を行なうことが合意された。

先進国の国際援助機関や国際NGOによって途上国の地方自治体，特に都市の地方自治体を対象としたLA21作成支援プロジェクトが行なわれてきた。

しかしながら，途上国に対するこのような取り組みが，LA21が目指す都市の環境ガバナンス，すなわち地域規模の住民参加を通じた地球規模の環境保全につながったかは必ずしも十分には明らかにされてこなかった。そこで本章では，まずグローバル・リージョナル・ローカルという三層のレベルで生じた分権化と民主化の潮流を踏まえ，当該の背景を理論的に説明することを試みる。次にタイで実施されたLA21作成支援プロジェクトを素材として，以下の2点を明らかにすることを通じ，最終的に途上国における都市の環境ガバナンスに対する国際援助の成果と課題を示したい。すなわち第1に，LA21作成支援プロジェクトがその目的である持続可能な発展を地域レベルで進めるための課題や将来像の設定，行動メニューの作成に対する住民参加をどの程度進めたのか，第2に，LA21の策定を通じて実を結んだ課題・将来像・行動メニューが具現化することをどの程度可能にしたのかである。

2│なぜ持続可能性が求められるようになったのか

グローバル・レベルでアジェンダ21・LA21のような概念が受け入れられ持続可能な発展の認識が向上してきた背景には，リージョナル，ローカルなレベルで発生した地域環境ガバナンスへの希求があった。途上国というくくりをメタ地域として見なすならば，このリージョンでは1980年代以降，NGO等によって大規模開発事業による環境に対する悪影響が指摘されてきた。さらに，そのような開発事業の原因としてトップ・ダウン型の事業計画と財政支援，上向きの説明責任が問題視されてきた (Rosenberg and Korsmo 2001)。そしてこういった問題の解決には，情報公開と意思決定過程に複数意見を取り込むことで制度の透明性と説明責任を保障する (Payne 1998) 住民参加が不可欠であると示された。加えて途上国に対する

援助の現場においては，いわゆる「ハコもの」事業の問題点[2]を克服する目的で，住民参加型アプローチが援助プロジェクト全般に適用されることになった。これを地域の都市計画に反映させるための手立てとして発展的に活用したものが，LA21 導入支援プロジェクトであった。

ローカルなレベルにおいては，リージョナルなレベルでの議論を具体化し地域環境ガバナンスを改善する手立てとして，リサイクルに注目が集まった。リサイクルは地域のエネルギー・水・その他資源の無駄，環境汚染を防止する手段であるとともに，リサイクル活動への参加を通じて環境意識改善，社会的孤立の防止，貧困改善が目指された (Gram-Hanssen 2000)。先進国の自治体ではアジェンダ 21 以前からこのような環境保護主義的地域政策[3]が存在しており，提言以降はこれらに便乗するような形で多くの自治体により LA21 が導入された[4]。

以上をまとめると，途上国の都市の環境改善における LA21 と LA21 作成支援がいかなる経緯で求められるようになったのかが明らかになる。第 1 に，補完性原則 (Principle of Subsidiarity) の存在である。補完性原則は「問題はより身近なところで解決されなければならない」とするものであり (池田 2000)，リオ宣言の第 10 原則にも含まれる。この原則に基づくと環境管理のような公的責務は市民に最も身近な地域の自治体により担われることが求められるが，このためには自治体が地域のニーズに対応できるような制度的枠組みが不可欠である。そして地方自治体が権限と能力を持ち，透明性・説明責任を果たし，住民ニーズの汲み上げが行なわれなければならない。この概念はまさに LA21 に反映されているといえるだろう[5]。第 2 に，民主主義的理念の存在である。この理念は開放性・説明責任・複数意見といった概念を包含し，途上国における環境保全と資源の持続的な利

---

[2] 援助を通じて建設された施設や供与された機材が，人的資源が不足しているために円滑に機能しない状況 (西垣ほか 2003)。
[3] Gram-Hanssen [2000] はこのような動きを「地域的エコロジカル・ドリーム」であったとしている。
[4] 2001 年の調査では全世界 113 カ国で 6,416 の LA21 が策定された (ICLEI Canada 2002)。
[5] ただし，LA21 では元来の補完性原則を補う形で，コミュニティ内部での問題解決能力強化の必要性が考慮されていることには留意が必要である。

用にしばしば結び付けられて考えられてきた。第3に，環境管理事業に関する効率改善の必要性である。プロジェクトを実施する際に住民ニーズが早期に汲み上げられなければ，不測の事態や住民ニーズとは全くかけ離れた事業成果がもたらされ，プロジェクトの有効性と持続性が揺らいでしまう。こうした問題を解決する方策として，様々な主張をプロジェクトの早期に住民参加を規範ないしガイドラインとすることを通じて発見することが重要と指摘された (Rosenberg and Korsmo 2001)。

3 LA21作成支援プロジェクトの背景：地方分権化と補完性原則

タイでは軍事政権が崩壊した1992年に「国家環境質保全向上法 (Enhancement and Conservation of National Environmental Quality Act, B.E. 2518, 以下国家環境保全法，1975年制定)」が全面的に改正された (Enhancement and Conservation of National Environmental Quality Act, B.E. 2535)。これに基づいて，科学技術環境省の設置など環境行政を執り行なう機関が拡張し，中央政府の環境関連予算も増加し，それまで各省庁に分散していた環境管理の権限と資源が環境政策立案局等の環境担当部局へ集中することになった。時を同じくして，従来行なわれていた中央政府の主導によるトップ・ダウン型の環境問題解決方法に代わり，地域の環境問題は地域で解決するという分権型環境管理が指向されるようになった。そして分権型環境管理を促進するために，県は県ごとの環境行動計画を中央に提案するように命じられた。科学技術環境省の環境政策計画局は，その中で提案されたプロジェクトで住民やコミュニティの参加を促すものに対して，優先的に補助金を配分するようになった (森2003)。

さらに1997年10月に制定された新憲法 (1997年憲法) は，地方分権を民主化手続きの一環として捉え，国家規模で地方分権にコミットすることを宣言した。そしてこれに関連しいくつかの地方自治体関連法案が策定およ

び改正された。特に1999年に策定された4つの地方分権推進法[6]により自治体の組織構造が整理され，各自治体の権限・義務も明確となり，環境や公衆衛生に関する部門の業務の多くに関しても中央政府から地方政府へ委譲されることとなった。同時に，委譲された権限を執行できる財政基盤の確立を目的として，中央政府から地方自治体への一括交付金制度が創設された。

以上のように，タイでLA21が推進された背景には，世界的潮流の影響に加えてタイ独自の環境行政の進展と民主化・地方分権を目指す流れがあったといえよう。ただしこの他に1997年7月に発生したアジア経済危機の影響があったことを無視することはできない。タイはアジア地域の中でも特に強く金融規制撤廃と通貨危機の影響を受け，産業と雇用状況が急速に悪化し[7]，早急に対応する必要が生じた。そこで，国家社会開発委員会（National Social Development Committee）の設立や国際援助機関からの協力を通じた貧困地域への直接支援など，1997年憲法で重要事項と見なされていた国家レベルの社会プログラムや，第8次国家経済社会開発五ヵ年計画(1996～2001年)[8]で明言された改革アジェンダにおける経済・社会・政治・環境の間の矛盾解消が大胆に進められることとなった（Atkinson 2004）。こうしてタイでも，コミュニティのエンパワメントを通じコミュニティ自身が持つ資源の活用が強調されるようになった。

このような文脈で，先進国の国際援助機関とタイ中央政府の環境担当部局である環境質促進局（DEQP）は，2000年以降LA21作成のパイロット・プロジェクトを支援してきた。対象となったのは東北部の中規模工業都市コラート（Korat）市，南部の海岸沿いに位置する小規模商業都市トラン

---

[6] 1999年地方自治体条例提案署名に関する法律，1999年地方議員または自治体執行委員を免職させるための投票に関する法律，1999年地方分権計画及び手順規定法，および地方自治体人事行政法。
[7] 1997年中頃～1998年中頃間で，失業率は3倍，貧困線以下の生活を営む人口は16％から18％へと増加した（Lee 1999）。
[8] 第8次国家経済社会開発5ヵ年計画は，持続可能な発展を視野に入れて，それ以前の経済成長優先型の開発計画とは一線を画し，コミュニティやNGOなど住民による意思決定過程への参加を重要視するものであった。

(Trang) 市，北部の小規模工業都市ランプーン (Lamphun) 市，及び首都バンコクの4つの地方自治体であった。

4 LA21 作成支援プロジェクトとその成果

4-1 概要

LA21 作成のパイロット・プロジェクトを実施した4都市のうち，コラート市，トラン市，ランプーン市は地方の中核都市として工業化と都市化を経験し，その過程で環境，特に都市を流れる河川の水質が悪化したという共通点を持つ。他方首都バンコクはその他の地方自治体とは規模，財源・権限，行政体系，そして直面する環境問題が大きく異なる。そこで本章ではコラート市，トラン市，ランプーン市の3市を対象として検討を行なう。

(1) コラート市

コラート市はタイ東北部に位置する。面積 37.5 km^2，登録人口 175,825 人 (2004 年) の中規模地方都市で，製造業 (バイク・家庭用品)，農業が市の経済の根幹をなす。LA21 は 1999 年から 2002 年にかけて策定された。もともとコラート市は 1998 年に世界保健機関 (WHO) が主催する「ヘルシー・シティ・プロジェクト」という，都市の健康推進計画事業を推進していた。これは計画の準備・実施を住民参加で行なうことが求められる点で，LA21 と共通の理念をもつ。そこで LA21 もヘルシー・シティ・プロジェクトの延長線上で行なわれることになった。

LA21 は DEQP，スウェーデン国際開発庁 (SIDA) が支援して策定され，SIDA からは直接的な資金援助として 60 万タイバーツ (約 160 万円) が提供された。LA21 は，支援機関の専門家の助けを受けながら公式・非公式の会議として始められ，39 のコミュニティ，学校，企業関係者が参加する形で進められた。その後地域の問題の現状と解決方法について議論するために 15 の対策委員会が設置され，LA21 はこの委員会での会議を通じて「コラートにおける持続可能な発展のための政策」として策定された。環境面では，①ゴミ減量，②河川保護，③リサイクル，④省エネの4点が目

標として掲げられた。

　策定されたLA21に基づいてパイロット事業も実施された。まずSIDAの資金援助を活用してバイクレーン（自転車専用道路）の建設計画を作成し，学生対象のラムタコン川エコ・ツアー，固形廃棄物の管理と減量化が行なわれた。そして市の自主財源をもとにした通常業務の一環として，文化センターへの太陽電池設置，学校への太陽電池設置計画作成，街頭装飾が行なわれた。さらにこれらのパイロット事業が完了した後もLA21に関連する活動は市の通常業務に組み込まれ，コミュニティによるラムタコン川の水質改善活動，ノーマイカーデーの設置，排水処理システムの拡大（パイプライン，プラント），固形廃棄物処理施設の建設計画の作成が行なわれている。

　コミュニティはLA21以前の事業から市の行政計画策定に関わっており，市の課題を話し合う対策委員会がLA21パイロット事業完了後も継続して開催されている。また一部のコミュニティでは市の活動に加えて独自の環境保全活動が行なわれている。

(2) トラン市

　タイ南部に位置するトラン市は，面積 14.77 km^2，登録人口 59,497 人（2005年）の小規模地方都市である。長く通商の要所であった歴史を持ち，ゴムを中心とした農業，商業が市の経済を構成する。LA21 は DEQP と SIDA の支援を受け，全国に先駆けて 2000 年から 2002 年にかけて導入された。環境問題を経験していたということに加えて，当時の首相[9]の出身地であったことと，グッド・ガバナンスを行なう自治体ということで中央政府でも知名度が高かったことが選定の理由であった。SIDA からは直接的な資金援助としてコラート市と同額の 60 万タイバーツが提供された。LA21 の形成は，支援機関の専門家がコラートを支援した組織[10]の同僚であったため非常に類似した手法で進められた。すなわち会議として始ま

---

[9] チュワン・リークパイ，1997-2001 年在任。
[10] Life International Foundation for Ecology (LIFE) Partners というスウェーデンのコンサルタント組織。開発庁・環境省出身者で構成される。

り，コミュニティ，学校，企業関係者が参加する形で進められ，LA21として策定された。方針として①組織開発とキャパシティ・ビルディング，②市民参加と意識改善，③環境管理システム，④持続可能な学校，⑤持続可能なコミュニティ，⑥地理情報システム(GIS)による情報管理が掲げられた。

そしてパイロット事業として，SIDAの資金援助を用いて，2つのコミュニティで試行的に固形廃棄物管理(リサイクル)の教育・トレーニングが，3つの学校で植林活動が実施され，汚水処理場で使用する太陽電池パネルも設置された。さらにDEQPからの資金援助と市の独自財源を用いて，地元リーダーと組織が地域の課題について話しあうための会合の開催，若者への環境教育，住民による植林活動，市の環境白書の作成，LA21ワークショップやポスターコンテスト実施，市の記念公園における生物多様性の復元活動，大気質測定機器購入，水質測定機器購入，自然資源・環境のマスタープラン作成，小学校でのゴミ銀行設置，教師のための持続可能な学校開発に関するトレーニング，小中学生のための環境管理トレーニング，特定コミュニティの住民を対象にした試行的環境管理トレーニング，LA21ウォークラリー，GISデータベース構築など様々な活動が実施された。パイロット事業が完了した後もLA21に関連する活動は市の通常業務に組み込まれ，中央政府から3つの賞(ヘルシー・シティ賞，グッド・ガバナンス賞，市民参加と透明性賞)を受賞した。2003年には固形廃棄物の衛生埋立地が建設された。

さらに2005年からは，SIDAとDEQPが主導して第2次LA21策定支援が開始されることとなった。ここでは国連が2002年に宣言したエコ・ツーリズム概念と，タイ中央政府の観光業推進方針，2004年に発生したスマトラ島沖地震による津波被害復興，さらにトラン市の経済基盤であるゴム農業の不安定化による悪影響の緩和を目指して，サスティナブル・ツーリズムが主題として選定された。

コミュニティに関しては，第1次LA21策定過程ではコミュニティと学校関係者が中心となっていたが，第2次では観光業関係者の参加率と発言

力が強くなった。とはいえ一部のコミュニティでは現在でも市が主導する活動の他に自発的な固形廃棄物収集等の環境保全活動を行なっている。

(3) ランプーン市

ランプーン市はタイ北部にある面積 6 km^2，人口 15,349 人 (2002 年) の地方小都市で，製造業，農業を市の主幹産業とする。ランプーンの LA21 は 1998 年以降のドイツ技術協力公社 (GTZ) による都市計画・構想支援を継続するような形で，DEQP 及公害管理局 (PCD) の技術的支援を受けながら 2001 年に「持続的都市開発の検討指針 ── ランプーン市のローカルアジェンダ 21 に基づいて」として策定された。指針作成には 6 つの部門委員会が設置され，数々の会合を通じて提示された住民代表，企業家，政治家の意見が検討指針にまとめられた。この指針には①教育の質，効率の向上，②公衆・健康衛生の向上，推進，③地域経済の強化 ── 雇用改善，所得増加，エコ・ツーリズム推進，④天然資源・環境の保護，管理，⑤遺跡，伝統的慣習，文化，地域の知恵の復活・保全・推進，⑥ GIS による地域社会データベース構築の 6 つの方針が定められ，環境に関しては① GIS 構築，②排水処理，③固形廃棄物管理，④省エネが目標として設定された。

その上でパイロット事業の実施として，日本の援助機関である地球環境センター (GEC) より約 431 万タイバーツ (1,120 万円) を得て簡易排水処理装置の設置と住民参加型の環境保全活動が行なわれた (土永 2005)。また GTZ の資金援助を通じて市内小学校で「ゴミ銀行」が設立され，市の予算でコミュニティでの固形廃棄物管理，市・コミュニティによる水質サンプリング，一村一品 (OTOP) が推進された。ランプーン市においてもこれらのパイロット事業が完了した後に LA21 の目標に沿う事業が行なわれている。市職員によって定期的に市の中心を流れるクワン川の水質チェックが実施され，「サイクリング・クラブ」という自転車推進クラブが設置されたほか，排水処理施設の操業が開始，クワン川沿いの遊歩道建設がなされ，太陽電池の追加計画，バイクレーン網拡大計画，サスティナブル・ツーリズム計画が進行中である。

4-2 LA21における住民参加

　LA21への住民参加の度合は2段階で分析する。まず野田［2003］による参加評価枠組みにのっとって参加のレベルを検討する。次に大内［2003］の参加のインセンティブ（動機付け）分類を参照して，参加のレベルがどのようなインセンティブでもたらされたのかを検討し，参加のレベルの説明を試みる。開発学の領域では住民参加レベルの分類がさまざまになされているが（Chambers 1997=2000；斎藤 2002），野田の住民参加レベルの分類は援助の現場での実用性を考え外部者が地域住民のために介入する事例に分析対象を限定しており，この点でLA21作成支援プロジェクトを分析する本章に有用である。野田の分類は，住民主導つまり住民のオーナーシップ・自主性・主体性がプロジェクトに存在する状態を理想的な「参加」とする（「住民の主導権」）。順次これより低い参加レベルを「住民との相談」「住民の労力提供」と定義する（表11-1）。

　開発学の分野では参加を促す技法を論じた研究は多い（例えば，Chambers 1997; Jones 1996; プロジェクトPLA編 2000）。しかし実際の参加事例を比較検討する概念的枠組は少ない。大内の分類（表11-2）では，参加のインセンティブは「強制」「便益」「自立」の3つに分類され，自立に近いほど望ましく参加の継続性も高まると考えられる。本章ではこの枠組を用いて参加のレベルを説明する要素を摘出する。

　3市における複数の関係者[11]に対する聞き取り調査に基づいて検討した結果，コラート市と他の2市の間で軽微な相違があることが明らかになった（表11-3）。まず住民参加のレベルに関しては，コラート市ではより高いレベル（「住民の主導権」に近いレベル）の参加が確認できた。これはコラート市ではLA21実施前から保健ボランティア活動を通じて住民参加の基盤が形成されており，この基盤を活用してLA21の参加につなげたことが影響している。トラン市では市長の呼びかけに応じた形でコミュニティの代表や学校関係者が会合に参加したが，住民の主導権は存在せず出席もしくは

---

[11] 市長，副市長，自治体職員，コミュニティリーダー，住民，企業関係者，タイ中央政府DEQP職員，日本側援助機関職員。

第 11 章
途上国の都市の環境ガバナンスと環境援助

表 11-1　参加のレベル分類

	参加のレベル		
	住民の労力提供	住民との相談	住民の主導権
目的設定の主体	外部者	住民の情報で外部者	住民
計画作成の主体	外部者	住民の情報で外部者	外部者の手伝いで住民
作業の主体	外部者の指示で住民	外部者の指示で住民	自発的に住民
評価の主体	外部者	ケースによる	外部者の手伝いで住民
参加の意味	動員・役務提供	出席・了承	主導性

(出典) 野田 [2003] をもとに筆者作成。

表 11-2　参加のインセンティブ分類

参加の誘因	定義
強制	住民の意思に関わりなく，権力者の意向に住民をいやおうなしに従わせる動員型。逆らう者には権力者による抑圧
便益	参加の対価としての昇進や金銭あるいは便益獲得といったインセンティブによるもので，そのインセンティブが続く限り参加する
自立	当初の時期にドナーの援助を受けても，自立を目指してコミュニティ・メンバーの間に合意を形成し，資源の拡大再生産を制度化し，資源を有効に開発に運用しつつ組織を強化し，試行錯誤の上についに自立にいたる

(出典) 大内 [2003] より筆者作成。

了承のレベルであった。ランプーン市では環境問題に対するアドボカシーという参加の基盤がLA21作成前に存在していたが，アドボカシー活動に参加した住民は実際のLA21作成過程に加わることはなく参加のレベルが低下してしまった。

次にLA21への参加のインセンティブに関しては，3市とも「便益」であるものの便益の内容が異なった。すなわちコラート市の場合の参加は住民が自分たちの意見を市政に反映できることの便益であったが，トラン市，ランプーン市の場合は強力なリーダーシップを持つ市長の呼び出しに応じることで得られる政治的・経済的便益であった。これらから，LA21作成過程における住民参加は，参加することで何らかの便益を得られると考えた住民が市長や自治体の呼びかけに応じ会合に出席しLA21の内容について意見を述べるという，トップ・ダウン型の住民参加の域を出ないもので

表 11-3　3 市の住民参加のレベルとインセンティブ

	活動内容	参加のレベル	参加のインセンティブ
コラート	WHO主催のヘルシー・シティ事業に関連する7つの住民参加ワークショップにボランティアを中心に活動的な住民が出席	住民の相談（出席）一部住民の主導権	行政への自発的な協力により自分たちの意見が市政に反映できる便益
トラン	LA21策定時に必要なワークショップにコミュニティ代表，学校・企業関係者が出席	住民の相談（出席）	市長への自発的な協力によって得られる政治的・経済的便益
ランプーン	LA21策定時に必要なワークショップにコミュニティ代表，学校・企業関係者が出席	住民の相談（出席）	市長への自発的な協力によって得られる政治的・経済的便益

あったことが明らかになった。

4-3　LA21 の具現化

ではLA21とこれに関連する事業は，3市においてどの程度持続可能な発展施策・事業として具現化されたのであろうか。この分析には環境政策研究所 [2002] の「持続可能な発展政策マトリックス」を用いることができる。LA21の評価に関してはLA21を推進するICLEI[12]によるLocal Evaluation 21: Local Authorities' Self Assessment of Local Agenda 21 (LASALA) という自己評価ツールがあるが，このツールの評価事項の多くはLA21作成過程に関するものであるため制度の実行，実現を評価するには不十分な点が残る (Evans and Theobald 2003)。これに対し，「持続可能な発展政策マトリックス」の場合，作成過程だけでなく持続可能な発展を目的とする具体的な政策に関する実施の有無を評価することが可能である。さらに日本のLA21は欧米のLA21の内容に比較すると中央集権度や環境政策の方向性においてタイとの類似点が多いため，本章の議論に妥当である[13]。評価には施策・事業の実施内容に対して点数を付け，合計得点を成

---

[12] 地球環境保全をめざす地方自治体を会員とする国際組織。1992年のリオ会議でLA21の概念を提案し，以降LA21実施基準の開発，促進に関する活動を行なう (ICLEI 2005)。
[13] 環境政策研究所は，持続可能な発展概念を厳密に解釈し，概念を構成する3つの要素（環境・経済・社会）の複数の目的を有する政策目的の両立・調和を目指すような取り組みを選出した。

表 11-4 「持続可能な発展政策」評価点

実施の内容	点数
現在実施しており，かつ過去 5 年以上継続して実施している	5
現在実施しており，来年度も実施予定（5 年以上は継続していない）	4
過去に実施したことがある，または今年度のみ実施する	3
今後 2・3 年のうちに実施する方向で検討している	2
国や県などの財政的支援があれば，今後実施を検討してみたい	1
検討していない	0

(出典) 環境自治体会議［2002］をもとに筆者作成。

果度とする（表 11-4）。

 3 市から提示された資料および 2004-2005 年に実施した複数の関係者に対する聞き取り調査の結果に基づいて評価を行なった結果，次の 2 点が明らかとなった（表 11-5, pp.268-269）。第 1 に 3 市の LA21 の成果に関しては，コラート市が 43 点，トラン市が 42 点，ランプーン市が 46 点と，ランプーン市が若干高いものの全市ともほぼ同程度の総合成果を達成し，LA21 の実施においてある程度の成功を収めたことが明らかとなった。第 2 に政策部門の成果を比較すると，コラート市は全般的にどの政策部門でも得点したが，トラン市では農林漁業系と教育系，ランプーン市では建築土木系，交通系，環境系で特に高く得点した（図 11-1）。これはトラン市が他の 2 市に比較して生態系保全と学校教育関連の政策に注力していること，ランプーン市が中央政府や援助機関から受け取った資金援助の額はコラート市・トラン市の額より大きく，建築土木系，交通系，環境系に該当するインフラ整備が可能になったことが理由である。これから，3 市では都市の特性や市長のリーダーシップによって重点が異なるものの，LA21 の策定から生じた課題・将来像・行動メニューが市の事業としてかなりの程度具現化したことが明らかとなった。

 しかしながら同時に途上国の都市の環境ガバナンスに関する問題点も見

本章ではこのマトリックスをタイの地方環境政策に当てはめ，「100 円バス」など日本固有の名称を削除した。

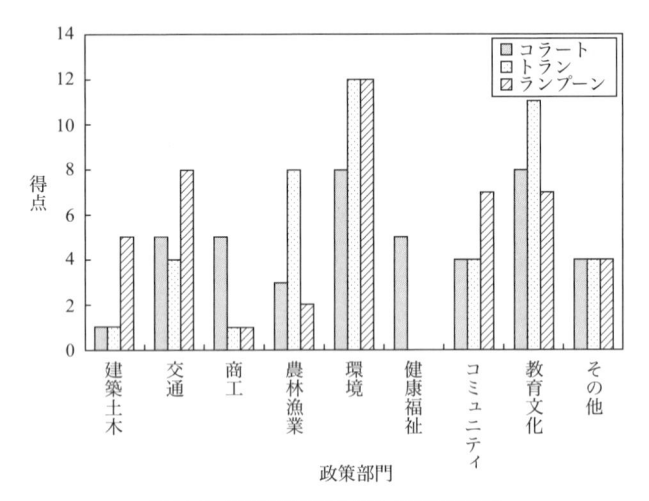

第IV部
都市のガバナンスを改善する

図 11-1 3市におけるLA21の部門別評価
(出典) 筆者作成

て取ることができる。LA21が目指すものは地域規模の住民参加を通じた地球規模の環境保全であり，その作成過程および策定を通じて補完性原則と民主主義理念が実現し環境管理事業に関する効率が改善されることであった。タイでは確かに環境行政の分権化が進み，住民の自立というレベルまでには至らなかったものの住民参加が進み，持続可能な発展を指向する施策が行なわれた。しかし補完性原則から新たに付随して生じた理念の実現 (コミュニティ内部での問題解決能力強化)，民主主義理念の実現 (住民参加)，環境管理事業の効率改善 (施策としてのLA21具現化) については著しく狭い範囲かつ短期的にしか行なわれていないことが分かる。これは，住民参加がトップ・ダウン型のものでLA21作成に関する会合に出席する以上は特に発展しなかったこと，さらに3市におけるLA21の部門別評価で特定の政策部門に得点が集中し，5年以上継続して実施している施策の数は1つしか存在しないことから明らかである。すなわち，制度上の基本的な枠組みは形成されたものの，それを持続させるための支援的枠組みが欠如しているもしくは機能していないという問題点である。

LA21 で実施された施策を持続させるための枠組みとして，中央政府から市への補助金が存在したと考えることは可能である。しかし前述の通りタイの LA21 は，同じ作成プロセスをたどりながらも都市の性格や市長のリーダーシップによって強調点が異なっていた。このことは，中央政府がその差異を認め地域の持続可能な発展を実現する目的に資するように補助金供与を決定しない限り，たとえ LA21 が市の課題や将来像を示すものであったとしても実際に具現化するのは難しくなることを意味する。そうすると今後 LA21 を作成する自治体は，住民が直面する課題の解決や将来像の実現ではなく，中央政府から補助金を受け取りやすい内容を中心としたものを策定することになりかねない。

　LA21 の策定から数年しか経ていないため，現時点では中央政府の補助金の配分決定の影響を論じることは困難である。将来この点を議論するためには少なくとも以下 3 点に着目する必要がある。1 つめは，表 11-4 の実施の内容項目にある「現在実施しており，かつ過去 5 年以上継続して実施している」が今後どれだけ増加するかである。2 つめは，市長が交代した後も，LA21 で策定した内容の実施が継続され中央政府から補助金を確保し続けるかどうかである。これは LA21 の作成支援プロジェクトを経て蓄積されたノウハウがどれだけ自治体・住民及び中央政府に制度化されているかを判断する鍵となる。3 つめは，タイの地方分権推進法の実施の進展である。地方分権推進法が進展し，中央政府の部門別の補助金が地方自治体への一括交付金に切り替わるにつれて，地方自治体が裁量的に支出できる予算規模は拡大することになる。この拡大した予算を地方自治体が LA21 を通じた持続可能な発展を実現するために支出するのか，あるいは他の政治的・経済的目的のために支出するのか。今後の展開を見続けていく必要がある。

第Ⅳ部
都市のガバナンスを改善する

表 11-5　3 市における LA21 の部門別評価

持続可能な発展政策		対象領域				コラート	トラン	ランプーン
政策部門	施策内容	経済	社会	環境	国際長期			
建築土木系	太陽熱発電装置や断熱, 生ゴミ処理, 屋上緑化などの設備を備えた環境共生住宅を建設・改装したり, 助成している			○		1	1	1
	都市計画マスタープラン, 国土利用計画の中でエネルギー消費量を最小化するようなゾーニングや土地利用将来フレームが設定されている			○	○	0	0	0
	宅地などの開発許可の際に, 緑化や透水性舗装, 雨水貯留や屋上緑化, 地域の交通安全などの環境配慮の指導を行なっている			○		0	0	4
交通系	親水空間や緑の空間を結び, サイクリングやウォーキングで回遊できるネットワークの整備を進めている			○		2	4	4
	自転車専用道路の整備, 自転車の貸出し, パーク&ライド用の駐車場設置, 中心市街地での過度な駐車場の抑制などを行なっている			○		3	0	4
	環境定期券や循環バスの導入やその活用を奨励する取り組みを実施している			○		0	0	0
商工系	環境への配慮の視点を盛り込んだ商店街活性化活動を奨励・支援している	○		○		4	0	1
	地域資源を活用した生業・伝統・地場産業および新しい連携作業を奨励・支援している	○		○		1	1	0
	地域内活動の ISO14001 や独自環境マネジメントシステムの認証取得を奨励・支援している	○		○		0	0	0
農林漁業系	環境に配慮した, 農業・林業・水産業の短期・中期・長期的な保全と育成計画を, 土地利用でのゾーニングで明確にして, 目標を設定して実施している	○	○	○	○	0	0	0
	棚田オーナー制, クラインガルテン (市民農園), 農家民泊等のグリーンツーリズムを奨励・支援している	○	○	○		3	4	2
	田んぼの学校, 里山管理等, 農林業を通じての子供たちへの環境教育活動を行なっている		○	○		0	4	0
環境系	地域住民の自主的な清掃活動, 緑化活動, 地域に愛される道路づくりなどを奨励・支援している		○	○		4	4	4
	資源のリユースや生ゴミ堆肥化など, 民間のリサイクル活動を奨励・支援している			○		4	4	4
	自治体の率先実行でなく, 地域全体でのエネルギー使用削減や CO_2 の削減対策に取り組んでいる			○	○	0	0	0

第 11 章
途上国の都市の環境ガバナンスと環境援助

分類	項目					A	B	C
	野生生物の生息空間（ビオトープ）の整備や修復に関する情報交換活動に参加している		○	○		0	1	0
	国境を越えた共同の環境監視活動や，環境に関する情報交換活動に参加している			○		0	0	4
健康福祉系	地域での介護や福祉サービスを行なう市民団体の活動を奨励・支援している	○	○			5	0	0
	地域の環境保全活動への高齢者や障害者への参加など，環境保全が生きがいづくりにつながる取り組みを奨励・支援している		○	○		0	0	0
	バリアフリー施設を整備する際に，エネルギー消費の少ない設計・設備にしている（人感センサー付き照明・エスカレータなどの導入）		○	○		0	0	0
コミュニティ系	グリーンコンシューマーなど環境配慮型消費生活に関する民間活動を奨励・支援している	○	○			0	0	3
	地区や集落の住民が中心となる環境改善活動や地域の活性化・社会の改善に関する活動を奨励・支援している	○	○			4	4	4
	エコマネーや地域貨幣などを利用した地元商店からの商品・サービスの購入，環境保全活動や福祉サービスの提供・参加を奨励・支援している	○				0	0	0
教育文化系	子どもや青少年，成人を対象にした，持続可能な社会の担い手を育成するコミュニティ教育活動（ゴミ銀行，地域発見・まち歩き，農林業体験，伝統文化体験など）を奨励・支援している		○		○	4	4	4
	伝統行事・伝統工芸の保存・継承などの歴史的・文化的資産を保全する活動を奨励・支援している		○	○		4	4	3
	世界の人権・貧困問題や国際協力に関して取り組むNPOや団体への財政的・物的・人的支援を行なっている		○	○		0	0	0
	小学校の総合学習の時間において，地球温暖化などの地球規模の環境問題をテーマとして取り上げている				○	0	3	0
企画系・その他	総合計画（基本構想，基本計画）の理念や原則として，環境・経済・社会（コミュニティの活性化や福祉の向上）を，調和的・総合的に推進していくことが述べられている	○	○	○		4	4	4
	小学校区や町会など地区単位や，集落単位での住民の自主的な計画づくりを奨励・支援している		○	○	○	0	0	0
	総合計画の中で，二酸化炭素排出量に関する評価指標や目標数値を設定している			○		0	0	0
得点						43	42	46

（出典）3 市の提示資料および筆者調査

第IV部
都市のガバナンスを改善する

5 LA21を通じた都市の環境ガバナンス改善と対外援助への示唆

　LA21とLA21作成支援プロジェクトは，補完性原則と民主主義的理念の実現，及び環境管理事業における効率改善を目的として実施されてきた。タイの1992年国家環境保全法の改正，1997年憲法の制定，1999年地方分権推進法の制定といった一連の動きは，地方自治体に地域の環境問題の解決のための責任と権限，資源を委譲し，同時に住民やコミュニティが政府の活動や意思決定過程に参加するための枠組みを提供してきた。この点で，タイの地方自治体がLA21作成支援プロジェクトの目的を遂行するために必要な，制度上の基本枠組は構築されたと考えることができる。

　タイの3自治体で実施されたLA21作成支援プロジェクトの分析を行なった結果，LA21作成支援プロジェクトは，作成プロセスに地域住民やコミュニティの代表が参加し，その進捗を見ながら中央政府や国際援助機関が指針を具現化するためのプロジェクトに資金を供与するなど，これまでの中央政府主導のトップ・ダウン型のアプローチを変え補完性原則を実現するのに一定の貢献をしたことが明らかになった。

　しかし必ずしも真の意味で補完性原則と民主主義的理念の実現の目標が実現したと評価できるわけではないことも同時に明らかとなった。これは住民参加のレベルが必ずしも住民の主導するものではないこと，及び参加のインセンティブも市長や自治体主導の呼びかけに応じるというトップ・ダウン型の域を出ないことによる。またLA21作成支援プロジェクトで経験した意思決定過程への住民・コミュニティの参加は，LA21作成を超えて自治体の施策のあらゆる分野にまで拡大して持続的になっているわけではない。環境管理事業における効率改善の目標も，市長が交代してリーダーシップが喪失した場合や，中央政府の補助金の供与方針が変化した場合には達成が困難になる可能性がある。

　こうした課題の克服に国際環境援助が資するためには，以下の3点が求

められるのではなかろうか。第1に，LA21のような住民参加型環境政策（以下LA21）作成支援プロジェクト[14]において，住民参加のレベル及びインセンティブを改善すること，および参加の範囲を策定プロセスだけでなく実施及び点検・見直しプロセスにも拡大することへの支援である。これは，LA21そのものおよびLA21に基づいて中央政府や国際機関に提案されるプロジェクトが，住民の抱える地域の課題解決や将来像の実現を担保することに役立つ。第2に，LA21作成支援プロジェクトを実施した地方自治体で，住民やコミュニティの施策決定プロセスへの参加を制度化することへの支援である。LA21以外にも自治体の施策が存在する場合，他の施策で参加が確保されていなければ，LA21の成果は相殺され地域での持続可能な発展の実現は困難となるであろう。第3に，LA21作成支援プロジェクトを実施した自治体以外でも，施策決定やプロジェクト選定，実施，点検・見直しプロセスに住民やコミュニティの主導的な参加を制度化することへの支援である。被援助国で制度化されなければ，住民参加型の環境政策形成はLA21の作成支援を受けた自治体の特殊ケースと見なされ，単なる社会実験として終わってしまうであろう。制度化されれば，被援助国の自治体間，及び他国の自治体との間で内容の発展や進捗，住民参加のあり方をめぐって情報を交換し，切磋琢磨し，それを通じて住民参加型の環境政策形成が制度として深化する推進力が働くようになるであろう。

文献

池田省三［2000］「サブシディアリティ原則と介護保険」『季刊社会保障研究』vol.36 (2), pp.200-201。

大内穂［2003］「参加型開発とその継続性を保証する条件」『参加型開発の再検討』アジア経済研究所, pp.87-114。

環境政策研究所［2002］「自治体の「持続可能な発展政策」実施状況調査報告書」環境政策研究所。

土永恒彌［2005］「北タイにおける参加型水環境保全活動の実践」『水環境学会誌』vol.28 (7), pp.424-428。

---

[14] 2002年，アジェンダ21宣言10周年を迎え開催された国連環境開発会議においてLA21の世界的な進捗度が確認されて以降，LA21支援プロジェクトは下火になり，現在はサスティナブル・シティやローカル・アクション21などLA21の理念を受け継いだプロジェクト支援が精力的に行なわれているため。

中口毅博［2004］「持続可能な発展政策とローカルアジェンダ 21 の現状と課題」川崎健次・中口毅博・植田和弘編著『環境マネジメントとまちづくり：参加とコミュニティガバナンス』学芸出版社，pp.28-39。

西垣昭・下村恭民・辻一人［2003］『開発援助の経済学：「共生の世界」と日本の ODA（第 3 版）』有斐閣。

野田直人［2003］「「参加型開発」をめぐる手法と理念」佐藤寛編『参加型開発の再検討』アジア経済研究所, pp.61-86。

プロジェクト PLA 編［2000］『続・入門社会開発 ── PLA：住民主体の学習と行動による開発』国際開発ジャーナル社。

森晶寿［2003］「地域の環境管理能力形成と環境センター・アプローチ：タイ・インドネシアのケースを中心に」国際開発学会環境 ODA 評価研究会編『環境センター・アプローチ：途上国における社会的環境管理能力の形成と環境協力』＜個別評価研究＞，pp.47-68。

Atkinson, A. [2004] "Promoting Environmentalism, Participation and Sustainable Human Development in Cities of Southeast Asia", David Westendorff (ed.), *From Unsustainable to Inclusive Cities*, UNIRISD, Geneva, pp.15-56.

Chambers, R. [1997] *Whose Reality Counts?: Putting the First Last*. London: Intermediate Technology Publications.（野田直人・白鳥清志監訳［2000］『参加型開発と国際協力：変わるのはわたしたち』明石書店。）

Evans, B. and K. Theobald [2003] "LASALA: Evaluating Local Agenda 21 in Europe", *Journal of Environmental Planning and Management*, vol.46 (5), pp.781-794.

Gram-Hanssen, K. [2000] "Local Agenda 21: Traditional Gemeinschaft or Late-Modern Subpolitics?" *Journal of Environmental Policy & Planning*, vol.2, pp.225-235.

ICLEI-Local Governments for Sustainability [2005] "Local Agenda 21 (LA21) Campaign" (http://www.iclei.org/index.php?id=798, 2005 年 8 月 31 日取得)．

International Council for Local Environmental Initiatives (ICLEI) Canada [2002] *Local Governments' Response to Agenda 21: Summary Report of Local Agenda 21 Survey with Regional Focus*. ICLEI.

Jones, C. [1996] *PRA Tools and Techniques Pack*. Sussex: Institute of Development Studies.

Lee, E. [1999] *The Asian Financial Crisis: The Challenge for Social Policy*, International Labour Office, Geneva.

Payne, R. A. [1998] "The Limits and Promise of Environmental Conflict Prevention: The Case of the GEF", *Journal of Peace Research* vol.35, pp.363-380.

Rosenberg, J. and Korsmo, F.L. [2001] "Local Participation, International Politics, and the Environment: The World Bank and the Grenada Dove", *Journal of Environmental Management*, vol.62, pp.283-300.

Sandbrook, R. and J. Quarrie [1992] *Earth Summit '92*, London: Regency Press.

Selman, P. [2000] "A Sideways Look at Local Agenda 21", *Journal of Environmental Policy & Planning*, vol.2, pp.39-53.

第V部
環境ガバナンスの戦略的課題

地球温暖化対策を主要議題として討議したハイリゲンダム・サミット（主要国首脳会議）
2007年6月，ドイツ（アメリカ合衆国政府提供）

第12章
環境ガバナンス論の到達点と課題

松下　和夫

1 はじめに

　本章では，第Ⅰ部から第Ⅳ部までの論考をふまえ，環境ガバナンスの到達点と課題を明らかにする。

　現代の環境問題は，地球温暖化問題や循環型社会構築の議論に象徴されるように，科学的メカニズム・空間スケール・関連主体とも多様化・重層化している。たとえば河川流域管理という課題一つとっても，そのためには多様な主体と関連施策の重層的な連携が必要である。すなわち河川の水質と水量の保全と管理，河川をめぐる生態系の保全，上流地域と下流地域の水利用をめぐる利害関係と費用負担問題，国や自治体などの河川管理主体と農業組合・漁業組合あるいは地域住民との合意形成と協働関係の構築などの課題があげられる。地球的規模に広がった環境問題はさらにより広域化・複雑化している。

　本書は，こうした状況を受け，持続可能な社会を構築するための戦略的観点から，環境ガバナンスを理論面および実際面から論じてきた。

　内容としては，第Ⅰ部で，環境ガバナンスに注目する理由，環境ガバナンスの今日的意義，環境ガバナンスの4つの分析視角，技術のガバナンスの構築などに関して，現在の研究の到達点とその課題を明らかにした。第Ⅱ部では，非政府アクターとそれによってもたらされた環境ガバナンスの

第Ⅴ部
環境ガバナンスの戦略的課題

構造変化につき，近年の企業におけるCSR（企業の社会的責任）の背景とその意義を明らかにし，NGOの役割をフロン対策などの事例により解明した。また，開発における環境リスクコミュニケーションの役割を，共通知識という概念を用いて論じた。第Ⅲ部では，流域管理を取り上げ，流域連携の理論的可能性を論じたうえで，社会関係資本への投資の役割，関係主体間の利害調整をケーススタディに基づき分析した。第Ⅳ部では持続可能な都市形成のためのガバナンスを，政策統合，市民参加，指標づくりの観点から検証し，さらにタイ国の都市における環境援助の事例から制度的能力構築の課題を明らかにした。

2 なぜ今環境ガバナンスか

複雑化・重層化した環境問題に対処するため，経済社会のあり方そのものを変革することを視野においた戦略的な観点から，新たなガバナンス構築の必要性が高まっている。

松下・大野（第1章）は，「ガバナンス」を，「人間の作る社会的集団における進路の決定，秩序の維持，異なる意見や利害対立の調整の仕組みおよびプロセス」としてとらえ，「環境ガバナンス」を，「上（政府）からの統治と下（市民社会）からの自治を統合し，持続可能な社会の構築に向け，関係する主体がその多様性と多元性を生かしながら積極的に関与し，問題解決を図るプロセス」としてとらえた。こうした環境ガバナンス論をよりどころとし，松下・大野は，環境ガバナンスの今日的意義を，主要なガバナンス概念の淵源をたどるとともに，地域資源管理の観点からコモンズ論，社会関係資本論との関連で論じ，さらに，都市レベルから地球レベルにおいて持続可能な社会を形成するための環境ガバナンスの現状と課題を提示した。

主な「ガバナンス」概念として，企業のコーポレート・ガバナンス（企業統治）論，開発援助に関係するグッド・ガバナンス（よい統治）論，国際関係論や国際政治学の分析概念としてのグローバル・ガバナンス論をとりあ

げ，これらの概念に共通する特徴として，多様な主体の参加と協働，情報の公開とアカウンタビリティの確保，透明性のある意思決定プロセスなどを重視する視点を指摘している。

また自然環境の管理のあり方を考えるために，そのための社会組織や制度のあり方との関連で，コモンズ論，社会関係資本論などの研究蓄積を紹介した上で自然環境管理への環境ガバナンス論の貢献の可能性を論じている。

武部（第2章）は，持続可能な社会を次のように捉える。「社会経済の活動から生じる自然環境への環境負荷（環境からの資源採取と環境への排出・廃棄）を，自然が耐えうる自然の再生可能・自浄可能な範囲内に抑えながら，しかし持続的な発展を可能とする経済社会のこと」。これは，ブルントラント委員会報告［1987］『地球の未来を守るために（原題：*Our Common Future*）』が，持続可能な発展を，「将来の世代のニーズを満たす能力を損なうことなく現在の世代のニーズを満たす発展」としていることから敷衍したものである。

これを武部は生産可能性曲線により説明する。すなわち，横軸に「環境質」，縦軸に「市場財」をとって生産可能性曲線を描いたとき，持続可能な発展とは，「現在の生産可能性曲線」の外側に「将来の生産可能性曲線」を創り出す経済社会の進展のこととなる。したがって，持続可能な発展が達成されるか否かは，現時点において，現在世代が「環境質」と「市場財」をいかに選択するかにかかっている。その上で武部は，環境ガバナンスを，持続可能な社会（すなわち持続的な発展を可能にする経済社会）の達成に向け，多様な環境財を利用・保全・管理するための経済社会の構築を指していう用語とする。

環境ガバナンスをこのように捉え，武部は，その研究方法として，①契約論的な視点に立った環境ガバナンス，すなわち環境コントラクトガバナンス，②社会関係資本（SC：Social Capital）の視点に立った環境ガバナンス，すなわち環境アソシエートガバナンス，③リスク分析の視点に立った環境リスクガバナンス，それに，④環境効率性の視点に立った環境ガバナン

ス，すなわち環境エフィシェンシーガバナンス，などを考察する。

　武部はこれら四つの環境ガバナンス研究の方法について，それぞれを独立して思考することを基本としながらも，それぞれを関連づけながら総合的に思考することも重要であるとし，統合的環境ガバナンス研究の方法について素描している。

　内藤（第3章）は，持続可能な社会の形成に資する技術のガバナンスを論じている。現代の環境問題は，基本的には産業革命以来の工業化による人間活動の拡大に伴う環境負荷の拡大が背景にある。その工業化のプロセスを支えたものが技術の発展であった。自然の制約を克服し人々の生活を豊かにした技術的基盤の確立が，逆に経済活動が生態学的に維持可能なレベルを超える要因となった。すなわち自然の循環の範囲内で行なわれてきた人間活動が，自然の循環そのものを改変する水準まで達してしまったのである。その典型的な事例が気候変動問題であるといえる。

　内藤は，現代技術は，特定の利益集団・専門家集団の中で自己増殖し巨大化してきたとし，その結果，いまや多大な資源消費と環境破壊をもたらすことで人類生存さえも危うくしつつあるとしている。そのためにいま，世界中が持続可能社会を目指したさまざまな試みをしつつあるが，そこに必須の要素は，「社会変革の方向と，これに連動して転換する科学技術の方向とそのあるべきガバナンスを見出すこと」であるとする。そのような技術の実現のためには，技術ガバナンスの主体がこれまでの政府と企業から，市民やコミュニティへと移ることが不可避であることを主張する。その本質は，「技術開発そのものから資本の調達，社会への普及」といったあらゆる側面で市民のガバナンスの下になされるべきものであり，それを内藤は〈市民技術〉または〈社会技術〉と新たに定義している。その上で，内藤自身が直接関わったいくつかの事例と現場をとりあげ，市民技術ないし社会技術の開発と適用の具体的な動きを探っている。

3 非政府アクターと環境ガバナンスの構造変革

これまで述べてきたように、グローバル・ガバナンスは伝統的に主権国家間の協力と交渉により構築されるものとして考えられてきた。しかしながら、地球規模での経済的・生態学的相互依存の高まりや、経済的・政治的自由化の進行、技術の巨大化・専門化、そして環境問題とそれ以外の問題とのさまざまな側面での相互連関などの問題の深化は、これまでの主権国家間の協力だけでは十分にガバナンス・システムが構築できない状況を生じさせてきた。

このような状況の下、現代の環境ガバナンスは、環境政策の形成や実施過程において、政府のみならず非政府組織 (NGO) などの市民社会を構成するセクターや産業界の役割が広く認知されていることにその重要な特徴のひとつがある。

特に非政府アクターの役割は、グローバル化に伴い拡大することとなった。なぜならば現在の国際社会には、グローバル化によって生じる諸課題 (地球環境問題もその重要な分野) に対処すべき、中央集権的な権威をもった「世界政府」は存在しないからである。したがって、主権国家に加え、国際機関や企業、そして NGO などの多様な主体が、それぞれの課題ごとに重層的で多元的な関係を構成しつつ、ある種の国際秩序 (グローバル・ガバナンス・システム) を形成しているのである。

松本 (第4章) は、NGO、とりわけ複数の主要国に足場を持つ国際 NGO が、政府間の政策意思決定の前提となる問題設定に対して、代替的な問題の捉え方 (フレーミング) を提示することによって、地球環境ガバナンスの構造的変革に寄与し得ることを、オゾン層保護対策におけるノンフロン冷蔵庫普及に関する事例研究を通じて論じている。

特に「戦略的架橋 (strategic bridging)」という概念を用い、国際環境 NGO が、ステークホルダー間の、協働関係を形成することを通じて、政府間の協力や交渉における知見や政策的な偏り、あるいは、欠落を補完し、さらに政府間の政策意思決定の前提となる問題設定に対して、オルタナティ

ブな問題の捉え方を提示することによって，地球環境ガバナンスの強化に寄与し得ることを論じた。また，こうした「戦略的架橋」とそれによるステークホルダー間の協働関係が有効に成立した条件として，特に欧州においてNGOが獲得してきた高い社会的信用と，組織内外にもつ高い専門性が必要であることを指摘している。

小畑（第5章）はCSR（企業の社会的責任）を次のように定義する。すなわち，企業の環境に影響を及ぼす活動に対して，国家という主体が法を制定しその履行確保をするという伝統的な形式，すなわち国民国家システムによる伝統的ガバナンス，にのっとることなく，多様なステークホルダーが働きかけを行なうことにより影響を与えるという方式，すなわち国民国家システムによらない新しいガバナンスの一形態がCSRであるとする。

CSRにもとづき，企業は，多様なステークホルダーのその都度の声を反映させて，環境に関する行動決定を行なう。そして経営を持続的に成り立たせながら，地球（グローバル）や地域（ローカル）の環境を持続可能なものとする道を模索するのである。

小畑は，CSRが環境ガバナンスとの関係で重要視されている要因およびCSRと国家法に基づく伝統的ガバナンスとの関係を以下のように論ずる。

第1に，CSRは企業の本業に組み込まれているものであり，ステークホルダーの成熟の度合い等によっては，一層重要性が増す可能性がある。それゆえCSRを考慮しつつ経営を行なうことが企業にとって有益であり，またステークホルダーとしてはCSRを強調することにより，企業のあり方に影響を与えることができる。

第2に，CSRは環境という柱については，グローバルなものに関してはすべてのステークホルダーが受益者であるため，ステークホルダーとのコミュニケーションのツールとしての真価を発揮しやすい。

第3に，CSRは，ローカルなものに関しても受益者以外のステークホルダーがよりよい社会の実現のために企業に説明を求めることを可能にするという面で，重要なツールである。ゆえに，CSRは環境のグローバル

及びローカルな問題の両方につき，ステークホルダーの働きかけを可能にする重要なツールであるといえる。

第4に，環境に関する国家の法政策とCSRは親和的である。

第5に，公益通報者保護法が立法され，労働者というステークホルダーが公益のためにアクションを起こすことが容易になった。

以上のことから，環境法政策とCSRは両立し，環境に関するCSRの発展を促進する法的整備も進みつつあるとする。

小畑は，CSRが持続可能な社会を目指して企業が環境に関する配慮を活発化させるためのガバナンス・ツールとして固有の役割を果たしうること，その働きが伝統的な国家法に基づくガバナンスと両立しうるものであることを論じている。今後，各ステークホルダーがより成熟するにつれCSRが信頼に足るものとなり，伝統的ガバナンスと並んで環境ガバナンスを担う有効なツールとなることを期待している。

行政が進める開発計画の実施に当たっては，地域住民などとのリスクコミュニケーションが重要な役割を果たす。吉野（第6章）は，地域住民に環境リスクをもたらすかもしれない開発計画をめぐって，開発者と住民との間に醸成される対立と不信およびその解決について，「共有知識（common knowledge）」の理論を用いて検討している。一方的に住民にリスクを強いる開発をめぐっては，開発者と住民との間で対立が起こり，お互いが消耗するまでそれが続くことがある。しかしながら，もし住民が懸念する環境リスクが杞憂ならば，リスクコミュニケーションを通じてこの対立を解消することができるはずである。

ところが，環境リスクに関する情報は不完全で，その認識は状況や人によって多様である。しかも，開発がもたらす便益とリスクが関係主体間で不平等に分配されることから，こうしたコミュニケーションはしばしば機能不全に陥る。

その解決策は，お互いの不安や知識を共有知識とすることである。しかしそれに失敗すると，開発者の行動が住民に誤解され，それに基づく住民の行動も開発者に誤解されるといった不信や対立の連鎖と固定化を招く。

お互いの不安や認識が共有知識となれば，より望ましい合意形成を保証するわけではないが，少なくともこうした不信や対立の形成を防ぐことができる。そして，こうした共有知識を形成するには，お互いが自らの不安や認識について，対面形式で表明すると同時に，日常的なコミュニケーションを通じて，お互いの姿勢やリテラシーを共有知識としておく必要がある。また，環境リスクに関するファクトシートなどを社会の共有知識として整備することも有効である。

4 ガバナンスから流域管理を考える

第Ⅲ部においては，環境ガバナンスと合意形成の具体的な適用として，流域管理を考察している。

浅野（第7章）は，流域連携の必要性や可能性があるにもかかわらず，実際の流域連携があまり活発に行なわれていない現象に着目し，これを，外部性による市場の失敗が自発的交渉によって解決可能とする，コースの議論のシュヴァイツァーによる解釈を導きの糸として分析した。シュヴァイツァーは非協力ゲームの枠組で自発的交渉のプロセスを記述し，取引費用を一種の与件や単純化の手段としてではなく，モデルの一つの構成要素として扱い，その果たす役割を明確にしている。浅野は，これを流域の外部経済モデルとして具体化し，図示することで，その意味を一層わかりやすくするとともに，流域連携の可能性を明らかにした。そして，実際に流域連携をすすめるための環境ガバナンス上の課題をそこから導き出している。

大野（第8章）は，流域のガバナンスを協働型へと転換していく上での1つの条件として社会関係資本の蓄積を位置づけ，流域単位での橋渡し型社会関係資本を醸成するための政策のあり方について検討を行なった。具体的には，国土交通省琵琶湖河川事務所が行なう流域連携支援の取り組みを取り上げて，その効果を関係する市民団体への聞き取り調査によって検討している。

その結果，「橋渡し型社会関係資本形成」にとって，市民団体間での連携が行なわれやすいような物理的，制度的環境を整えると同時に，新たな団体を紹介したり，協働での活動を提案するといった適切なコーディネートが有効に機能していることが明らかになった。したがって，流域単位での橋渡し型社会関係資本としての流域連携を促進していくにあたっては，コーディネートを行なう能力を持った人材の確保やその育成を，社会関係資本への政策的投資として行なうべきである，としている。

　太田（第9章）は，矢作川流域で水質保全活動を行う矢水協（矢作川沿岸水質保全対策協議会）に注目し，集合行為論に立脚して組織形成のプロセスと活動における費用負担を分析し，会員団体である農業者，漁業者，自治体間の利害関係と調整プロセスを検証した。その結果，矢水協による組織化と水質保全活動の費用負担問題の克服は，協働型環境ガバナンスを実現する上で示唆に富む事例であるとしている。

　本章で用いている集合行為論は，下からの自治を内包する協働型環境ガバナンスを考える上で有益な視点を提供している。この議論は，複数の主体が共通の目的をもって活動を行うことに注目し，集団が形成されるメカニズムを明らかにしている。しかし，他方で集団の目的や活動そのもののもつ意義を捨象している。矢水協の場合，水質汚濁防止という目的を持った住民運動によって政府に働きかけているが，集合行為論にはこの活動のもつ意義を検証できないという限界がある。こうした活動を評価するには別の視点から検証が必要であるが，集団の維持や活動における費用負担問題を指摘しながらそれに対するアプローチを提示している点で有益である。

　太田は，集合行為論から矢水協を検証し，積極的なリーダーを中心に農業者，漁業の組織形成が進められ，彼らは自身の利害を保持するべく流域自治体に参加を呼びかけながら，上，中，下流自治体それぞれの利害関係を把握した上で巧みに調整や働きかけを行っていることを解明した。興味深いのは，彼らが水質汚濁防止を行う上で諸権限をもって行政を担う自治体が必要であることを認識した上で，工業振興を重視していた自治体に対

して水質保全に取り組ませるべく，彼らと共通の利害関係にある水道供給を行う利水者としての一面に注目して働きかけを行い，矢水協に参加させることに成功している点である。この背景には，メディアによる公害問題の報道があり，農業者らも積極的にメディアに報道を働きかけたことを指摘しているものの，水質保全という共通の目的と，各々にとって意義のあるインセンティブをもたらすことで流域規模の組織を実現して今日まで組織の規模と活動を維持している。農業者らの住民運動を軸として行われてきた矢水協の水質保全活動は，工業を重視して水質保全を軽視していた自治体に対し農業，漁業のための水資源を保全するための汚濁防止と水質保全という対案を提示しており，地域における自治的な水質管理を行う組織としてその意義を認めることができる。

費用負担問題については，矢水協は利水者の自主防衛組織という特徴を保持しながら組織化を行い，会員団体間の利害調整と合意形成を通じて受益者負担原則と汚染者負担原則に基づいて会費の配分を行っている。こうした問題を克服してきた点も，矢水協の活動を継続できた要因である。

5 都市のガバナンスを改善する

第Ⅳ部では，持続可能な社会を形成する上で重要な位置を占める，都市における持続性の実現を論じている。

吉積（第10章）は，サスティナブル・シティづくりの潮流を整理し，サスティナブル・シティづくりに必要不可欠な要素として「政策統合」と「市民参加」に着目し，それらの理論的・実証的研究を行なうことによって，サスティナブル・シティづくりのガバナンスを検討し，以下の成果を得ている。

①サスティナブル・シティづくりの概念や取り組みの整理。
②サスティナブル・シティづくりにおける環境政策統合と市民参加の重要性，そのあり方の明確化。
③政策を実現可能にするために都市の予算編成の際に環境配慮を行な

い，さらにそれを都市計画と結びつけることが有効であること。
④環境政策統合を実現する協働型市民参加のサスティナブル・シティづくりにおける重要性。
⑤制度的な市民参加の実施にとどまらず，サスティナブル・シティづくりにおける市民の役割や責任など市民の意識啓発の実施と，市民活動力が増加するような市民参加のシステムの有効性の指摘。

　こうした成果にもとづき，吉積はサスティナブル・シティづくりのためのガバナンスのモデルを提案している。それは，都市の行政システムにおいて，予算編成の決定に環境課が参加し，決定された計画を部局間の隔たりなく全庁的に実施することによって，予算と計画を連携させる，行政の活動を推進する役割を果たす。市民参加は，NPOやパートナーシップ組織が市民の活動力の推進となり，政策決定を調整する役割を果たす。さらに，取り組みの成果を把握するための指標を構築し，指標が取り組み内容の目安となり，チェック機能として働くことが必要である，としている。

　礪波・森（第11章）は，発展途上国の都市（具体的にはタイの3都市）を対象として，都市の持続可能性を考察している。

　途上国の都市の場合，経済発展プロセスの中での急速な都市化や，地方自治体に十分な権限や資源が与えられないといった先進国とは異なる独自の課題を抱え，これまで取り組みが著しく困難であった。ところが近年，途上国でも地域主体の環境改善を目的とする制度再編や，先進国からの援助による支援プロジェクトが実施されるようになっている。そこで礪波・森は，まずグローバル・リージョナル・ローカルレベルで生じた分権化と民主化の潮流を踏まえて，その背景を理論的に説明することを試みている。次にタイの3つの地方都市で実施されたローカルアジェンダ21（LA21）支援事業を素材として取り上げ，その住民参加と具現化の程度を検討することを通じて，途上国の都市の環境ガバナンスに対する環境援助の成果を評価している。

　その結果，次の2点を明らかにしている。第1に，住民参加を通じてLA21が策定され，それを実現するための施策が自治体主導で行なわれる

ようになった点で，従来の中央政府主導型の環境管理から，補完性原則を考慮した分権型，および住民を巻き込んだアプローチへの変化が見られるようになったこと。第2に，住民参加は市長や自治体からのトップ・ダウンの傾向を強く持ち，また実施されている施策も市長のリーダーシップと中央政府の補助金に大きく依存しているため，必ずしも民主主義理念を実現し，事業の持続性を顕著に改善したとは言えないことである。最後にこれらの点に基づき，都市の持続可能な発展を目指す国際援助の今後の課題を示している。

6 環境ガバナンス論の到達点と課題

以上本書では，環境ガバナンスの今日的意義，4つの分析視角，技術のガバナンス，非政府アクターの役割とガバナンスの構造変化を検討し，具体的な適用として流域管理と都市のガバナンスの課題を考察してきた。

ローカル，ナショナル，リージョナル，グローバル・レベルで持続可能な社会を構築する上において，環境ガバナンス論はそれぞれのレベルにおける有益な視座を提供する。それぞれの対象地域，対象分野，対象課題ごとに環境ガバナンス的な分析と取り組みによる到達点が明らかにされてきた。

本書各章で明らかにされた到達点と今後の方向性を次にいくつか列記してみよう。

まず自然資源管理の観点からの環境ガバナンス論とコモンズ論・社会関係資本論の架橋と統合的発展の可能性が示された。また，世界環境機関（WEO）の設立の議論を含む地球環境ガバナンスの構築と強化は今後の現実的な重要課題である。

環境ガバナンス論の分析視角へのアプローチとしては，まずはそれぞれ4つの独立した分析視角からアプローチした上で，それらを統合する統合的環境ガバナンスの手法の可能性が提示された。

現代の産業社会とそれが生み出した重層的な環境問題の根底をなす技術

開発や発展については，新たな技術のガバナンスのあり方が強調され，その方向として，〈市民技術〉ないし〈社会技術〉の発展の必要性が提起された。またその現実的な適用の萌芽的事例が紹介された。

企業セクターにおけるCSRの拡大とその社会的背景を分析することにより，CSRをガバナンスの有効なツールとして発展させうる可能性が示された。また，NGOがその「戦略的架橋」機能により，政府間の協力や交渉の知見や政策的欠落を補完し，よりよきガバナンス形成に寄与しうることも示された。さらに開発におけるリスクコミュニケーションにおいては，「共有知識」の整備の有効性が論じられた。

流域管理については，上流・下流相互にメリットのある流域連携の理論的可能性が明らかにされるとともに，協働型ガバナンスへの転換に向けての社会関係資本への投資の有用性が示された。また，集合行為論を適用することにより，矢水協の事例から自然資源管理における協働型環境ガバナンス実現への有益な示唆が得られた。

都市のガバナンスについては，サスティナブル・シティへの取り組みを分析・評価することを通じて，環境政策統合と市民参加，およびそのための指標づくりの重要性が明らかにされた。また，途上国の都市においても分権型で住民を巻き込んだアプローチへの変化が見られることを指摘するとともに，都市の持続可能な発展を目指す国際援助の今後の課題が示された。

以上のような到達点を踏まえ，持続可能な社会の形成に向けた環境ガバナンスの戦略的なアプローチを考慮する上で，検討すべき課題を考えてみよう。

その第1は，持続可能性の公準（規範）を環境ガバナンスのプロセスと制度にどのように組み込むこと，という課題である。特に，持続可能な社会に向けての各主体の積極的な関与のありかたと，民主主義的なプロセス，そして政策的・制度的対応の中で，持続性への配慮を制度化することが求められる。

この場合，持続可能性を操作可能な指標としてどのように特定するかが

問われる。持続可能性については，弱い持続可能性と強い持続可能性を分類した上で，非常に弱い持続可能性から非常に強い持続可能性に進む天然資源利用のルールによる持続可能性の実践に向けた具体的な提案は有用である。しかしながら，この場合でも具体的な個々の事例においては，改めて検討すべきことが多く残されており，それぞれのスケールと地域に固有な持続可能性の指標を見出すことが重要となる。また，持続可能性を維持するための適切な管理主体とルールの設計も重要な課題である。

第2の課題は関係する主体がその多様性と多元性を生かしながら積極的に関与し，問題解決を図るための民主主義的なプロセスとはいかなるものであるか明らかにすることが必要である。民主主義的なプロセスを保障する要素としては，オーフス条約に規定された環境に関する情報へのアクセス権，意思決定における市民参加，環境問題に関する司法へのアクセス権（裁判などの司法手続きを利用できる権利）に代表される環境民主主義的手続きの徹底が考えられる。

第3には，環境問題があくまで地域からの取り組みが基本であることから，市民により身近なレベルでの意思決定を重視し，基礎的な行政単位で処理できることはその行政単位に任せるべきという考え方（補完性原則）にもとづく地方分権化の推進が重要である。

第4に，今日の環境政策においては，政策立案の段階から企業や市民と協働して問題解決に取り組むという協働原則にのっとることが強調されるようになった。本書第9章，10章，11章でも具体的事例の中で協働型環境ガバナンスに向けた事例が提示され分析されている。

第5に，環境的持続性を保障するために，持続可能性を軸とした政策統合を推進し，政策の実効性と効率性を高めるための多様な政策手段の活用とポリシーミックスを推進することである。

なお，以上のように，各主体の積極的な関与と，民主主義的なプロセスを保障しても，その結果として生み出される政策的・制度的対応が持続可能性を保障するものとは限らないことに留意し，そうならないような制度設計を心がけなければならない。そのための具体的方法としては，たとえ

ば吉積論文(第10章)が指摘するように，都市の予算編成において環境担当課が必ず実質的に参画し予算や計画に環境配慮を明示することや，持続性への取り組みを確認し促進できる指標を開発することなどが有効である。

　最後に，空間的重層性をもった環境問題に対処するガバナンス論を構想していく必要性を指摘しておこう。そのためには，空間スケールごとに個別に論じられているガバナンス論を，環境という視点から縦につなげていく事が必要である。たとえば，コミュニティ，都市，グローバルと異なる空間スケールでの課題が関連付けて論じられていることは非常に少ないが，環境を対象とする環境ガバナンス論においてはとりわけ，異なる空間スケールとの有機的なつながりを持った管理体系を考えていくことが重要である。

第13章
環境政策の欠陥と環境ガバナンスの構造変化

植田　和弘

1 はじめに

　本章では，現代環境問題の新しい特質と現行環境政策の欠陥を明らかにすることで，環境問題・環境政策が一種の構造変化を起こしつつあることをまず確認する。そして，それに対応して求められている環境ガバナンスの構造と機能を論じようとするものである。

　環境問題に対処する法と行政機構の整備・拡充を環境政策の指標として把握するならば，20世紀最後の四半世紀は，世界的に環境政策が急速に発展した時期ということができる。導入された環境政策はそれなりの成果をあげたことも事実であり評価すべきであるが，同時に政策実施過程においてその欠陥が露呈したことも確かである。地球環境問題の出現を未然に防止することはできなかったし，生物多様性の危機に見られるように，人間の生存と発達の基盤たる環境の劣化と損傷は，人間の生存それ自体も危うくしかねない段階に達している。

　環境政策はなぜ失敗するのか，どこに欠陥があるのか，を明らかにするためには，導入された政策手段の機能を分析することもさることながら，その政策手段が対象にしている環境の利用，破壊，そして保全に，どのような主体がいかなる経済的・社会的・政治的関係をもっているかを解明す

ることが不可欠である。まさに環境ガバナンス[1]の問題である。やや大胆に図式化していえば，環境問題を解決できる環境ガバナンスと，環境問題を深刻化させる環境ガバナンスの2つが存在する。その違いはどこから生まれ，いかなる要因がかかわっているのか。このことを正しく理解することは，環境ガバナンス論を発展させるための前提作業と言えるだろう。

2 現代環境問題の特質[2]

あるべき環境ガバナンスを論ずるには，環境の状態の評価や環境問題の現代的特徴を正確に把握しておかなければならない。

まず本章で議論する対象としての環境を定義しておかなければならないが，環境の定義はそれ自体きわめて論争的である。ここではさしあたり，大多数の国々において環境政策の領域として認知されている，汚染防止，自然保護，アメニティ保全という3つの領域で対象にされている環境を念頭に置いている。また，環境問題とは，環境と人間との間の相互作用関係が何らかの原因で壊れ，そのことが社会問題化したものと定式化しておこう。

最初に，現代環境問題の特質を整理し，そのことが環境ガバナンス論に示唆することを確認しておこう。一般に環境問題の様相は環境と人間との関係の時代的特徴を反映し，歴史的質を持つものとして変化する。環境は自然史的過程としても変化するものであるが，今日においては人間活動とのかかわりにおいて変化する部分が大きくなっていることに留意しなければならない。環境ガバナンスの構築という観点との関連でみたとき，現代環境問題の特質はいかに把握されるべきだろうか。

人間は人類の誕生以来さまざまな技術を編み出し自然を改造する能力を高め，人間にとって良好な環境をつくりだす努力を積み重ねてきた。しかし，その歴史を裏返してみれば，自然の状態を人為的に変えるという意味

---

[1] 環境ガバナンスの定義については，さしあたり本書第1章，松下・大野論文参照。
[2] 本節は，植田［2005b］の一部を要約，加筆・補正した。

で自然破壊の歴史であったということもできる。産業革命以降の工業社会において，自然改造能力を急速に高めた人類は，自然の制約を克服する技術的基盤を着実に蓄積してきたが，他面では，人間社会のエコロジー基盤を破壊し生存そのものを脅す環境問題を生み出してきた。

現代の環境問題は基本的に工業社会の環境問題の特徴を引き継いでいるが，いくつかの点で注目すべき現代的特質を有している。

第1に，経済活動が対象とする領域が拡大し，そのための技術的能力が発達してきたことに伴い，自然や生命を根底から破壊する危険性が現実のものになってきたことである。地球の気候や生物多様性のように，人間社会にとっての与件的な外部条件で自然史的変化しか考えられなかった領域においても，人為的影響がはっきりとみられている。また，遺伝子操作など生命をより直接的に扱う技術が発達し，自然や生命という自然的法則に従ってきたものが，人為によるその根本的改変が可能になろうとしている。そのことが何をもたらすのか，それに伴いいかなるリスクがどの程度生ずるのか，という点について現在我々が有している知識はきわめて乏しく，不確実な状況下で意思決定していかなければならない。環境リスク，健康リスク，エコロジカルリスク，そして生命リスク，そのいずれもが現出しているリスク社会に我々は生きている。この問題は，リスクの認知と制御が適切にできる社会経済システムのあり方を問うことになる。その際，現存している科学や技術の活用のあり方だけでなく，科学や技術の開発過程そのものをも環境ガバナンスの対象領域として位置づけなければならないことを意味している点に留意しなければならない。

第2に，環境問題が個別的な対症療法では解決しがたい，いわば構造的に生ずる問題が中心になってきたことである。個々の発生源での対策——多くの場合は技術的対策——は重要だが，それだけでは石油と自動車の工業文明そのものに由来する環境問題を解決することはできない。大量生産・大量消費・大量廃棄といわれる生産や生活の様式を転換することなしに廃棄物問題を解決することはできないし，都市構造や交通体系を改革することなしには自動車公害もなくせない。こうした社会経済システム

の構造改革なくして解決し得ない問題が現代環境問題の中心になってきた。さらに，別の社会問題との統合的取り組みなしには解決しがたい環境問題が普遍化してきた。環境問題の重要性があらゆる領域において認められるにつれて，また社会経済システムとの相互関係が深まるにつれて，領域を横断した包括的なシステムの構造改革が求められるようになっている。このことは個別の環境政策というよりも環境ガバナンスの課題と言うべきであろう。また，こうした問題は別の面から見れば，現行環境政策の欠陥に由来すると指摘することもできる。この点については，後述する。

　第3に，先ほど述べた現代技術の性格とも関連して，環境影響の空間的・時間的スケールが拡大したことに伴う問題である。技術の発達は大規模な自然改造を容易にしたが，その改造がもたらす環境影響は特定の地域という範囲を超えて地球規模の空間的スケールを持つようになった。気候変動問題などの地球的規模の環境問題が出現し，地球的規模での制御を考える必要が出てきている。同時に，気候変動問題や残留化学物質問題などはその影響が時間軸上において超長期に及ぶと考えられ，環境制御において考慮すべき時間的視野も大幅に拡大している。こうした環境影響の時間的・空間的スケールの拡大は，環境影響の原因者とその影響を被る主体との時間的・空間的乖離を生みやすく，環境影響をめぐる因果関係の立証や対策の合意形成を難しくしがちである。これらの困難を克服できる環境ガバナンスは，世代間衡平など時間軸上の課題に対する対処能力と，ローカルからグローバルまでさまざまな単位の相互作用が生み出す空間軸上の問題に対する調整能力を併せ持つものでなければならない。

　現代環境問題はこうした新しい特徴を持つが，対応する環境ガバナンスの新しい構造や機能との関連で重要なことは，単に環境問題が多様化・複雑化しただけではなく，それらが互いに関連を持つことが多くなり，その統合的把握が不可欠になったことである。地球環境問題だけでなく，国境を越える広域環境問題，ローカルな地域環境問題が相互関係を持ちつつ，複合的に発生している。こうした多様な環境問題がリンケージを持つということであるが，そうなる基本的な原因は，環境問題を生み出す経済活動

の相互関係が深まったことである。

　経済活動のグローバル化とネットワークの拡大がグローバル・リージョナル・ローカルな環境問題の基本原因をなしている。世界経済のグローバリゼーションで産業や生産施設の再配置や再編成が大規模に進行し，地域の不均等な発展をつくりだしている。世界各地でさまざまな様相を帯びて各地域毎で不均質に生じる地域環境問題は，そのダイナミズムの地域における現れという側面を持っている。A 地域の自然破壊と B 地域の環境汚染は経済メカニズムを通じて直接・間接につながるし，グローバルな地球環境問題とローカルな地域環境問題にもリンケージがある。対処する環境ガバナンスが重層性を持つことになり，かつ総合的でなければならない背景はここにある。本章が着目する重層性とは，ローカル，リージョナル，ナショナルそしてグローバルという各層での環境問題・環境政策がそれぞれ固有の性格を持ちつつも，相互に作用しあう，ないし依存関係にあることに着目した用語である。

3　環境政策の欠陥と環境ガバナンスの課題[3]

3-1　環境政策の欠陥

　政府活動の一領域を表す用語としての環境政策が認知されるのは，世界的にも 1960 年代から 1970 年代の初期にかけてである。汚染制御，自然保護，アメニティ保全といった環境政策の枠組みがわが国において本格的に整備され始めるのは，水俣病などの深刻な公害被害が顕在化した後，1960 年代になってからであった。開発主義と呼ばれる成長重視の経済政策が採用される中で，公共政策において環境の価値が明確に位置づけられるのは産業政策や地域開発政策に比べてきわめて遅かった。その分環境政策はハンディを負っていたというべきで，成長や開発に価値をおく既存の法や行財政システムに対抗できるだけの位置づけはなかなか与えられな

---

[3] 本節の記述は，植田［2002］に多くを負っている。

かった。

　環境政策は，その実現をめざす法，行政機構，司法制度，行財政システムを通じて機能する。しかし，こうした法や制度の形成と運用の過程自体がさまざまな利害対立を反映したプロセスであり，このあり方が環境政策の性格や効果を大きく左右する。特に重要なことは，現実の環境政策がしばしばあるべき環境政策から乖離し，その欠陥が指摘されていることである。つまり，成功した環境政策（イェニッケ・ヴァイトナー 1998）は少なく，環境政策のための法と行政機構の整備，財政支出の拡大が直ちに環境問題の解決を保障するわけではないのである。

　現実に実施されてきた環境政策の欠陥として，少なくとも次の3点を挙げることができる。第1に，予防・予見的ではなかったことである。環境政策が予防・予見的でなかったために，環境破壊を未然に防止できず，不可逆的な被害を発生させ絶対的損失が生じた。同時に，予見的政策を採用していれば，問題の根本的解決や費用効果性を高める総合的取り組みを試みることができたのであるが，その機会を失ったことも大きな機会損失であろう。

　第2に，問題を発生する原因をなくす方向での政策ではなく，問題が発生してから事後的に対処する対症療法策だったことである。対症療法的政策（ワイツゼッカー 1994）だったために，当座は効果が上がっているように見えても，根本的解決にはならず，別の問題に転嫁しただけの場合が少なくなかった。そのわかりやすい例は，水や大気の環境規制を個別に強化した結果，汚泥やダストが増加し，廃棄物問題や土壌汚染問題が深刻化した例である。これは環境媒体を通じた環境問題のシフトであるが，他にも空間的あるいは時間的な問題のシフトがある（植田 1996）。さらに対症療法策は，効率性や衡平性の面からも問題を生じやすい。一般に対症療法策は被害が発生した後から対策を講ずることを求める何らかの圧力があって初めて実行されることが多く，政策の選択肢が狭められているので，結果として費用対効果の高い政策や分配問題に配慮した政策が採用されにくくなる。しかも，対症療法策に要する費用は，予防的措置で同じ環境水準を達

成する場合 —— 不可逆的な被害があり同じ環境水準をそもそも達成できない場合が多いことも忘れてはならない —— の費用と比較するとはるかに大きい場合が多い。

　第3に，政策が個別的・選択的で総合的ではなかったことである。相互につながりがあり総合的性格をもつ環境に対して，政策的な介入が個別的・選択的だと，ある限定された地域や特定の媒体では効果をあげたとしても，徐々に進行する汚染物質の蓄積，それによって引き起こされる地球総汚染という状況への対処は不十分になる。個別化された規制や政策が相互に調整されずに実施される場合には，環境政策に費用がかかる割には政策効果が上がっていないという事態が起こりやすい。

　こうした環境政策の欠陥は，環境問題の多様化・複雑化，そして質的変化が進行している今日においては，環境政策の効果をますます失わせることになろう。地球温暖化問題やごみ問題は個別発生源よりも社会経済システムそのものに原因があり，問題の解決にはシステムの構造的要因に踏み込んだ政策が求められる。環境政策は環境保全の観点から社会経済システムの構造改革を進めていくものに進化しなければならず，それにふさわしい目標が立てられ，手段が具体化されなければならない。そのためには，従来の環境政策の欠陥を克服する必要がある。

　法や行政機構が整備され経費を支出して環境政策が実施されるにもかかわらず，環境政策上の目標が達成されない事態を，環境政策における政府の失敗と呼ぶ。あるべき環境ガバナンスを構想するためには，環境政策において政府が失敗する原因を明らかにしておかなければならない。

3-2　政府の失敗と環境ガバナンスの課題

　環境政策において政府が失敗する原因については，不完全な情報，行政機構の中央集権的官僚制，行政権優位による三権分立の形骸化，等さまざまな要因があげられている (Congleton 1996) が，念頭に置いている環境政策の対象と方法によって異なり個々のケースに即した研究が必要である。日本の場合には，対症療法型の環境政策のもとで発展してきた技術の開発と

導入が財政投融資などの財政金融的措置によって推進されたことの意義と限界を確認しておかなければならない。特定の技術を指定した補助金，減免税等の租税特別措置や低利融資等が，環境政策を推進する財政金融システムとして形成され，硫黄酸化物など大気汚染物質排出量の急速で大幅な削減に貢献したとされている。

　こうした方法は，公害防止の緊急対策として行うには即効性のある方法であったかもしれないが，同時に生産プロセス自体の改善や産業構造の転換という中長期的課題への取り組みを遅らせることにもつながった。さらに，こうした技術の発展はそれを担う産業すなわち環境産業の発展を促すことになるが，環境産業が有力な業種として出現すると，公的支出はこの産業の主要な市場になるので，それ自体として市場を維持し需要を拡大しようとするインセンティブを持つことになる。そのため，そうした産業への需要確保を実質的な目的とした行政経費の膨張が環境政策を名目にして起こることになる。環境・産業複合体と呼ばれている現象である（イェニケ 1992）。ごみ処理や下水道等の分野において現状よりも合理的な技術が採用されにくい現実をみると，日本においても環境・産業複合体が生じているのかもしれない。言い換えれば，環境効果の大きい合理的な技術が選択されるガバナンスのあり方が課題となろう。

　環境政策における政府の失敗は，環境政策の決定過程の問題でもある。政府は行政組織体としての内部構造を持っており，政府の介入が適切に行なわれない要因は，個々の問題に即した検討が必要である。介入のための制度や運営組織の問題かもしれないし，より構造的要因が見い出されることもあろう。さらに，介入を根拠付けている法自体に問題がある場合もある。環境政策が失敗する原因の多くは，環境政策のための現行行財政システムに起因している。1つは，現在の行財政システムが環境破壊を促進するシステムになっている場合である。この場合の行財政システムとは環境政策のためのシステムに限られるものではなく，より広く公共政策全体を遂行するための行財政システムのことである。もう1つは，環境保全のための公共政策を推進する上で行財政システムが貧弱な場合である。

財政規模の拡大が軍事開発，産業開発，地域開発のための財政活動すなわち開発財政の拡大を中心に進む場合には，環境破壊が促進されやすい。特に日本の場合には，公共事業による社会資本整備 (宮本 1967) が開発を急速に進めるための基盤整備として環境に配慮せずに行なわれ，その事業自身が環境破壊を引き起こすことが少なくなかった。わが国は土建国家という呼び方があるように，経費に占める公共投資の比率が欧米先進国の倍の水準にあり，そのことが公共事業に伴う環境破壊につながっているだけではなく，産業構造転換の遅れや福祉水準の不十分さを招いた原因だという指摘も多い (五十嵐・小川 1998)。

　公共事業が引き起こす環境破壊とその原因については，第 1 に，公共事業がその現場での必要量を超えていわゆる政官財癒着の構造のもとで事業費が拡大されてくると，不必要な公共事業が増加し，環境破壊が生じやすくなることである。特に，景気対策や対外公約，国内の社会統合的要因などから政府経費に占める公共投資の比率が高くなること，そして公共投資基本計画が財政の出動を正当化するならば，一層この傾向は拡大する。

　第 2 に，公共事業によって整備される社会資本に対するニーズをいかに測定し評価するかという問題もある (植田 1999)。例えば，ごみ焼却施設建設問題で見ると，廃棄物管理において浪費的公共事業が実施されてしまう背後には，施設の計画策定過程において施設に対するニーズを大きく見積もる要素のみが考慮されていて，廃棄物の発生抑制や再利用・再資源化施策の効果が具体化されておらず，勘定に入れられていないことがあった。

　第 3 に，公共性の問題も重要である (宮本 1989)。公共信託財産としての環境の共同性よりも，国家が権力行使の正当化のために主張する「公共性」が優先されると，環境破壊が生じやすい。この点と関連して，公共事業を立案・実施する一連の手続きにおいて環境の価値が評価される仕組みが弱かったことが決定的に重要である (栗山 1997)。公共事業の量と質を決定する予算過程において環境の価値を正当に評価するシステムがなかったこと，同時に情報公開や住民参加といった事業計画や予算制度上の民主主義過程が欠落している場合には，人々の環境に対する価値評価が反映されに

くい。

　さらに,国土開発と土地利用規制のあり方が環境問題の様相を大きく規定していることを忘れてはならない。日本の国土開発過程は過密と過疎を促進し,国土保全を著しく困難にしてきた。日本の国土の50％以上が過疎法の指定地域になるほどの過疎化の進行は,地域経済の担い手を確保することを困難にしてきたが,それは同時に環境管理の担い手をなくしていくことでもあった。過疎化の裏返しとして常に都市の過密化があるが,都市空間における産業や人口の過集積が,廃棄物問題や大気汚染などを深刻にしている。一方で都市における環境資産管理(植田 2005a)が困難になると同時に,他方で森林の荒廃などが生じるのである。要するに,過密と過疎は環境破壊を促進しやすく環境保全を困難にする。

　土地利用規制についてみると,わが国では欧米諸国に比べて土地所有権に対する計画的コントロールが弱く,あたかも「開発・建築の自由」が原則になっているかのようである。景観などのアメニティの保全は言うまでもなく,都市における公共空間の制御に欠かすことのできない計画権限が日本の計画当局には備わっていなかったのである。さらに,住民が公共空間の形成などまちのビジョンづくりに参加する枠組みも未確立であり,持続可能な地域社会づくりに不可欠な要件(植田 2004)が欠落していたと指摘できる。新しく制定された景観法がいかに機能するか注目される。

　環境破壊を生み出すメカニズムと日本の行財政システムとの関係を特徴付けるとすれば,開発事業者としての行政は肥大化しているのに対して,国土や都市・地域の管理者としての行政は脆弱であると結論することができよう(阿部 1989)。つまり,国土改造や土地利用に関する環境政策の欠陥を是正していくには,環境政策を担当する行財政システムの機能を問うていかなければならないが,あわせて国土の開発と保全を担う行財政システムの改革が不可欠である。

　環境問題発生の構造的要因を射程に入れた環境政策を実施することが困難であったのは,環境政策の行政組織で見れば,国レベルのいわゆる縦割りが地方においてそのまま情報としても系列化され,地域環境管理も分断

化された個別的環境管理の寄せ集めであったことに主因がある。公共政策が本来の総合性を回復するのに伴って環境政策の対象と領域は広がらざるを得ない。エネルギー政策，交通政策，産業政策，科学技術政策，貿易政策，地域・国土政策，福祉政策等と深い関連を持たざるを得ず，実現可能な政策目標を立案するためにも，また有効な政策手段を開発するためにも政策領域間の調整と総合化が求められる。

　この点に関連して環境省の権限が問題になる。国際的に比較してみると日本の環境省は直接に担当する行政権限の範囲が狭く，環境行政に関する権限は各省庁に分散している。環境省は環境問題に関しては関係省庁に発言でき，縦割り行政を環境保全の方向へと調整することが課題であるとされてきたが，実際にはその機能はきわめて弱かったと言わざるを得ない。持続可能な社会を目指す環境政策は，環境保全のための政策統合を進める公共政策である (Lenschow 2001, Eckerberg 2007)。

　環境ガバナンスとの関連では，環境政策の主体の問題が特に重要である。公害対策の面で見ると，日本の環境政策形成に果たした地方自治体の役割は大きかった。国の政策体系が未確立な段階で公害防止協定の制度化や1968年の東京都公害防止条例の制定は効果を発揮した。しかし，国レベルの環境法の体系や行政機構が整備されてくるにつれて，自治体環境行政はその独自性よりも，国の環境行政の執行機関という性格が強くなった。今日における分権化の進行と環境問題の深刻化は，あらためて自治体が環境政策の主体になることを求めている (寄本ほか 2001；田中ほか 2002)。

　政策主体に関する近年の大きな特徴の1つは，イギリスのグラウンド・ワーク・トラストのような地域の環境改善活動を住民，事業者，自治体のパートナーシップ型地域運営で行なっている例や，公共部門と非営利組織や非政府組織が共同して環境教育に取り組んでいる例など，公共か民間かという二元論では類型できない情報の共有化と参加の理念に基づいた事業主体や政策主体が急増してきたことである。

　地球温暖化対策の国際的な取り組みでは，国益中心のフレームワークの限界が明らかになっている。リオ・サミット以降の地球環境政策をめぐる

国際交渉において環境NGOが果たしてきた役割は，地球環境ガバナンスに新しい構図をつくりだしたと言うべきであろう。国家が協調して取り組まなければ解決できない国際的環境問題も増加しているが，そうした国境を超える環境問題も，国という単位よりは，地域経済や地域環境問題と深いかかわりを持つことが少なくない。様々な空間的スケールの環境問題が重層的にかつ相互に関連を持ちながら生じているのに対応して，それぞれに応じた環境管理組織を，中央政府と地方自治体，国際機構や非政府組織を含めて業務を分担・連携できる柔軟なシステムが求められる。

こうした環境政策主体の変容過程は，環境ガバナンス構造の変化過程でもある。その特徴を一言で概括するならば，環境の公共性に関する認識の浸透とネットワーク化の過程であるとともに，公共であるか民間であるかを問わず，活動に環境倫理性が組み入れられていく過程として把握されるであろう。

4 持続可能な発展の重層的環境ガバナンス

4-1 持続可能な発展

国連の「環境と開発に関する世界委員会」（通称ブルントラント委員会）が1987年に発刊した報告書 *Our Common Future* において持続可能な発展の理念を提起してから，20年が経った。持続可能な発展の理念は環境的持続可能性を重要な構成要素として含むものであり，環境的持続可能性を実現すべき目標の一つとする環境ガバナンスも持続可能な発展戦略に位置づけられる必要がある。同時に，持続可能な発展論は環境的持続可能性に加えて，経済的持続可能性や社会的持続可能性をあわせて探究していく理念であり，具体化していく上で，環境と開発を包括的・統合的に扱った環境ガバナンスはいかにあるべきかが問われている。

現在持続可能な発展は，開発における環境と経済のかかわりを考える場合に常に立ち返る指針になっている。持続可能な発展は魅力的な概念で世界的に普及しているが，多義的に扱われてきたことに注意しておかなけれ

ばならない。ブルントラント委員会の報告書では，「将来の世代が自らのニーズを充足する能力を損なうことなく，今日の世代のニーズを満たすこと」[4]であると定義されている。この定義は将来の世代を含めた長い目で見た利益に配慮することが開発には必要なことや将来世代との世代間衡平性の重要性を明確にしている点では，持続可能性概念の本質を時間軸上の側面から言い当てている。

持続可能性概念はその後この定義をふまえつつも，より広がりのある領域を包含して定式化されることも多くなった。持続可能性が環境と開発のあり方を考える際の指針になるには，持続可能な発展の概念に2つのルーツがあることを正確に理解しておくことが重要である。1つは，国際自然保護連合の世界保全戦略に見られるように，人間社会は自然との関係において，自然を維持しながら持続可能な形で利用するという自然利用における規範的意味である。もう1つは，開発のプロセスと成果を測る尺度を転換し，環境的にだけでなく社会的，経済的にも持続可能な発展パターンという意味である。最も基本的な人々のニーズが満たされるとともに，人間開発，社会開発，内発的発展という理念に合致する開発にいかに転換していくかが課題になっている。したがって，持続可能な発展論は，環境的な持続可能性を前提にしながら，経済的な持続可能性と社会的な持続可能性を統合して包括的に持続可能性を論ずる必要がある。

持続可能な発展論には，検討されるべき理論的実践的課題は数多い。持続可能な社会づくりを構想・推進する空間的単位とそれぞれの単位の相互関係の問題もその一つである。持続可能な社会づくりは，一方で持続可能な交通や持続可能な農業という言い方に見られるように各領域で進展しているが，もう一方で持続可能なコミュニティ，持続可能な日本社会，という言い方があるように，持続可能性の実現を推進する主体ないしは共同空間的範囲を示している。そうなると当然，持続可能な都市と持続可能な農村はどのような関係にあるのか，また，持続可能な地域社会と持続可能な

---

[4] この部分の訳については，環境と開発に関する世界委員会編，礪波亜希・植田和弘改訳[2006]を参照。

グローバル社会はどのような関係にあるのかが問われるであろう。

4-2　持続可能な地域社会から重層的環境ガバナンスへ

　持続可能な発展は，環境や資源の持続不可能な利用と拡大する南北格差が問題となる中で提唱された。持続可能な発展の実現には，現代環境問題の新しい特徴と環境問題の水平的・垂直的相互依存関係をふまえた重層的環境ガバナンスの構築が課題になっている。

　環境ガバナンスは環境政策の形成過程における環境 NGO など非政府セクターの役割が認知されてから注目されてきたが (Durant et al. 2004)，重層性の重要性が認識されるようになったのは，EU 出現以降のことである (Weele et al. 2000)。ヨーロッパ環境政策は EU によって主導された面があるが，その過程は，環境政策や持続可能な地域社会づくりを主導した自治的プロセスの強化とも対応したものである。また EU がすすめた経済統合はヨーロッパ内でのグローバリゼーションということができ，その進展と呼応して補完性原則 (Collier et al. 1997) を確立し持続可能な都市プロジェクトに取り組むなど，基礎単位の自治を強化する方向が明確にされたのも重層的なガバナンスの一例と見ることができよう。こうした重層性を持つ環境ガバナンスをここでは重層的環境ガバナンスと呼んでおこう。

　持続可能な都市づくり（清水・植田 2006）は，グローバルなレベルでの持続可能な発展を実現することなしには達成されないし，都市の持続可能性がグローバルな持続可能性の試金石になることも明らかである。もともと持続可能な都市への取り組みは EU 経済統合に伴う一種の EU 内グローバリゼーションへの対処から生まれた側面がある。経済統合に伴って EU 内国家間のさまざまな障壁がなくなり，その結果資本の移動や企業の立地の自由度が増し，結果として地域間の格差が拡大しかねない。言い換えれば，都市や地域単位での内部的な自律性や発展性をもち，外生的な衝撃に対する経済的適応力を高めることが持続可能性の確保につながると考えられたのである。同時に都市は都市だけで孤立して成立するものではなく，農村をはじめ他の諸地域との関係の中で存在しているのであり，都市単独で環

境的持続可能性を確保することはできない。したがって個々の都市がより持続可能な方向に近づくということは，より広域的な地域や，あるいは他都市・地域との関係や，さらにはグローバルな社会全体がより持続可能な方向に近づくことと深い関連を持つものである。

　身近な環境問題と言われるごみ問題にも重層的環境ガバナンスの構図を見ることができる。日本の各地で循環型社会づくりが進んでいるが，そこでリサイクルのために集められた資源は，日本の法律が想定するように国内でリサイクルされるとは限らず，中国にも輸出されている。もともと日本の循環型社会づくりの基本となる法体系が想定していたのは，国内でのリサイクルの受け皿の構築をはじめとして国内で 3R 理念[5]を浸透させ大量廃棄社会から循環型社会への転換を図ることであった。個人のレベルでできるだけ廃棄物にせず再生資源として活用するように分別することが促進されたが，集められた資源が海外に行くことは想定されていなかったであろう。海外でも資源として活かされ循環されるのならそれでよいという考えもありうるが，リサイクル法制度を基盤にして構築されてきた国内リサイクルシステムが経済的に成立しなくなり，国内リサイクルシステムのインフラが崩壊していくことは問題であろう。循環型社会づくりは国レベルだけでなく，各地域レベル，広域的・国際的レベルでの取り組みとの調整が必要になったことは明らかである。資源の安定的確保を急ぐ中国が資源・エネルギー多消費で環境負荷の大きい経済成長スタイルを続けるならば，地球温暖化防止が遠のくだけでなく，その影響は日本の循環型社会づくりにも及ぶのである。

　気候変動問題にも重層性を見ることができる。地球温暖化防止はグローバルな課題でありグローバルに取り組まれるべきではあるが，地球的規模の世界政府がない現状では現実的には国際的に協調した取り組みにならざるをえない。この点で京都議定書を発展させた国際的枠組みの確立が不可欠であるが，それを担保するものとして各国での温室効果ガス削減の公

---

[5] 循環型社会づくりをすすめる代表的活動である，ごみの減量，資源としての再利用，リサイクルを表す英語 (Reduce, Reuse, Recycle) の頭文字をとって 3R と呼ぶ。

共政策や地域からの地球温暖化防止が進まなければ課題は達成されない。個々の排出源が存在する地域において排出削減を可能にするノウハウが獲得され，市場の活用やまちづくりの一環としても具体化されることが，国際的枠組みが効果を発揮しうる基盤となるのである。

　世界経済のグローバリゼーションが一方で知識や技術の世界的普及を促進しているにもかかわらず，持続可能な発展の実現を阻害しているのが現実である。現代において持続可能な発展の実現を阻んでいる社会経済構造を解明し，その克服方向を模索していかなければならない。問われるべきは，環境ガバナンスすなわち環境問題に対するどのような政策・制度的対応と民主主義的プロセス（Dryzek 1987; Ueta and Shimizu 2006）が，持続可能な発展を現実化しうるのか，である。グローバル，リージョナル，ナショナル，ローカルといった重層性を伴い，各層間が相互作用を伴って動態化している重層的環境ガバナンスの構造と機能を明らかにし，そこへの移行戦略を構築していかなければならない。

5　おわりに

　環境ガバナンスにある種の構造変化が起こりつつある。それは，地球環境問題の出現に伴って生じた現代環境問題の新しい様相に対応しようとしたものであるとともに，これまでの環境政策の欠陥を克服する試みにつながるものであろう。それはまた，さまざまな単位での持続可能な社会づくりという試行錯誤の過程そのものでもある。持続可能な発展の重層的環境ガバナンスへの動きが，既存の制度や組織をどのように変容させ，環境をめぐる政治的・経済的・社会的諸関係にどのようなダイナミズムを生み出すかについて注視していかなければならない。

文献

阿部泰隆［1989］『国土開発と環境保全』日本評論社．
五十嵐敬喜・小川明雄［1998］『公共事業をどうするか』岩波新書．

イェニケ，M．／丸山正次訳［1992］『国家の失敗』三嶺書房．
イェニッケ，M., H. ヴァイトナー編／長尾伸一・長岡延孝監訳［1998］『成功した環境政策：エコロジー的成長の条件』有斐閣．
植田和弘［1996］『環境経済学』岩波書店．
―――［1999］「都市廃棄物管理と公共政策：焼却処理施設に対するニーズの測定と評価を中心に」坂本忠次・重森暁・遠藤宏一編『分権化と地域経済』ナカニシヤ出版，pp.216-230．
―――［2002］「環境政策と行財政システム」石弘光・寺西俊一編『岩波講座環境経済・政策学4 環境保全と公共政策』岩波書店，pp.93-122．
―――［2005a］「環境資産マネジメントと都市経営」植田和弘編『都市の再生を考える 都市のアメニティとエコロジー』岩波書店，pp.185-206．
―――［2005b］「持続可能な発展と環境制御システム」池上惇・二宮厚美編『人間発達と公共性の経済学』桜井書店，pp.185-200．
植田和弘編［2004］『持続可能な地域社会のデザイン：生存とアメニティの公共空間』有斐閣．
環境と開発に関する世界委員会編，礪波亜希・植田和弘改訳［2006］「持続可能な発展へ向けて」淡路剛久・川本隆史・植田和弘・長谷川公一編『リーディングス環境 第5巻 持続可能な発展』有斐閣，pp.320-323．
栗山浩一［1997］『公共事業と環境の価値』築地書館．
清水万由子・植田和弘［2006］「持続可能な都市論の現状と課題」『環境科学会誌』vol.19 (6), pp.595-605．
田中充・中口毅博・川崎健次編著［2002］『環境自治体づくりの戦略：環境マネジメントの理論と実践』ぎょうせい．
宮本憲一［1967］『社会資本論』有斐閣．
―――［1989］『環境経済学』岩波書店．
寄本勝美・原科幸彦・寺西俊一編著［2001］『地球時代の自治体環境政策』ぎょうせい．
ワイツゼッカー，E.U.／宮本憲一他監訳［1994］『地球環境政策』有斐閣．
Collier, U. Golub, J. and A. Kreher, (eds.) [1997] *Subsidiarity and Shared Responsibility: New Challenges for EU Environmental Policy.* Baden-Baden: Nomos.
Congleton, R.D. (ed.) [1996] *The Political Economy of Environmental Protection.* Ann Arbor: University of Michigan Press.
Dryzek, J.S. [1987] *Rational Ecology: Environmental and Political Economy.* New York: Basil Blackwell.
Durant, R.F., Fiokino, D.J and R. O'leary (eds.) [2004] *Environmental Governance Reconsidered: Challenges, Choices, and Opportunities.* Cambridge: MIT Press.
Eckerberg, M. [2007] *Environmental Policy Integration in Practice: Shaping Institutions for Learning,* London: Earthscan.
Lenschow, A.(ed.) [2001] *Environmental Policy Integration: Greening Sectoral Policies in Europe,* London: Earthscan.
Ueta, K. and M. Shimizu [2006] "Ecological Democracy and Sustainable Urban Development," paper presented at the International Sociological Association, July, Durban, South Africa.
Weale, A., Pridham, G., Cini, M., Konstadakopulos, D., Porter, M., and B. Flynn [2000] *Environmental Governance in Europe: An Ever Closer Ecological Union?* New York: Oxford University Press.

あとがき

　「持続可能な発展」の概念を世界に広げることになった「ブルントラント委員会」の報告書（*Our Common Future*）が発表されてから本年（2007年）はちょうど20周年，そして，京都議定書が採択されてからは10周年にあたる。このような記念すべき年に本書を発刊することができたことを編者として大変ありがたく思う。ちなみに本書の執筆者の多数が所属する京都大学の地球環境を専門とした大学院，地球環境学堂・学舎はその発足から5周年にあたる。
　現在の世界は，残念ながらブルントラント委員会や京都議定書が描いた姿とは程遠いものといわざるをえない。地球温暖化対策のささやかな第一歩である京都議定書の目標達成はなかなか困難であり，持続可能な社会の構築には課題が山積している。
　しかし，2007年6月にドイツのハイリゲンダムで開催された主要国首脳会議において気候変動問題が中心的議題となり，「気候安全保障」という言葉が使われるなど，地球環境問題に本来与えられるべき優先順位がやっと与えられるようになったように思われる。
　この背景には，英国のベケット外相が2006年秋に行なった演説のように，「温暖化によって気候が不安定になれば，政府の基本的責任である，経済・貿易・移民問題・貧困などへの対応は果たせなくなる」との認識が広がってきたのである。優先順位が高まれば，当然国内対策や国際的連携も促進され，低炭素で発展する経済社会に必要な技術や制度，ライフスタイルの促進にもつながる。
　それではどのような国内対策や国際的連携，技術・制度・ライフスタイルの変革が必要であろうか。どのような政策的対応が必要であろうか。これまでの環境政策に欠陥があるとすれば，それを是正する政治プロセスは

あとがき

いかなるものだろうか。持続可能な社会と民主主義的なプロセスとの関連はどのようなものであろうか。これらはまさに環境ガバナンスの課題である。

持続可能な社会の構築という人類社会の課題には，多様な学問分野が関与し，それらを統合する形の新たな地球環境学ともよぶべきアプローチが必要であろう。本書がそのささやかな一端を担うことになれば幸いである。

本書は日本学術振興会科学研究費補助金による研究プロジェクトの成果である。改めて謝意を記したい。また，編者らが所属する京都大学と，大学院地球環境学堂は，常に自由な学風と学際的な刺激に満ちた研究環境を提供してくれた。同僚諸氏および学生諸君に感謝申し上げたい。

最後に本書の出版が可能となったのは，京都大学学術出版会鈴木哲也編集長のご尽力の賜物であり，また編集作業に当たっては，同出版会の斎藤至氏に懇切丁寧なご助力をいただいた。この場を借りてお礼申し上げたい。

2007 年 8 月

著者を代表して　松下和夫

索　引

●数字・アルファベット

CFCs　91, 92
CSR（企業の社会的責任）　i, 113, 276
　　環境 ——　118
　　労働 ——　118
HCFCs　91
HFCs　86, 90, 91
ISO26000　117
NGO　85, 87, 90, 107
　　環境 ——　304
　　国際 ——　85
　　国際環境 ——　86
米国 NRC　133
PRTR　148
SRI（社会的責任投資）　115
TÜV　101

●あ行

アカウンタビリティ　277
アジェンダ21　228　→ローカルアジェンダ21（LA21）
市原野ごみ特別委員会　129
ウォーターステーション琵琶　178
エコ対応技術　49
オーフス条約　288
欧州環境行動計画（EAP）　236
汚染者負担原則　220
オゾン破壊係数（ODP）　91
オルソン，マンサー　202
オールボー憲章　231
温室効果ガス　94

●か行

外部経済（外部性）　154, 155, 164
階層性　167　→重層性
開発計画　131
会費の割当　215
河川管理者　174
ガバナンス　4　→グッド・ガバナンス（よい統治）論，グローバル・ガバナンス論，コーポレート・ガバナンス（企業統治）論，流域（の）ガバナンス
　　技術の ——　i, 55
　　協働型 ——　12
　　—— の分析枠組み　28
カラクリ　60
環境ガバナンス　i, 4, 33
　　協働型 ——　14, 197, 221
　　重層的 ——　304
環境効率性　49
環境と開発に関する世界委員会　229　→ブルントラント委員会
環境配慮促進法　119
環境共生社会モデル　72
環境影響の空間的・時間的スケール　294
環境管理組織　302
環境・産業複合体　298
環境資産管理　300
環境首都コンテスト　240
環境政策の欠陥　296
環境政策における政府の失敗　297
環境の共同性　299
環境問題のシフト　296
環境リスク　44, 293　→リスク
完備契約　34
気候変動に関する政府間パネル（IPCC）　90, 92

311

索引

技術懐疑主義　57
技術至上主義　56
牛海綿状脳症　45
協働原則　25
京都議定書　91, 97
共有知識（common knowledge）　130, 281
　──の形成　146
　──の理論　140
グッド・ガバナンス（よい統治）論　8, 276　→ガバナンス
（多国間環境条約の）クラスタリング　18
グリーンピース（Greenpeace; GP）　86, 94
グリーンフリーズ　95, 96
グローバル・ガバナンス委員会　7
グローバル・ガバナンス論　276　→ガバナンス
グローバル・コンパクト 10 原則　115
契約理論　34
公益通報者保護法　126
公益法人制度改革　40
公共事業　299
公共事象　141
公共性　299
コース　39
　──の定理　163
コーポレート・ガバナンス（企業統治）論　276　→ガバナンス
国連環境計画（UNEP）　20, 86, 89
　──技術・経済評価パネル（TEAP）　86, 89, 93
国連気候変動枠組条約（UNFCCC）　90
こども環境活動支援協会（LEAF）　248
コモンズ　10, 276
コンプライアンス　122

●さ行

搾取　204, 215
サスティナブル・シティ　284
　──の定義　230, 231
　ヨーロッパ・──・キャンペーン　232
　ヨーロッパ・──・プロジェクト　230, 237
　ヨーロッパ・──・レポート　234
（利害関係者の）参加　169　→住民参加, 市民参加
自然冷媒　99
自然資本　153
持続可能な開発／発展（sustainable development）　8, 33, 229, 302
持続可能社会・滋賀　78
持続可能性　16, 22, 287
　環境的な──　303
　経済的な──　303
　社会的な──　303
　強い──　22, 288
　弱い──　22, 288
持続可能（な）社会　33, 70
持続可能な都市　i, 16, 304　→サスティナブル・シティ
私的情報　161, 163, 164
自発的交渉　154, 159
市民エネルギー調査会　64
市民技術　65
市民参加　24, 241, 242, 284　→住民参加
　──の八階梯　242
社会関係資本　i, 12, 38, 164, 168, 276
　内部結束型（bonding）──　172
　橋渡し型（bridging）──　172, 182
　──と公共政策　170
社会的課題　39
社会開発　303
重層化　4, 25
重層性　27　→階層性
集合行為論　202, 283
住民参加　254, 262　→市民参加
集合財　202
受益者負担原則　219
順応的管理（Adaptive Management）　167
情報分割　141
森林環境税　164

水質汚濁　198
生活の質（Quality of Life）　231
生産可能性曲線　33
政策統合　235, 284
　環境 ―　236, 240
　環境保全のための ―　301
制度的能力構築（キャパシティ・ビルディング）
　i, 260
世界自然保護基金　88
世界環境機関（WEO）　19, 286
石油文明　70
世代間衡平　294
戦略的架橋（strategic bridging）　85-87, 108, 109, 279
選択的インセンティブ　204

●た行

代替フロン　86, 89, 90
多国籍企業の行動指針　115
縦割り行政の弊害　163
炭化水素冷蔵庫　93, 96
炭化水素冷媒　98
地域資源管理　276
地下水涵養機能　155
地球益　55
地球温暖化係数　91
地球環境ファシリティ（GEF）　109
地方分権　256
テクノロジーアセスメント（TA）　63
ドイツ海外技術協力公社（GTZ）　91, 95, 104, 105
都市・工業社会モデル　73
取引費用　154, 161, 163, 203

●な行

内藤連三　200, 207
内発的発展　303

ナッシュ均衡　156
　部分ゲーム完全 ―　160
人間開発　303
ノンフロン　86, 90, 94, 97

●は行

パートナーシップ型地域運営　301
煤煙防止投資　35
排出削減技術　50
パトロール　210, 214
パレート最適　159
非営利団体　39
非協力ゲーム　154
非政府アクター　i　→ NGO
費用負担原則　215
費用負担問題　213
ファクトシート　148
不完備契約　34
フリーライダー　204
ブルントラント委員会　3, 302　→環境と開発に関する世界委員会
　― 報告（Our Common Future, 1987年）　33
補完性原則　24, 255, 288, 304
本質的自然資本　22

●ま行

民主主義的（な）プロセス　24, 306
民主主義的理念　255
ムカデゲーム　132
無限繰り返しゲーム　159
モントリオール議定書　86, 92
　― 多国間基金（MLF）　86, 92, 104

●や行

矢水協（矢作川沿岸水質保全対策協議会）　197, 200, 283

索　引

矢作川方式　208, 210
淀川水系河川整備計画基礎原案　176

● ら行

リアリズム　6
リーダーシップ　204, 213
利水者の自主防衛組織　207
リスク　→環境リスク
　── 分析　43
　── 情報　133
　── 認知　133
　── の認知と制御　293
リベラリズム　6
リスクコミュニケーション　130
　環境 ──　i, 149, 276
流域連携　153, 175, 276, 282
流域（の）ガバナンス　167　→ガバナンス
　協働型 ──　168, 175
ローカルアジェンダ21（LA21）　253, 285

［執筆者紹介］（執筆順）

松下和夫（まつした　かずお）

東京大学経済学部卒業，ジョンズ・ホプキンズ大学大学院政治経済学科修士課程修了。環境省・OECD・国連・地球環境戦略研究機関等勤務を経て，現在，京都大学大学院地球環境学堂教授，国連大学高等研究所客員教授兼務。主な著作に，『環境政治入門』（平凡社，2000年），『環境ガバナンス：市民・企業・自治体・政府の役割』（岩波書店，2002年）など。専攻：環境政策論，環境ガバナンス論，気候変動政策。

大野智彦（おおの　ともひこ）

関西学院大学総合政策学部卒業，京都大学大学院地球環境学舎修士課程修了。現在，京都大学大学院地球環境学舎博士課程在学中。主な著作に，「河川政策における'参加の制度化'とその課題」『環境情報科学論文集』（第19巻，2005年），「コモンズ・ガバナンス・社会関係資本：流域管理における管理主体のあり方」和田英太郎・谷内茂雄監修『琵琶湖－淀川水系における流域管理モデルの構築　最終成果報告書』（総合地球環境学研究所プロジェクト3-1発行，2007年）など。専攻：環境政策論，河川政策。

武部　隆（たけべ　たかし）

京都大学大学院農学研究科博士後期課程中退。京都大学農学部助手，京都府立大学農学部助教授，京都大学農学部助教授，京都大学大学院農学研究科教授を経て，現在，京都大学大学院地球環境学堂教授。主な著作に，『現代農地経済論』（ミネルヴァ書房，1984年），『土地利用型農業の経営学』（御茶の水書房，1993年），『地域農業マネジメントの革新と戦略手法』（共編著，農林統計協会，2007年）。専攻：生物資源経済学，農地経済論。

内藤正明（ないとう　まさあき）

京都大学工学部卒業，京都大学博士（工学）。国立環境研究所総合解析部長，京都大学大学院工学研究科教授，京都大学大学院地球環境学堂長（併任）を経て，現在，NPO・循環共生社会システム研究所・代表理事，佛教大学社会学部教授，滋賀県琵琶湖環境科学研究センター長（兼任）。主な著作に，編著『現代科学技術と地球環境学』（編著，岩波書店，1998年），『持続可能な社会システム』（共著，岩波書店，1998年）。専攻：環境システム学。

執筆者紹介

松本泰子(まつもと　やすこ)

上智大学文学部英文学科卒業，世界自然保護基金日本委員会，グリーンピース・ジャパン，東京理科大学諏訪短期大学経営情報学科助教授，国立環境研究所 NIES フェローを経て，現在，京都大学大学院地球環境学堂准教授。主な著作に，「環境政策と NGO の役割 ── 気候変動を中心に」『岩波講座　環境経済・政策　第 4 巻　環境保全と公共政策』所収（岩波書店，2002 年）「気候変動問題の政府間交渉における科学と NGO：知見の仲介者としての環境 NGO の役割」『環境と公害』（第 33 巻第 1 号，2003 年）など。専攻：地球環境政策論。

小畑史子(おばた　ふみこ)

東京大学大学院法学政治学研究科博士課程修了，東京大学博士（法学）。富山大学経済学部経営法学科専任講師，同助教授，京都大学総合人間学部および大学院人間・環境学研究科助教授，京都大学大学院地球環境学堂助教授を経て，現在，同准教授。主な著作に『よくわかる労働法』（ミネルヴァ書房，2006 年），『最新労働基準判例解説』（日本労務研究会，2003 年），『同第 2 集』（日本労務研究会，2006 年）。専攻：労働法，労働環境法。

吉野　章(よしの　あきら)

京都大学大学院農学研究科博士課程中退，京都大学博士（農学）。京都大学農学部／大学院農学研究科助手，京都大学大学院地球環境学堂助手を経て，現在，同助教。主な著作に，「青果物の商品価値競争力の計測手法 ── 離散・連続型選択モデルによる定式化」『農業経済研究』（第 6 巻第 3 号，1997 年），「青果物産地のための市場動向分析システム」『システム農学』（第 21 巻 3 号，2005 年）など。専攻：農業経済学。

浅野耕太(あさの　こうた)

京都大学農学部卒，京都大学博士（経済学）。京都大学農学部農林経済学科助手，京都大学大学院地球環境学堂及び人間・環境学研究科助教授を経て，現在，同准教授。主な著作に，『農林業と環境評価』（多賀出版，1998 年）。専攻：資源経済学。

太田隆之(おおた　たかゆき)

横浜国立大学経済学部卒業，京都大学大学院経済学研究科博士課程修了。京都大学博士（経済学）。京都大学大学院地球環境学堂研究員（科学研究）を経て，2007 年 10 月 1 日より，静岡大学人文学部経済学科准教授。主な著作に，「受益者負担論からみた森林保全制度の検証 ── 豊田市水道水源保全基金を素材にして」『水利科学』（第 285 号，2005 年），「資源管理における制度構築問題とリーダーシップ ── 矢作川の水質管理を事例に」環境経済・政策学会編『環境再生』（東洋経済新報社，2005 年）など。専攻：

環境経済学，地域政策。

吉積巳貴（よしづみ　みき）

大阪市立大学工学部土木工学科卒業，京都大学大学院人間・環境学研究科（修士）修了，ロンドン大学計画・開発学科ディプロマコース修了，京都大学大学院地球環境学舎（博士）修了。国連地域開発センター防災計画兵庫事務所勤務を経て，現在，京都大学大学院地球環境学堂助教。主な著作に，"Realizing Education for Sustainable Development in Japan: The Case of Nishinomiya City," *Current Issues in Comparative Education*（共著，Vol.7, No.2, 2005），「西宮市の持続可能な社会のための取組み」（UNESCO・京都大学『減災と人間の安全保障：持続可能な開発のための教育』2005 年）など。専攻：環境まちづくり論，環境学習，地域防災・環境マネジメント。

礪波亜希（となみ　あき）

京都大学大学院地球環境学舎博士課程単位取得退学。現在，日本学術振興会特別研究員（PD）。主な著作に，"Sustainable Development Aid in the 21st century: Incorporating the Development, Environmental, and Security Agenda," *Third World Quarterly*（in preparation），"Environmental Development Assistance for the Governance of Cities: Lessons from Local Agenda 21 in Thailand," *Journal of Environment and Development*, （共著，Vol. 16, No.3, 2007）など。専攻：環境経済学，地球益経済論。

森　晶寿（もり　あきひさ）

京都大学大学院経済学研究科博士課程単位取得退学，京都大学博士（経済学）。現在，京都大学地球環境学堂准教授。主な著作に，「開発と環境分析のフロンティア」環境経済・政策学会編『環境経済・政策研究の動向と展望』（東洋経済新報社，2006 年），『アジア環境白書 2006/07』（共著，東洋経済新報社，2006 年）など。専攻：環境経済学，地球益経済論。

植田和弘（うえた　かずひろ）

京都大学工学部卒業。大阪大学大学院工学研究科，京都大学経済研究所助手，京都大学経済学部助教授，同教授を経て，現在，京都大学大学院経済学研究科および同地球環境学堂教授。主な著作に，『環境経済学』（岩波書店，1996 年），『リーディングス環境（全 5 巻）』（共編著，有斐閣，2005-2006 年）など。専攻：環境経済学，財政学。

環境ガバナンス論	ⓒ K. Matsushita 2007

2007年10月10日　初版第一刷発行

編著者	松下和夫
発行人	加藤重樹
発行所	京都大学学術出版会

京都市左京区吉田河原町15-9
京大会館内（〒606-8305）
電話（075）761-6182
FAX（075）761-6190
URL http://www.kyoto-up.or.jp
振替 01000-8-64677

ISBN 978-4-87698-727-6
Printed in Japan

印刷・製本　㈱クイックス東京
定価はカバーに表示してあります